Recommendation System

推荐系统实战宝典

猿媛之家 / 组编

吕倩倩　陈欣　楚秦 / 等编著

机械工业出版社

CHINA MACHINE PRESS

本书主要围绕推荐系统进行讲解，全面介绍了掌握推荐系统技术所需要学习的算法及步骤。书中描述了基于点击率评估、RBM 的推荐，基于标签的推荐，基于用户行为、内容、模型、流行度、邻域、图的推荐，以及基于上下文的推荐，还有使用自然语言处理或者矩阵分解的推荐，包括算法原理的介绍，对于每一种推荐方式也做了细粒度的分析及场景化的应用。还分享了作者在实际应用中的解决方案及扩展思路。除此之外，本书还会涉及一些基础算法及数学知识，并且包括对于推荐算法的一些模型评估以及校验的描述。阅读本书可以帮助读者学习基础算法和推荐算法的原理及实际应用，同时还能学习到推荐系统开发的设计思想、设计模式、开发流程等。这些对于读者全面提高自己的推荐系统开发水平有很大的帮助。

本书为读者提供了全部案例源代码下载和超过 1100 分钟的高清学习视频，读者可直接扫描二维码观看。

本书适合从事推荐系统相关领域研发的人员、高年级本科生或研究生、热衷于推荐系统开发的读者阅读。

图书在版编目（CIP）数据

推荐系统实战宝典 / 猿媛之家组编；吕倩倩等编著. —北京：机械工业出版社，2022.8
ISBN 978-7-111-71353-1

Ⅰ. ①推⋯ Ⅱ. ①猿⋯ ②吕⋯ Ⅲ. ①计算机算法 Ⅳ. ①TP301.6

中国版本图书馆 CIP 数据核字（2022）第 138854 号

机械工业出版社（北京市百万庄大街 22 号　邮政编码　100037）
策划编辑：张淑谦　　　责任编辑：张淑谦　陈崇昱
责任校对：张艳霞　　　责任印制：张　博
保定市中画美凯印刷有限公司印刷

2022 年 9 月第 1 版·第 1 次印刷
184mm×260mm · 17.5 印张 · 431 千字
标准书号：ISBN 978-7-111-71353-1
定价：99.00 元

电话服务　　　　　　　　　　　网络服务
客服电话：010-88361066　　　　机 工 官 网：www.cmpbook.com
　　　　　010-88379833　　　　机 工 官 博：weibo.com/cmp1952
　　　　　010-68326294　　　　金 书 网：www.golden-book.com
封底无防伪标均为盗版　　　　机工教育服务网：www.cmpedu.com

扩展阅读视频列表

（手机扫描二维码即可观看）

序号	视频知识点	二维码	序号	视频知识点	二维码
1	机器学习、人工智能介绍		12	使用 sklearn 简单实现 KNN 算法	
2	使用 jupyter notebook+matplotlib 实现简单案例		13	k 值的选择对 KNN 算法的影响	
3	使用 matplotlib 实现多图像+常见图形绘制		14	kd 树的构建与搜索+实现	
4	使用 numpy+数组操作		15	鸢尾花 KNN 实现准备工作	
5	pandas 的介绍以及使用+基本数据操作		16	案例实现：鸢尾花种类预测+KNN 算法实现与总结	
6	pandas 绘图+文件读写		17	交叉验证、网格搜索的介绍	
7	缺失值处理		18	交叉验证、网格搜索的案例实现	
8	数据离散化		19	案例：Facebook 位置预测	
9	数据表的合并		20	数据分割：留出法、交叉验证法、自助法	
10	交叉表和透视表+分组聚合		21	线性回归介绍+初步实现	
11	k 近邻算法介绍		22	线性回归-最小二乘法公式推导	

（续）

序号	视频知识点	二维码	序号	视频知识点	二维码
23	线性回归-岭回归公式推导		35	决策树实战案例	
24	岭回归代码实现-ridge 源代码剖析		36	集成学习 bagging+随机森林	
25	梯度下降算法原理-公式推导		37	随机森林代码实战	
26	随机梯度下降-解决梯度下降		38	boosting 介绍+GBDT 介绍	
27	小批量梯度下降介绍+参数设置		39	聚类介绍+代码实现	
28	逻辑回归介绍		40	模型评估+KMeans 算法优化	
29	逻辑回归公式推导		41	PCA 降维+样本均值方差公式推导	
30	逻辑回归实战：肿瘤预测案例		42	PCA 降维-最大投影方差公式推导	
31	分类评估方法介绍+ROC、AUC曲线		43	PCA 降维-最小重构代价公式推导	
32	决策树算法介绍+信息增益		44	朴素贝叶斯公式推导	
33	决策树+基尼指数的介绍		45	贝叶斯线性回归公式推导	
34	决策树算法实战		46	朴素贝叶斯代码实战	

（续）

序号	视频知识点	二维码	序号	视频知识点	二维码
47	朴素贝叶斯总结		51	SVM-软间隔模型定义公式推导	
48	SVM 支持向量机介绍		52	SVM 代码实战：数字识别器	
49	SVM-硬间隔公式定义公式推导		53	EM 算法介绍及实例	
50	SVM-硬间隔模型求解公式推导		54	机器学习总结	

- 前言 -
PREFACE

由于技术知识领域特别广，我们不可能针对所有的技术都了解得特别通透，因此只有选好了一个领域，才可以对某项技术有更深入的研究，学习的内容才会更加系统化，而推荐系统就是笔者持续研究的技术领域。我将社区上一些比较有意思的东西积累起来，针对一些疑难问题也会将它们记录下来，在这样的不断阅读、写作过程中，我得到了快速成长。目前，推荐系统领域实战类相关的书籍并不是很多，所以我将关于推荐系统方面的知识进行整理、改进，同时也加入了一些工作中积累的知识。本书的内容不局限于理论知识的讲解，还包括了实战项目的开发环节。

本书不是仅仅关于推荐算法的分析书籍，书中还囊括了很多实例。首先，本书会先讲解算法，然后针对每一个算法都会有一个实战的项目，该项目可以是一个小例子，也可以是一个工作中遇到的大型项目。其次，本书会是一个比较"新"的书，这里的"新"并不是指所分析的代码或者是讲解的算法新，它的"新"包含了两点，第一点是会带领读者了解到要成为一名推荐系统开发工程师都需要掌握什么知识，还有实现推荐系统都需要什么流程，书中提到的知识不一定会有详细的讲解，比如数学章节，由于本书的重点不在于数学知识的学习，因此只会略微提及，并且会使用实例来帮助读者理解，这么做的目的是让读者在集中学习推荐算法的同时，认识到基础是非常重要的，很多关于机器学习领域更深层次的研究或者工作，正是由于基础知识的积累，才可以达到想要的高度；第二点的"新"指的是本书还包含了推荐系统在一些新领域的应用实例，以及一些关于推荐算法的全新思想（如融合 Match 中协同过滤思想的深度排序模型）。读者将在本书中领略到一些在机器学习中经常被提到的算法是怎么应用在推荐系统中的。期待本书能给广大读者带来更多的启发。

本书适合具有一定 Java 语言、Python 语言基础的读者，尤其适合以下读者朋友：

1）大数据开发工程师、机器学习开发工程师、推荐系统开发工程师。

2）高年级本科生或研究生。

3）热衷于推荐系统开发的技术爱好者。

本书分为五大部分："推荐系统介绍篇"（第 1 章）包括推荐系统概述；"推荐系统基础篇"（第 2～3 章）包括机器学习准备工作、机器学习基础——让推荐系统更懂你；"推荐系统进阶篇"（第 4～7 章）包括基于点击率预估、RBM 的推荐，基于标签的推荐，推荐算法，推荐系统冷启动及召回方法；"推荐系统强化篇"（第 8～11 章）包括基于上下文的推荐、文本处理、使用矩阵分解的推荐、推荐模型预估与选择；"推荐系统实战篇"（第 12～17 章）包括搭建一个简易版的生产环境推荐系统、新闻资讯推荐系统开发、电影推荐系统开发、基于 hbase+spark 的广告精准投放及推荐系统开发、基于推荐功能的搜索引擎开发、基于卷积神经网络提取特征构建推荐系统。

最后感谢我的家人、朋友、同事以及机械工业出版社的编辑，你们在工作、生活和写作中不断给予我帮助和支持，协助我解决各种各样的问题。正因如此才有了本书中所展现的精彩内容。

由于编者水平有限，书中难免会有错漏之处，恳请读者批评指正。各位读者可以将关于本书的意见和建议发送到邮箱：1697312000@qq.com。本书涉及的源码可通过邮件获取。

编　者

CONTENTS

目 录

第 1 部分

推荐系统介绍篇

第1章 推荐系统概述

主要内容

- 推荐系统概念
- 推荐系统架构及治理
- 推荐引擎架构
- 推荐系统应用
- 推荐系统评测
- 推荐系统知识储备

在信息交流方式比较落后的时代，对信息的获取及查找是比较麻烦的，更别说使用"线上解答"的方式，即将问题发到互联网，大家可以通过互联网看到这些问题，知道的人会在互联网上做出反馈。

随着时间的推移，数据量逐渐增多，需要分类来协助查找信息，这时出现了门户分类网站$^{\ominus}$；再后来，信息过载了，分类也无法快速获取信息，这时搜索引擎出现了，用户可以直接输入自己需要的内容，搜索引擎就会列出"可能想要知道"的内容给用户。

随着互联网的发展，人们从信息匮乏的时代进入到信息过载的时代。信息需求者需要快速在海量信息中获取到自己需要的数据，信息提供方需要帮用户过滤掉干扰信息，使用户真正想要知道的内容脱颖而出。在这种双向需求下，衍生了两种解决办法，一种是搜索引擎，另一种就是推荐系统。搜索引擎更倾向于有明确目标的用户，用户可以根据想要知道的信息进行搜索，但是这样会造成一个问题，越流行的东西经过搜索过程的迭代就会越流行，使得不流行的东西永远不会展示出来。而推荐引擎更倾向于没有明确目标的用户，推荐系统会根据用户的历史行为记录实现推荐算法，将用户可能感兴趣的结果列表返回给用户，这样做对于搜索引擎是被动的。如此可以给不流行的东西增加曝光的机会，以此来挖掘长尾$^{\ominus}$项目的潜在利润。

1.1 什么是推荐系统

推荐系统在当今的社会中无处不在，拿几个经常见到的场景举例：

1）随着网络的普及，人们对于网上购物的需求越来越大，其中大家熟知的电商就是淘宝，从淘宝首页往下拉，有个"猜你喜欢"栏目，这个栏目就会根据用户平时的消费、浏览、搜索等习惯，展现出用户可能会喜欢的商品。

2）人们对于娱乐项目也有一定的追求，有很多对音乐充满热情的音乐发烧友。当你对自己的

$\ominus$ 门户网站指的是某类具有综合性质的网站，并且提供相关的信息服务。对于门户网站的分类指的就是门户分类网站。

$\ominus$ 指的是只关注曝光率高的项目，而忽略曝光率低的项目。

歌单听得已经厌烦，但是不知道还能听一些什么歌曲的时候，你停留在首页，点开了系统为你精心准备的"推荐歌单"。

3）当你毕业来到北京，接到了第一通面试电话。你很兴奋，尽管对这个城市比较陌生，可是这通电话代表了这个大城市对你的欢迎。此时你不知道怎么去这家公司面试，因此你打开了地图，输入了起点和终点，系统就会推荐几条路线给你。

4）在你比较无聊，想要找一些事情做的时候，你打开了微博，想看看最近大家都比较关注什么，你点开了搜索框，看到了"微博热搜榜"。

5）在去工作的路上或者乘坐地铁的时候，对于喜欢看新闻的用户来说最常用的 App 可能就是今日头条了，但是每个人看到的内容都会不一样，而且在你阅读过一些文章后，系统会把相似的文章也推荐给你。

因此推荐系统是一个相当热门的研究方向，在工业界和学术界都得到了广泛关注。同时，推荐系统中的各种预测算法还能应用到其他领域。

但是仅仅研究出推荐系统并不能满足人们的需求，开发者还需要研究出好的推荐系统才可以。那么什么才是好的推荐系统呢？好的推荐系统是不是等价于能够做出准确预测的推荐系统？让我们回到逛淘宝的例子，假如没有去淘宝购买零食而是去了另一个网站，这个网站用了一套特别好的推荐系统算出了此时此刻的你想要买某个品牌的零食，当你打开软件的一瞬间，这个品牌的零食就直接呈现在你的眼前，你在惊讶的同时，欣然下单。那么这个网站的推荐系统是不是一个好的推荐系统呢？答案却恰恰相反，不是！原因是这个推荐没有给系统增加收益，因为无论首页显不显示该品牌的零食，用户都会通过搜索网页来完成购买，因此有没有这套推荐系统网站的收入都是一样的。而另一套推荐系统在卖给你零食时还向你推荐了一款可乐，你突然想到看电视没有可乐怎么能行？于是欣然买下了这瓶可乐。这个推荐就好于上一个。因为用户本来没有买可乐的计划，但在看了推荐后购买了可乐，网站通过这个推荐多赚了一笔收益。这是从收益的角度分析了什么样的推荐系统是好的推荐系统。再比如，当你浏览一个 App 网页中的新闻时，在推荐阅读的栏目中，系统会推荐出你可能感兴趣的文章，而恰巧，你觉得自己对这些文章特别感兴趣，有阅读的冲动，但这种文章根据自己的喜好又有可能是搜索不到的。这两种系统都属于好的推荐系统。

（1.2） 推荐系统的架构

不同的推荐系统可能会有很多种不同的架构设计，但是大体的流程是相似的，业界整合了一个针对应用技术相对较全的架构图，主要包括底层基础数据、数据加工存储、召回内容、计算排序、过滤和展示、业务应用这 6 个模块，如图 1-1 所示。

底层基础数据是推荐系统的基石，只有数据量足够多，才能从中挖掘出更多有价值的信息，进而更好地为推荐系统服务。底层基础数据包括用户和物品本身数据、用户行为数据[⊖]、用户系统上报数据等。关于数据加工存储模块，它可以对数据做很多操作，比如，可以对用户数据做客户画像，也可以对物品数据做物品画像，进行特征工程的提取，然后使用一些计算排序的算法，计算这些算法的召回率，最后进行过滤和展示。业界主要使用这些推荐算法和流程做单品、类目等的推荐，或者是个性化推荐，等等。

⊖ 代表通过用户的一些操作产生相应的数据。

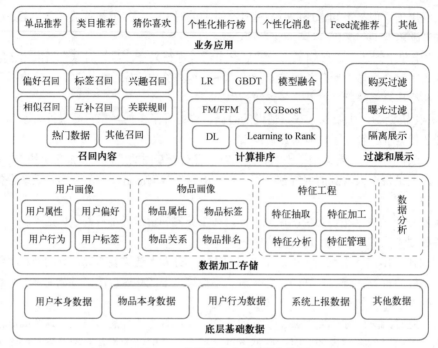

 推荐系统架构治理

先了解一下当前推荐系统的基本架构,它一般分为 5 个板块:

1)数据流:推荐系统的特点就是高度和数据流相关,那么在技术层面要解决数据怎么获取。数据怎么用、数据怎么加工处理、正确性和时效性如何保证等问题。

2)离线板块:系统内涉及一些数据加工、任务处理、模型生产、指标报表等离线任务,怎么协调这些任务有序高效地进行,并获得正确有效的结果非常重要。

3)在线板块:推荐系统对外提供实时推荐的能力,涉及诸多的在线处理过程和规则。如何在适应业务快速变化的同时保证可用性和性能是至关重要的。

4)AI:当下推荐系统的重要组成部分,其包含整个 AI 模型生成到服务的全生命周期。如何从系统层面支撑 AI 全生命周期以及如何有机集成到系统是一个挑战。

5)基础设施:推荐系统是一个多领域交叉的综合应用,需要众多的中间件、基础组件做支撑,如何管理和运维、减少依赖、有效利用都是很重要的命题。

当前推荐系统面临的技术挑战,主要有 4 方面:

1)开发运维和部署迁移困难、曲线陡峭、效率低下。因为推荐系统等智能系统,都涉及大量的基础组件和服务,它们各有特点,缺乏一体化的管理运维手段,要把完整系统搭起来并管理,一旦中间件或者服务出问题,都可能导致系统不可用。这对于没有丰富的组件维护经验或者人力不足的团队来讲,是一个巨大挑战。

2)这实际上是一个应用治理的问题,服务、流程、规则、策略、数据和产物繁多,组织管理困难。任何一个板块可能是一种服务,也可能是若干种服务,这些服务之间的依赖不直观,很难管理。数据流逻辑烦琐复杂,系统有很多的离线数据流,在线的数据流,还会产生大量数据产物,缺乏标准化的管理,极易出错。不同场景的差异化难以组织,不同的服务、策略间相互影响,其中一个可能的表现就是在一个服务模块代码中因为要处理不同场景的逻辑而产生大量 if 分支逻辑。从架构上讲，一个好的场景服务应该是纵向切分的，不同的场景是不同的系统、场景间互相隔离，但这又会导致系统资源浪费，管理上面也很麻烦。因此，需要采取更加系统化的方法来治理它。

3）系统涉及数据、在线、离线、AI 等领域，技术栈割裂导致整个推荐流程需要大量的胶水代码来整合集成。而胶水代码的一个特点就是难以复用，不同人之间也难以维护。

4）大量重复程序化工作难以避免。在面临支持多个场景的情况下，表现很突出。落地一个新的场景，可能需要各个系统配合开发、部署，而且这个过程是高度重复和烦琐的，最终导致成本很高。这也是现在一些公司为了效率和标准化而开始推动推荐系统中心化建设的一个原因。其目的是能够在一个平台上低成本地完成场景的快速开发和应用。

对于上述问题。需要对推荐系统进行治理，治理主要有 4 个方式：

1）声明式：解决复杂系统，复杂流程管理的灵丹妙药。早期在没有 Kubernetes（k8s）的时候，微服务运维管理是一个复杂的过程，需要人工编写很多的脚本完成应用的部署、更新、扩缩容等工作，使用者必须明确描述其所有操作细节。因为相对于声明式，这种过程命令式的运维脚本需要使用者能够掌控过程执行的所有细节，这对于大型复杂系统来讲是一个很大挑战。声明式编程会使这样的工作大大简化，服务负责内部自身复杂运行逻辑，上层使用者只需要声明出自己的目标即可，系统会自动帮你完成，无须关注其达成目标的具体过程。就像 SQL 一样，之所以大家觉得用着简单，很大程度上是因为 SQL 是一种声明式的编程语言。这一思想已经逐步成为架构师解决复杂系统管理的推荐思路。比如，当下很热门的运维部署框架 Ansible，运维人员只需要按要求编写、安装和部署脚本，系统就会自动安装和部署相应的服务。

2）框架平台：在目标定位上，是开发一款工具，还是开发一个框架平台，会直接影响到系统设计决策。工具的特点是可以被集成，并为使用者提供更灵活有效的手段以解决具体问题，但对于使用者本身有比较高的要求，最终的效果高度依赖使用的方式。而对于框架平台来讲，将实现过程让渡给框架，开发者无须了解全过程，只需要按照框架提供的规范进行开发即可，这在一定程度上约束了开发者的行为，也降低了上手门槛，这种方式实际上是依赖反转思想的体现。前面提到的知识依赖，就可以通过框架平台把它们沉淀下来。而使用者自然会在框架的帮助下，使其开发的系统是相对可靠的。比如 Web 开发框架 Spring，或是持续集成平台 Jenkins，它们的作用就是提供一个领域的业务模式或流程，能够使得初学者只需要掌握平台或框架的使用，便能在其领域达到一个比较高的水平，获得方法论指引，避免前人的错误。

3）组件化：其特点是标准化、复用性和灵活性。它和框架是依存关系，框架是它的契约，组件是按照契约去实现及被集成的。

4）低代码：特点是简单、快速，它是当下比较热门的概念。一个框架或者平台，不需要写代码或者少写代码就能够完成开发，是基于框架开发基础上的更进一步，能够将业务过程和核心逻辑封装成一些低代码的模块，这对于简化业务过程、降低使用门槛有很大的帮助。

1.4 推荐引擎的架构

在讨论推荐引擎架构之前，首先需要知道推荐引擎由哪几个部分组成。一般是由 3 部分组成：Web UI、存储、推荐方式。首先就是 Web UI 部分，通常会包括 3 个部分：①通过一定方式展示推荐物品；②推荐理由；③数据反馈改进个性化推荐。

其次，是数据存储部分，它一般会有两种形式：①数据库/缓存用来实时取数据；②将用户产生的数据存储在 HDFS⊖分布式文件系统上面，用于后续的算法模型的训练。最后，是改进个性化推荐、选取推荐方式，通过观察一些数据的特征和规律，根据数据来修改算法的参数或修改算法的实

⊖ Apache Hadoop 框架的底层文件系统，是一个分布式存储框架，可以跨越数千种商用硬件。

现逻辑，从而完成推荐功能。

说完 Web UI 和存储之后，下面就可以来看一下都有哪几种推荐方式。

第一种推荐方式，如图 1-2 所示。首先，用户 A 会购买一些物品 a，并且该用户具有某些特征，即标签 label，这些特征恰好被另一种物品 b 包含，这时有和该用户 A 具有相似兴趣的用户 B，那么用户 B 就会喜欢物品 b。

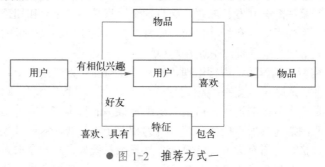

● 图 1-2　推荐方式一

第二种推荐方式，如图 1-3 所示。用户会产生一些行为记录，通过多个推荐引擎生成初始推荐结果，然后对这些结果进行过滤、排序，最后做出推荐解释。

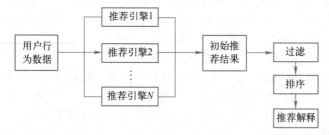

● 图 1-3　推荐方式二

上文提到的推荐引擎的构建来源于不同的数据源（用户的特征有很多类型，例如统计、主题的）和不同的推荐算法，因此推荐引擎的架构可以有很多种（实时和离线的推荐），然后融合推荐结果（人工规则和模型结果），融合方式是多样的，比如线性加权或者切换式等。推荐引擎的架构图，如图 1-4 所示。

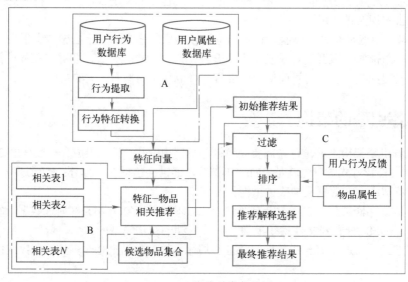

● 图 1-4　推荐引擎架构图

A 模块表示用户特征的提取、转换等。B 模块中的相关表是由第二种推荐方式中的推荐引擎生成的。从图 1-4 中可以看到，B 模块的输出是 C 模块的输入，C 模块中包括过滤、排序，最后是推荐解释的生成（这是大家最容易忽视的，但它同时也是最重要的一环，例如，微信中的好友推荐游戏，这种解释已经胜过后台算法的作用了）。

说完最基础的推荐引擎架构之后，再来看几个关于推荐引擎架构的企业级设计。其中，肯定会想到淘宝，由于淘宝是一个庞大的电商系统，因此它的推荐部分自然也不会很简单，淘宝推荐引擎系统结构图，如图 1-5 所示。

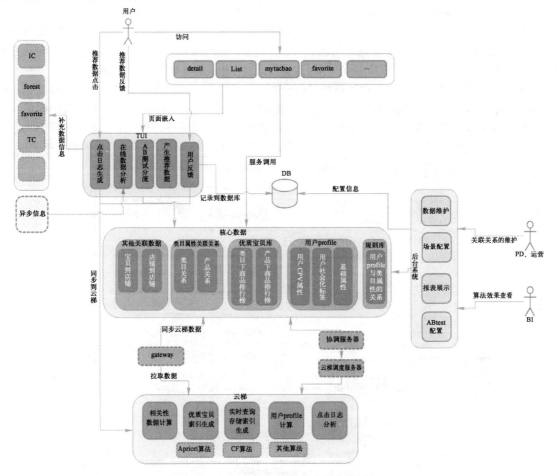

● 图 1-5 淘宝推荐引擎系统结构图

淘宝的推荐系统，描述了推荐引擎搭建的整体架构，推荐系统的所有数据来源应该是用户所产生的数据，因此用户首先会访问整个系统，然后用户行为会产生一些行为数据，系统会将这些数据反馈回来，这些数据可以用在很多部分中，比如将这些数据生成日志、用户在线数据分析、AB 测试分流、产生推荐数据等。数据生成之后，这些数据会作为整个业务的核心数据存储到数据库中。使用这个系统的还会包括一些 PD、运营、BI 等工作人员，这些用户会对关联关系进行维护，并且会对算法效果进行查看，为了满足这些人员的日常操作，会做一个后台的系统，这个后台系统的功能会包括数据的维护、场景的配置、报表的展示、ABtest 的配置，同时后台也会将这些配置的信息都存入数据库中，并且也会作为整个业务的核心数据进行分析，整个架构会将所有的核心数据全部同步到云端，目的是对数据进行保护，另一方面由于数据量较大，因此存入云端是一个很好的选择。这里，核心数据会分为几大块：其他关联数据（宝贝到店铺、店铺到店铺）、类目属性关联关系（类目关系、产品关系）、优质宝贝库（类目下商品排行榜、产品下商品排行榜）、用户 profile（用户 CPV 属性、用户社会化标签、基础属性）、规则库（用户 profile 与类目属性的关系）。最后使用 gateway 来向云端拉取数据，期间需要服务器、云梯⊖调度服务器的相互协调。数据访问到之后，就会使用推荐模型进行与推荐相关的计算了，其中包括相关性数据计算、优质宝贝索引生成、实时查询存储索引生成、用户 profile 计算、点击日志分析，也会涉及一些算法，比如 Apriori 算法、CF 算法以及一些其他的机器学习算法。

关于淘宝推荐系统的后台，同样会有一个庞大的架构，上文中我们说到，其后台会包括一些配置，比如场景配置、ABtest 配置、报表展示、数据维护，这些数据会作为核心数据。同时也有业务层应用，比如商品详情、收藏夹、购物车等部分，这些服务是通过调用，然后通过 json 格式的数据进行相互交换的。接下来会进行排序、过滤、ABtest 分流、日志收集等一系列操作，通过智能路由发送到存储核心数据的服务器中，最后会使用一些算法和模型对这些数据进行相关的计算及推荐的功能应用。

其实淘宝推荐系统的流程大致就是通过后台的分布式计算，将算法产生的结果数据存储到一种介质中（这里建议使用 Hbase），然后通过一种被称为"云梯"的机制将算法结果推入中间层介质中，供推荐系统的在线部分调用，由在线部分来提供引擎和实验分流。离线部分的用户行为将存储到 Hadoop 中，数据统计分析平台由 Hive 来搭建，主要用来分析和统计 Hadoop 中的用户行为 log。

第二个要说到的就是 Netflix 的推荐系统了，它的架构如图 1-6 所示。

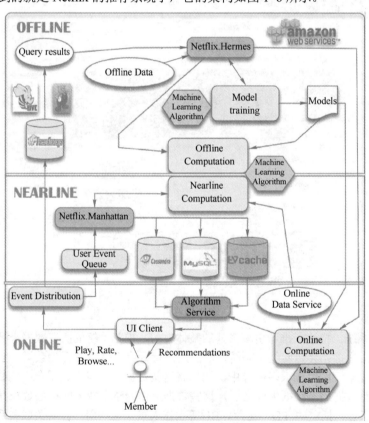

● 图 1-6　Netflix 推荐架构

Netflix 推荐系统描述了推荐引擎搭建的整体架构，采用了三种计算方式的结合：online、nearline、offline。整体流程为：用户通过 UI 产生行为数据，然后分发给离线、近线存储。离线计算

⊖　云梯指阿里云大规模分布式系统的开源体系。

利用离线的数据建好模型供实时调用，近线的计算利用用户的实时行为计算得出规则供实时调用，最后，在线的计算通过前两种方式来得到最终的推荐结果。关键问题就是，如何以无缝方式结合、管理在线和离线计算过程。当然，找到这些要求之间恰当的平衡是很难的，需要技术选择，并且熟悉所有技术的架构才能选出合适的技术手段，同时还需要战略性的推荐算法分解，最终才能为客户提供最佳的结果。

1.5 推荐系统的应用

在了解完基本的推荐系统架构之后，一起来看看在现实生活中，哪些地方应用到了推荐系统。和搜索引擎⊖不同，个性化推荐系统需要依赖用户的行为数据，因为搜索引擎其实是一门检索技术，通过在互联网搜索信息最后返回结果，而推荐系统需要在用户之前的行为基础上，去实现个性化推荐功能。推荐功能在互联网的大多数软件中都会应用到，而它在这些网站中的主要作用是通过分析大量的用户行为日志，给不同用户提供不同的个性化页面展示，来提高网站的点击率和转化率。推荐系统被广泛利用的领域包括电子商务、电影和视频、音乐、广告、邮件等。接下来我们选择几个比较热门的领域来谈谈它的应用。

↗1.5.1 电影和视频网站

推荐功能在电影网站中比较普遍的应用大概有两种：

（1）猜你喜欢的电影

1）针对目标用户，服务器从数据仓库中提取该用户在预测评分矩阵的那一行中的前 30 部电影和分数（按预测分数），形成一个粗糙的推荐列表；

2）因为列表中有用户明显表达过喜欢的或者看过的或者讨厌的电影，所以要对该列表进行过滤；

3）然后对上一步得到的列表进行排序并输出到前台展示。

（2）相关电影

针对目标电影，服务器从数据仓库中提取该电影在电影相似矩阵中的前 8 部电影（按相似度排序）。

上面这两种就是电影网站中普遍用到的两个模块。那么视频网站中的推荐系统又是以什么样式出现的呢？

目前，视频网站主要有两种，一种是以用户产生内容为主的网站（UGC 网站），例如国外的 YouTube 和国内的今日头条等；另一种是专业的视频网站，例如 HuLu、Netflix 和国内的爱奇艺、腾讯视频等。为了获得广告商的青睐，国内 UGC 视频网站也纷纷转型为两者兼备的模式。这两种视频网站的内容和用户行为都是不一样的，从而会导致相应的推荐系统的设计也会有一定的差别。我们就拿 YouTube 和 HuLu 为例来看一下它们的推荐系统是如何应用的。

1）工业上一般认为，系统的页面设计在整个推荐系统中起决定性的作用。传统的推荐结果都是基于文本和图片形式的，信息量大但不够形象生动。YouTube 和 HuLu 在推荐的 UI 上做了一个大胆的尝试，首次使用视频和声音的形式来展示推荐的结果，效果类似于有个性化消息的电视预告片。

2）视频推荐系统的主要工作是从用户的历史行为中分析出用户的兴趣，然后找出符合其兴趣的视频展示给用户。

因此一个完整的推荐系统，至少包括日志系统、推荐引擎和展示界面设计等部分。日志系统主要收集用户的行为和对推荐系统的反馈。推荐引擎也分离线和在线两部分，离线系统主要负责生成视频相关矩阵并存储在数据库中，供在线系统实时查询和调用；在线系统负责实时响应用户的请求，在线提取和分析用户行为并生成最终推荐结果。

⊖ 互联网上应用于搜索信息的一种系统，它能将搜索到的信息自动排列成索引方式并存储于大型数据库中。

↗1.5.2　个性化音乐电台

为了能够做出个性化音乐推荐，主流音乐软件主要使用了 3 种推荐模型：

（1）WaveNet（一种原始音频波形的深度生成模型）

比如，有一位创作型歌手在音乐软件上上传了一首新歌。假如它只有几十个播放量，并且在其他所有的网站上都不会提到它。通过 WaveNet，该歌手的歌曲会随着其他流行歌曲一起出现在为用户推荐的播放列表中。因为这个模型根本不会在乎它是新歌还是热门歌曲。

接下来看一下 WaveNet 是如何分析原始音频波形的。它用的就是卷积神经网络（Convolutional Neural Networks，CNN）[⊖]，我们能够将它从图像识别转而应用在音频波形识别文件上。通过一些专业的处理，CNN 了解了包括这首歌的拍子记号、音调和响度等特征。

最后，软件能够通过音乐的特征去理解歌曲之间本质上的相似性，从而根据收听历史将这些相关歌曲推荐给用户。

（2）自然语言处理（Natural Language Processing，NLP）

NLP 的确切机制现在先不解释，它的工作机制通俗点说就是：软件不断地在网上爬取各种文字数据，音轨的数据、新闻文字、排行榜等，并找出人们对歌曲的评价，描述这些歌曲会用哪些语言，以及一起被讨论的还有哪些歌曲。

这首歌曲的高频描述不断变换。我们将给每个描述一个权重，这个权重表示一个人要描述某首歌曲最可能用的文字。

随后，利用权重进而创造出一个音乐的向量，判断向量的相似来决定音乐是否相似。

（3）协同过滤（Collaborative Filtering）

很多人听到"协同过滤"这个词的第一反应就是今日头条，他们使用协同过滤来决定应该推荐什么头条内容给用户。

不同的是，音乐软件并没有像今日头条那样计算用户的相似度，而是分析一些看不见的反馈，比如播放次数，这首歌是否被添加到歌单，用户是否访问过歌手的页面，用户听某种歌曲是否循环很多次，等等。

但是协同过滤应用在哪些方面呢？举例说明，对于音乐，就是用户喜欢了 X 音乐，我们给他推荐了与 X 音乐相似的音乐。所谓基于用户，就是用户 A 和用户 B 相似，用户 A 喜欢了 X、Y 音乐，用户 B 喜欢了 X、Y、Z 音乐，我们就给用户 A 推荐音乐 Z。

但是音乐软件在实践中是如何使用这个概念来给数以百万计的用户推荐歌曲的呢？

假如，现在有 1 亿个用户向量（每个向量代表一个用户），以及 3000 万个歌曲向量。这些向量的实际内容只是一堆本质上没有意义的数字，但它们用来做比较的时候却非常有用。

为了找到和用户 A 拥有最相似品味的用户，协同过滤算法会把我的向量和其他所有用户的向量进行比较，最终找出和用户 A 最相似的用户。同样的道理对歌曲向量也是一样，把一首歌的向量和其他所有歌曲向量进行比较，然后发现那些和用户 B 要找的歌最相似的歌曲，通过这些相似矩阵才可以完成推荐的功能。因此，协同过滤算法输出的是中间值，也是一个必不可少的中间结果。

↗1.5.3　个性化广告及搜索广告

个性化广告推荐的技术核心是用户模型，个性化广告服务的质量与用户模型的精准性直接相关。它是一种强大的工具，它有助于改善所投放的广告与用户的相关性，进而提高广告客户的投资回报率。这种广告利用在线用户数据来定位用户，并且广告内容更具相关性，因此不仅可以为用户，也可以为广告客户提供更好的使用体验。

个性化广告投放目前已经成为一门独立的学科——计算广告学。该学科和推荐系统在很多基础理论和

⊖　卷积神经网络是一种深度前馈人工神经网络，已成功地应用于图像识别。

方法上是相通的,比如它们的目的都是联系用户和物品,只是在个性化广告中,物品就是广告。

个性化广告投放技术目前分为以下 3 种形式。

1)上下文广告:通过分析用户浏览的网页内容,投放和网页内容相关的广告。Google 的 Adsense 就用到了该技术。

2)搜索广告:根据用户在搜索栏中搜索的记录,分析用户的搜索目的以及感兴趣的方向,以此来投放符合用户目的的广告。

3)个性化展示广告:我们可以在很多网站中看到大量的展示广告,即那些大的横幅图片,它们是根据用户的兴趣,对不同用户投放不同的展示广告。

通过以上介绍的几个经常使用到推荐的广告领域,可以看出推荐系统在当今互联网企业中是必不可少的一个组成部分,因此实现推荐功能也是目前需要去完成的任务。

与信息流广告或其他类型广告不同,搜索广告是通过关键词来表达投放诉求的,这些关键词将形成广告库,即所有客户、所有广告的结构化集合。有了广告库,第一步是要从中选出哪些客户的投放诉求跟当前的查询需求匹配,一般称为广告召回。然后,做一个点击率评估(将在第 4 章中讲到),用来评价具体的投放诉求对当前查询的吸引程度,基于它来做后续的排序和计费,并对最终结果进行渲染展示。当用户看到所投放的广告时可能会感兴趣并点击浏览,此时可以把整个过程用日志完整记录下来,用于后续优化。

↗1.5.4　多业务融合推荐策略实践与思考

对于一些覆盖多个领域的分类信息网站来说,不同的业务有不同的特点,这使得多业务融合推荐成为一大挑战。如何挖掘用户的需求?如何平衡各业务之间的流量分配?是推荐单一品类效果好,还是推荐不同品类的混排效果好?如何平衡点击率和多样性?

在推荐系统中,需要持续优化的环节有召回、排序和重排。

1)召回方面,可以采用用户兴趣召回和向量化召回相结合的方式。

2)排序方面可以采用深度学习模型,同时也可以探索多目标一体化深度学习模型。

3)对于重排的优化可以从三个方面考虑。第一个方面是强兴趣下的多业务融合。在对原始策略进行优化时需要考虑以下几点。①实时性:用户的兴趣会随时间而变化,要突出用户新的兴趣,就需要把时间较长的历史兴趣和实时兴趣分开处理,分配不同的重要性。②兴趣分层:在推荐时,不同匹配程度的兴趣往往会混合在一起推荐,这时候就需要对兴趣加以区分。③兴趣去噪:权重比较低的或者比较久远的兴趣会影响推荐结果,需要对兴趣进行去噪。④向量化兴趣:从标签的兴趣逐渐过渡到向量化的兴趣,并逐渐与向量化召回相结合。

第二个方面是多业务之间的流量均衡。采用的策略有以下两步。①直接采用精排后的结果:直接采用精排以后得到的序列作为最终展示。由于精排的结果主要是以预估点击率作为评价指标,这会导致热门品类始终占有比较大的比例,效果不理想。②采用统一的分配比例。假设某个信息网站在招聘、租房、二手车与本地服务 4 个领域的流量比例为 40∶30∶20∶10,那么所有用户的推荐结果都会按同样的比例分配。虽然这种策略可以满足总流量分类需求,但并不满足用户个性化需求。

第三个方面是推荐结果的多样性。算法模型挖掘出来的特征会促使推荐结果越来越聚焦,这就导致用户使用越频繁,多样性就越差。如果想试探新的用户兴趣或者试探新的内容,往往又会牺牲点击率。通过协同过滤、向量化召回等多路召回的办法可以增加多样性,但在用户兴趣不变的情况下,召回集合基本不变,此时需要考虑在召回集合内部的排序上进行动态调整。

1.6　推荐系统评测

了解了推荐系统的应用领域和架构之后,先不考虑它的实现,因为实现它需要一定的专业知识和编程能力，关于实现部分，可以通过整本书由浅入深地学习。在学习实现之前，需要熟悉实现整个推荐系统的流程和理论，并且还需要一项技能，就是假设实现了一个推荐系统，我们需要从哪些方面来对它进行评测，从而来判断这个系统的好坏。接下来就来看一下评测的实验方法都有哪些。

↗1.6.1 推荐系统实验方法

推荐系统中主要有 3 种评测推荐结果的实验方法。

（1）离线实验

1）通过日志系统获得用户行为数据，进而使用这些数据建立各种算法和模型；

2）将数据集分成训练集和测试集；

3）在训练集上训练模型，通过事先定义的离线指标评测算法在测试集上预测结果，使用测试集对算法进行评估。

离线实验通过这种方式来实现，既有优点也有缺点。

优点：

1）不需要有对实际系统的控制权；

2）不需要用户参与实验；

3）速度快，可以测试大量算法；

4）整个过程是线下操作，比较容易操作，可以在一个数据集上多次试验，直到达到预期效果为止。

缺点：

1）无法计算商业上关心的指标；

2）离线实验的指标和商业指标存在差异；

3）由于是离线测试，因此无法获得在线的反馈信息，比如应用在商业中，会比较关注点击率、转化率等信息反馈。

（2）用户调查

影响用户调查系统好坏的因素有很多，比如 UI、响应速度，这些和推荐算法本身没有关系，但是这些因素也会严重影响系统的好坏，由于最终的系统是面向用户的，因此对用户的调查是必不可少的。用户调查需要有一些真实用户，让他们在需要测试的推荐系统上完成一些任务。在他们完成任务时，需要观察和记录他们的行为，并让他们回答一些问题。但要注意调查时采样需要考虑用户的分布情况和样本大小。需要通过分析他们的行为和答案了解测试系统的性能。

用户调查的优缺点如下。

优点：

1）可以获得很多能够体现用户主观感受的指标；

2）出现错误后很容易弥补；

3）实验风险低；

4）成本容易控制。

缺点：

1）如果需要获取大数据量的用户调查时，调查成本会很高；

2）如果参加调查的人数较少，获得的数据便没有意义；

3）用户在测试环境下的行为可能会和现实生活中的行为不一样，这样的数据其实是没有意义的；

4）用户样本密集，涉猎范围小，是没有意义的。

（3）在线实验

在完成离线实验和必要的用户调查后，可以将推荐系统上线进行 AB 测试，将它和旧的算法进行比较。该测试主要通过一定的规则将用户分成不同的组，分别使用不同的算法，使用点击率、准确率等指标来判断算法的性能。

优点：1）测试比较公平；

2）可以观察商业指标。

缺点：AB 测试需要进行切分流量的操作，不同的层需要从一个统一的地方获得自己 AB 测试的流量。

↗1.6.2 评测指标

（1）用户满意度

用户是推荐系统的重要参与者，系统中的功能都需要用户做出评价，好不好用户说了算，所以用户满意度是评测推荐系统最重要的指标。

用户满意度是没有办法离线获取的，只能通过用户调查和在线实验获得。在线实验获得的方法是对用户行为进行统计，比如，可以用购买率、用户反馈界面、点击率、用户停留时间和转化率等指标度量用户的满意度，用户调查比如发放调查问卷，或者可以让用户完成一些指定的操作。

（2）预测准确度

预测准确度可以用来度量一个推荐系统或者推荐算法预测用户行为的能力。这个指标是推荐系统离线评测最重要的指标。它是比较容易通过离线方法计算出来的，比如 RMSE（均方根误差）和 MAE（平均绝对误差）的误差计算或者 Recall（召回率）和 ACC（准确率）的计算，这些都是预测准确度的计算。通过计算可以方便研究人员快速评价和选择不同的推荐算法。但是熟悉机器学习算法的读者应该会了解，准确的预测不一定能带来一个好的推荐。因为针对训练模型时的数据进行训练，可能会造成算法过分依赖现有数据，造成准确率过高，这是过拟合现象，这方面的内容将在后面章节详细讲解。

（3）准确率、召回率、覆盖率

评估推荐算法的好坏需要各方面的评估指标，这里会使用上面所提到的准确率（ACC）、召回率（Recall）、覆盖率（Coverage）等计算评价指标，混淆矩阵，如表 1-1 所示。

表 1-1 混淆矩阵

	Positive	Negative
True	True Positive（TP）	True Negative（TN）
False	False Positive（FP）	False Negative（FN）

准确率就是最终的推荐列表中推荐对了的内容占比，也就是将最终推荐结果和测试集数据做比较，计算推荐正确的比率，其公式为

$$ACC = \frac{TP + TN}{TP + TN + FP + FN}$$

召回率表示对于原来的样本而言，有多少样本中的正例被预测正确了。描述有多少比例的用户-物品评分记录包含在最终的推荐列表中。

$$Recall = \frac{\sum_u |R(u) \cap T(u)|}{\sum_u |T(u)|}，即 \, Recall = \frac{TP}{TP + FN} = \frac{TP}{P} = sensitive$$

覆盖率表示推荐的物品占了物品全集空间的多大比例。最简单的覆盖率的定义如下：

$$Coverage = \frac{|U_{u \in U} R(u)|}{|I|}$$

这样的计算方法没有考虑到推荐列表中每种物品出现的频率，如果列表中不但每种物品出现的比例大，而且出现的频率也相近，那么对长尾$^{\ominus}$的挖掘能力就越强。

$\ominus$ 尾部的质量密度较差，对于市场而言，表示所有非流行的市场累加起来就会形成一个比流行市场还大的市场。

↗1.6.3 评测维度

增加评测维度的目的就是明确一个算法在什么情况下性能最好。

一般来说，评测维度分为如下 3 种。

1）用户维度：主要包括用户的人口统计学信息、活跃度以及是不是新用户等；

2）物品维度：包括物品的属性信息、流行度、平均分以及是不是新加入的物品等；

3）时间维度：包括季节，是工作日还是周末，是白天还是晚上等。

1.7 推荐系统知识储备

上面说了这么多，有很多读者会问，我们学习推荐系统都需要掌握什么知识呢？或者在学习推荐系统之前，我们都需要哪些基础知识？下面是一个推荐系统架构图，从里面我们就可以看出推荐系统都由哪些部分组成，以及这些组成部分都需要哪些技术，如图 1-7 所示。

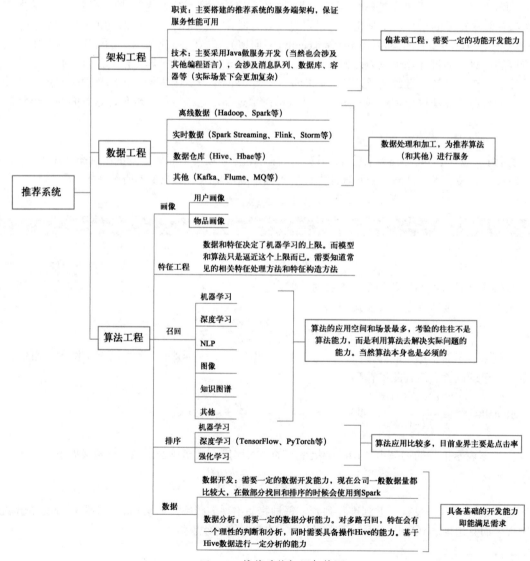

● 图 1-7 推荐系统知识架构图

第 2 部分

推荐系统基础篇

第 2 章　机器学习准备工作

主要内容

● 机器学习绪论
● 数学基础知识
● 编程基础知识

在介绍机器学习之前，首先了解一下"机器学习"这个名字的由来。1952 年，阿瑟·塞缪尔（Arthur Samuel，1901—1990）在 IBM 公司研制了一个西洋跳棋程序，该程序具有自学能力，可通过对大量棋局的分析逐渐辨识出当前局面下的"好棋"和"坏棋"，从而不断提高弈棋水平，并且很快就赢了塞缪尔自己。1956 年，塞缪尔应约翰·麦卡锡（John McCarthy，"人工智能之父"，1971 年图灵奖得主）之邀，在达特茅斯会议上介绍这项工作，并且提出了"机器学习"这个概念，将其定义为"不显式编程地赋予计算机能力的研究领域"。事实上，塞缪尔跳棋程序不仅在人工智能领域产生了重大影响，还影响到整个计算机科学的发展。早期计算机科学研究认为，计算机不可能完成事先没有显式编程[⊖]好的任务，而塞缪尔跳棋程序否认了这个假设。另外，该程序是最早在计算机上执行非数值计算任务的程序之一，其逻辑指令设计思想极大地影响了 IBM 计算机的指令集[⊜]，并很快被其他计算机的设计者采用。

通俗地说，机器学习就是教计算机执行人和动物与生俱来的活动，即从经验中学习。人和动物会在自己擅长或者涉及的领域产生不同的数据，机器学习算法直接从这些数据中"学习"信息，当人或者动物的领域增加更多的经验时，也就相当于样本数据的增加，这些算法可自适应提高性能。关于机器学习的应用也是十分广泛的，可以从两个方面分析，从应用领域方面考虑，比如医疗诊断、股票交易、能量负荷预测及更多行业每天都在使用这些算法制定关键决策。其中，机器学习在如下几个领域中的应用尤为广泛：金融学、图像处理和计算机视觉、计算生物学、航空航天和制造业、自然语言处理等。从技术方面考虑，可以分为①监督学习：手写文字识别、声音处理、图像处理、垃圾邮件分类与拦截、网页检索、基因诊断、股票预测等；②无监督学习：人造卫星故障诊断、视频分析、社交网站解析、声音信号解析等；③强化学习应用：机器人的自动控制、计算机游戏中的人工智能、市场战略的最优化等。

说到机器学习，这里还会提到一个名词——AI。那么 AI 是什么呢？AI 其实是一个英文缩写，即 Artificial Intelligence，也就是人工智能的意思，指由人制造出来的机器所表现出来的智能。通常，人工智能是指通过普通计算机程序来呈现人类智能的技术。关于它的定义可以分为两部分，即"人工"[⊜]和"智能"。"人工"很容易理解，但"智能"却很难被定义，因此人工智能的研究往往涉及对人本身的研究。那么人工智能和机器学习又存在什么关系呢？这里会提到三个名词：人工智

⊖　显式编程是指通过编写明确要完成的指示来完成所需更改的手动方法，隐式编程则是指幕后其他代码为用户完成的工作。

⊜　计算和控制计算机系统的一套指令的集合。

⊜　"人工"指由人设计，为人制造、创造。

能、机器学习、深度学习。这三个概念非常相似，也常常被混用。但其实它们之间是包含与被包含的关系：人工智能⊃机器学习⊃深度学习。如图 2-1 所示，该图详细地说明了三者之间的关系。

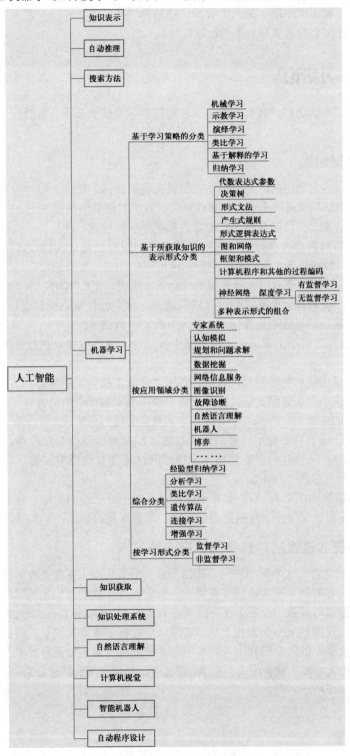

● 图 2-1　细分人工智能

从图 2-1 可以看出，人工智能主要由机器学习、计算机视觉、自然语言理解等组成，而机器学习中又包括很多部分，比如，深度学习，它是机器学习算法中的一个领域，它是一种实现机器学习的技术和学习方法。除了图中展示的人工智能包括的领域外，随着科技的进步人工智能的研究领域也在不断扩大，因此也会随之增加更多的组成部分。

（2.1） 机器学习绪论

了解了机器学习概念之后，我们需要知道使用机器学习算法必须具备的准备工作以及熟悉一些简单的操作流程。

↗2.1.1 数据积累

当一个产品是以内容为主的时候，必然会积累大量的数据，在这个数据为王的时代，有了数据当然要进行分析、挖掘，然后产出更多的商业价值。这个时候必然需要引入 AI 技术。

但在数据积累前期，产品的分析、挖掘等更多是基于"规则"进行的。人们总结出一些规则，然后利用编程让计算机自动去执行这些规则。基于规则的好处是：人们知道在什么样的数据条件下，会产生什么样的数据结果，一切皆可判断，皆可解释。

当然一些规则会逐渐演变成可解释的简单机器学习模型，比如 KNN、K-Means、贝叶斯等。但是基于规则的方法，很难甚至无法总结出有效的规则。这个时候规则就要退场，并逐渐切换到 AI 技术。AI 技术的最底层的根基便是数据，如果没有数据，何谈 AI。

"基于数据"的方法简单说就是从海量数据中找规律，这些规律是很抽象的，并不能总结成有效的规则。比如：

- 给机器看海量的猫和狗的照片，它就具备了"区分猫和狗"的能力。
- 给机器海量的中英文对照文章，它就具备了"中英文翻译"的能力。
- 给机器海量的文章，它甚至可以具备"写文章"的能力。

基于数据的好处是，只要有足够多的优质数据，机器就能学会某些技能，数据越多，能力越强。但是基于数据的方法也有明显的弊端，拿神经网络相关算法模型来说，该类算法只能告诉你"是什么"，但是不能告诉你"为什么"。

有数据的时候需要考虑引入 AI，但并不仅仅是一些杂乱无章的数据，我们需要考虑的是数据的四大要素：①数据是否足够；②数据是否可获取；③数据是否全面；④数据是否可闭环⊖。

↗2.1.2 特征（过滤法、包装法、嵌入法）

首先我们需要知道特征这个词的含义。比如当从背后看一个人穿的是女生的衣服，人们就知道这个人可能是女生，当听到一个人说话带有明显的东北口音，我们就知道他可能来自东北，但是一个人穿着女生的衣服有可能是一个男生在玩"动漫真人秀"（cosplay），一个人说话带有东北口音，却不一定是东北人，可能他从小在东北上学。这两个小的例子主要说明了，我们可以通过某些特征来判断他是属于什么类型的人，当然这种判断不是非常准确。但是如果存在多个特征都指向同一类人，那么他是这一类人的概率就会很大。在 AI 算法中，一定会用到特征，首先来了解一下 AI 模型的操作流程，如图 2-2 所示。

⊖ 从布点、收集、存储、刷新、辨识、关联、挖掘、决策、行动，到反馈，它就是一个循环。

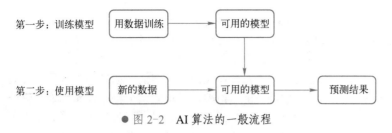

● 图 2-2　AI 算法的一般流程

从图 2-2 可以看出，首先需要用数据训练出可用的模型，或者是用新的数据来训练出可用的模型，最后对结果进行预测。

数据和特征决定了机器学习的上限，而模型和算法只是逼近这个上限而已。因此特征工程也十分重要，特征工程会尽可能地让算法得到充分的发挥，会直接影响机器学习的效果。特征工程是使用专业背景知识和技巧处理数据，使得特征能在机器学习算法中发挥更好的作用。当我们想要通过某一个算法去预测或者是评估一个现实的问题时，如果当前只有一个特征是远远不够的，我们需要引入更多的特征，同时特征本身的不确定性、准确性以及特征数据的取舍都会对结果具有很大的影响，如图 2-3 所示。

● 图 2-3　特征对 AI 算法的影响

图 2-3 可总结为以下几点，①特征少∩确定性弱→适合人工解决；②特征少∩确定性强→适合规则解决；③特征多∩确定性强→适合规则解决；④特征多∩确定性弱→可以考虑用 AI 解决。除了特征这一因素之外，其实还有很多其他因素共同影响，比如风险、成本等，这里由于主要因素是特征，因此其他因素不做考虑，否则讨论起来会相当复杂。关于特征的获取其实很大程度上依赖底层数据，这就要求平台内部要建立完备的数据获取体系和存储体系，方便后期进行数据的加工，从而转变成我们需要的特征数据格式。在特征的处理过程中，要保证数据的可读性高、可用性强，这里包括特征的命名规范和特征域集合，特征在产生之后是用来使用的，在推荐场景中，特征的使用主要分为线下模型训练和线上模型预测。对于模型训练而言，不讲究特征的实时性，通常特征会存储在分布式存储系统中（如 HDFS 等），对于模型预测而言，需要实时加载特征，这种情况下一般将特征存储在分布式数据库中（如 redis、mongo 等）。

当已经整理好各种特征数据时，该如何找出满足问题需要的特征？第一步是找到该领域懂业务的专家，让他们给一些建议。比如要解决一个药品疗效的分类问题，那么先找到领域专家，向他们咨询哪些因素（特征）会对该药品的疗效产生影响。这些信息就是特征的第一候选集。这个特征集合有时候可能很大，在尝试降维之前，有必要用特征工程的方法选择出较重要的特征集合，这些方法不会用到领域知识，而仅会用到统计学的方法。最简单的方法就是方差筛选。方差越大的特征，可以认为它是比较有用的。如果方差较小，比如小于 1，那么这个特征可能对算法没有那么大作用。最极端的情况，如果某个特征方差为 0，即所有的样本特征的取值都是一样的，那么它对模型训练没有任何作用，可以直接舍弃。在实际应用中，我们会指定一个方差的阈值，方差小于这个阈值的特征会被筛掉。sklearn 中的 VarianceThreshold 类可以很方便地完成这个工作。特征选择方法有很多，一般分为三类：第一类过滤法比较简单，它按照特征的发散性或者相关性指标对各个特征进行评分，设定评分阈值或者待选择阈值的个数，选择合适特征。上面我们提到的方差筛选就是过滤法的一种。第二类是包装法，根据目标函数（通常是预测效果评分），每次选择部分特征，或者排除部分特征。第三类是嵌入法，这种方法稍微复杂一点，它先使用某些机器学习的算法和模型进行训练，得到各个特征的权值系数，再根据权值系数从大到小来选择特征。类似于过滤法，不同的是它是通过机器学习训练来确定特征的优劣，而不是直接从特征的一些统计学指标来确定特征的优劣。

上面我们已经讲到了使用特征方差来过滤选择特征的过程。除了特征的方差，还有其他一些统计学指标可以使用，比如相关系数，它主要用于输出连续值的监督学习算法中。我们分别计算所有训练集中各个特征与输出值之间的相关系数，设定一个阈值，选择相关系数较大的部分特征。还可以使用的是假设检验，比如卡方检验。卡方检验可以检验某个特征分布和输出值分布之间的相关性（个人觉得它比粗暴的方差法好用）。在 sklearn 中，可以使用 chi2 这个类来做卡方检验，以得到所有特征的卡方值与显著性水平 P 临界值，我们可以给定卡方值阈值，选择卡方值较大的部分特征。除了卡方检验，我们还可以使用 F 检验和 t 检验，它们都是使用假设检验的方法，只是使用的统计分布不是卡方分布，而是 F 分布和 t 分布而已。在 sklearn 中，有 F 检验的函数 f_classif 和 f_regression，分别在分类和回归特征选择时使用。此外，还可以考虑互信息，即从信息熵的角度分析各个特征和输出值之间的关系评分。在决策树算法中会涉及互信息（信息增益）。互信息值越大，说明该特征和输出值之间的相关性越大，越需要保留。在 sklearn 中，可以使用 mutual_info_classif（分类）和 mutual_info_regression（回归）来计算各个输入特征和输出值之间的互信息。以上就是过滤法的主要方法，个人经验是，在没有什么思路的时候，可以优先使用卡方检验和互信息来做特征选择。

包装法的解决思路没有过滤法这么直接，它会选择一个目标函数来一步步地筛选特征。最常用的包装法是递归消除特征（Recursive Feature Elimination，以下简称 RFE）法。RFE 法使用一个机器学习模型来进行多轮训练，每轮训练后，消除若干权值系数对应的特征，再基于新的特征集进行下一轮训练。在 sklearn 中，可以使用 RFE 函数来选择特征。下面以经典的 SVM-RFE 算法来讨论其特征选择的思路。这个算法以支持向量机作为 RFE 的机器学习模型选择特征。它在第一轮训练的时候，会选择所有的特征来训练，得到了分类的超平面 $w\hat{x}+b=0$ 后，如果有 n 个特征，那么 SVM-RFE 会选择出 w 中分量的平方值 w_i^2 最小的那个序号 i 对应的特征，并将其排除；在第二轮的时候，特征数就剩下 $n-1$ 个了，我们继续用这 $n-1$ 个特征和输出值来训练 SVM，同样地，去掉 w_i^2 最小的那个序号 i 对应的特征。以此类推，直到剩下的特征数满足需求为止。

嵌入法也是用机器学习的方法来选择特征，但是它和 RFE 的区别是，它不是通过不停地筛掉特征来进行训练，而是使用特征全集进行训练。在 sklearn 中，使用 SelectFromModel 函数来选择特征。最常用的是使用 L1 正则化和 L2 正则化来选择特征，正则化惩罚项越大，那么模型的系数就会越小。当正则化惩罚项大到一定的程度的时候，部分特征系数会变成 0，当正则化惩罚项继续增大到一定程度时，所有的特征系数都会趋于 0。但是我们会发现一部分特征系数会更容易先变成 0，这部分系数就是可以筛掉的。也就是说，我们应该选择特征系数较大的特征。常用的 L1 正则化和 L2 正则化来选择特征的基学习器是逻辑回归。此外，也可以使用决策树或者 GBDT（Gradient Boosting Decision Tree，梯度提升决策树）。那么是不是所有的机器学习方法都可以作为嵌入法的基学习器呢？也不是，一般来说，只有可以得到特征系数 coef 或者可以得到特征重要度（feature importances）的算法才可以作为嵌入法的基学习器。

将任意数据（如文本或图像）转换为可用于机器学习的数字特征，特征值化是为了计算机更好地去理解数据。包括字典特征提取（特征离散化）、文本特征提取、图像特征提取，但是由于本身的数据不能直接被机器学习算法处理，因此需要转换成算法可识别的样式，文本、图像类型转换成数值，因此就会用到特征提取。特征提取有现成的 API：sklearn.feature_extraction，字典特征提取的 API：sklearn.feature_extraction.DictVectorizer(sparse=True...)，将字典当中属于类别的特征转换成 onehot 编码，默认返回的是 sparse 稀疏矩阵，稀疏矩阵可以将非 0 值按位置表示出来，其他都是 0 的就不表示出来，这样做可以节省内存，提高加载效率，代码如下：

```
from sklearn.feature_extraction import DictVectorizer

def dict_demo():
    """
    字典特征抽取
    :return:
    """
    data = [{'city':'北京','temperature':100},{'city':'上海','temperature':60},{'city':'深圳','temperature':30}]

    #1、实例化一个转换器类
    transfer = DictVectorizer(sparse=False)

    #2、调用 fit_transform()
    data_new = transfer.fit_transform(data)
    print("data_new:\n", data_new)
    print("特征名字:\n", transfer.get_feature_names())

    return None

if __name__ == "__main__":
        dict_demo()
```

v2-1

　　在两种情况下可以使用字典特征提取：①当数据集中有很多类别特征（将数据集特征转换成字典类型，然后用 DictVectorizer 转换）；②本身拿到的数据是字典类型。

　　除了字典特征提取还会有文本特征提取，使用的 API 为 sklearn.feature_extraction.text.CountVectorizer (stop_words=[])，返回词频矩阵，统计每个样本特征词出现的次数，其中 stop_words 停用词表表示有一些词对本身是没有影响的，可以放入这个参数中，不做算法处理，也就不会存在于特征列表中，代码如下：

```
from sklearn.feature_extraction.text import CountVectorizer

def count_demo():
    """
    文本特征抽取：CountVecotrizer
    :return:
    """
    data = ["life is short,i like like python","life is too long,i dislike python"]

    #1、实例化一个转换器类
    transfer = CountVectorizer()

    #2、调用 fit_transform()
    data_new = transfer.fit_transform(data)
    print("data_new:\n",data_new.toarray())
    print("特征名字:\n",transfer.get_feature_names())

    return None

if __name__ == "__main__":
        count_demo()
```

v2-2

　　该方法只能提取英文，因为英文是用空格隔开每一个单词，而中文之间没有分隔符，默认整个句子是一个单词。对于中文文本特征抽取，首先需要三个步骤：①准备句子，利用 jieba.cut 进行分词；②实例化 CountVectorizer；③将分词结果变成字符串作为 fit_transform 的输入值，代码如下：

```
from sklearn.feature_extraction.text import CountVectorizer
import jieba

def cut_word(text):

    return "_".join(list(jieba.cut(text)))
    #通过_分隔符对 list 列表里面的元素进行分隔，赋值给到函数返回
    def count_chinese_demo2():
        data=["一种还是一种今天很残酷，明天更残酷，后天很美好，但绝对大部分是死在明天
晚上，所以每个人不要放弃今天。",
```

v2-3

"我们看到的从很远星系来的光是在几百万年之前发出的，这样当我们看到宇宙时，我们是在看它的过去。",
"如果只用一种方式了解某样事物，你就不会真正了解它。了解事物真正含义的秘密取决于如何将其与我们所了解的事物相联系。"]

```
data_new=[]#字典要一句句导入jieba分词
for sent in data:
    data_new.append(cut_word(sent))
# print(data_new)
# 1、实例化一个转换器类
transfer = CountVectorizer(stop_words=["一种", "所以"])

# 2、调用fit_transform()
data_final = transfer.fit_transform(data_new)
print("data_new:\n", data_final.toarray())
print("特征名字： \n", transfer.get_feature_names())
return None

if __name__ == "__main__":
    count_chinese_demo2()
```

有些词在某一个类别的文章中出现的次数很多，但是在其他类别的文章当中出现很少，这样的词有利于分类，因此这样的词为关键词，那么怎样选出关键词呢？答案是 TF-IDF（TfidfVectorizer）（TF-IDF 将在 9.3.3 节做详细讲解）。

↗2.1.3 模型的不可解释性

在 2.1.1 节"数据积累"中，提到了模型的不可解释性。这种模型正如上面所说，只会告诉你结果"是什么"，但是不会告诉你"为什么"。当不可解释模型中出现 badcase 时，如果不能轻易找到为什么会出现这个问题的原因，也就不能准确找到问题。所以也就无法对症下药，因为我们的修改和优化都是针对模型整体而言的。所以当我们考虑是否使用不可解释模型去解决一些问题时，需要考虑以下两点，①是否需要解释。②是否可容忍。所以我们先从这两个角度来看看普及率较高的 AI 应用，如表 2-1 所示。

表 2-1　普及率较高的 AI 应用

案例	是否需要解释	错误容忍度
语音识别	用户只关心效果好不好，并不关心背后的原理是什么	偶尔出现一些错误并不影响对整句话的理解，少量出错是可以接受的
人脸识别	同上	相比语音识别，用户对出错的容忍度要低一些，因为需要重复刷脸，重复刷脸的次数越多，越会影响用户的使用体验
机器翻译	同上	跟语音识别类似，只要基本上准确，并不影响整体的理解

上面这几个是适合 AI 落地的场景，下面这些是不适合 AI 落地的场景，如表 2-2 所示。

表 2-2　不适合 AI 落地的场景

案例	是否需要解释	错误容忍度
推导定理	科学是绝对严谨的，一定是从逻辑上推导出来的，而不是统计出来的	如果有例外就不能称作定理，定理一定是绝对正确没有错误的
写论文	人工智能已经可以写小说、诗歌、散文，但是论文这种文体要求有非常严谨的上下文逻辑	论文里是不允许有错误的，全文的逻辑要非常清晰，哪怕一个细节出现了逻辑问题，也会造成整篇论文没有价值

根据上面的事例我们可以总结出三个准则，这三个准则可以让我们在评估过程中判断是否需要引入不可解释的 AI 技术：

1）解决方案越需要解释背后的原因，越不适合使用深度学习；

2）对错误的容忍度越低，越不适合使用深度学习；

3）上面两条并非绝对判断标准，还需要看商业价值和性价比，自动驾驶和医疗系统就是反例，比如当前的自动驾驶领域，对该方面的研究是很重要的，并且它其实对错误的容忍度是很低的，但是由于它的商业价值是非常高的，从而对于该方面的研究也是必不可少的。

　　这里需要明确一点，引入 AI 之后不代表所有其他的劳动都不做，AI 只是整个内容生产、运营链条中的一环而已，不能凡事都交给 AI 去处理。我们需要合理利用 AI 技术，继而带来更大的产业价值。但是存在一个问题，在我们引入 AI 技术之后，并不会立即看到成效，而是通过一次次的优化，迭代升级，从而达到想要的结果，通常的做法应该如图 2-4 所示。

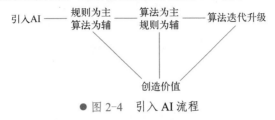

● 图 2-4　引入 AI 流程

　　从图 2-4 可以看出，引入 AI 技术之后，首先需要以规则为主、算法为辅或算法为主、规则为辅，必要时还需要进行算法迭代升级，最后才可以创造价值。

　　技术在企业发展的过程中主要有两大原则。①为企业创造可见的价值，比如营收。②树立企业技术品牌，扩大其影响力。显而易见的是，这里的第二点是建立在第一点的基础上的，毕竟只有企业得到了一定的营收，能够生存下来才有资格去谈技术品牌和影响力。所以这也就促进了员工在工作期间，不仅要完成工作的内容，同样也要不断学习新的技术，扩展自己的知识面和技术实力。一个企业的技术肯定是要不断进步和演化的，不可能固守在"规则为王"或者简单的"可解释算法模型"时期，而是要引入更加先进的技术，因为其潜在的价值是无限的。只有了解了新的技术，我们才能学习或接触到更深层次的知识，才能挖掘到当前领域或社会中存在的一些深层次的问题。AI 技术属于先进技术，因此可以引入 AI 技术来明确企业技术发展的正确方向。

　　以上我们讲解了引入 AI 技术的环境大概是什么样子的，接下来我们就要从基础开始学习 AI 技术，首先来看一下掌握机器学习需要具备的最基础的知识——数学基础知识。

2.2　数学基础知识

　　现在比较主流的观点是，机器学习的理论基础是数学，实践基础是语言。不难理解，对数学有一个基本的了解，可以有效地使用机器学习进行推理。所以想要很好地利用机器学习，就需要先学习数学知识。那么问题来了，数学是很多领域的基础学科，也就是说，生活中都会接触到数学知识，那么我们在机器学习这个领域里面，需要学习哪些数学知识呢？这里需要了解 5 个概念：微积分、统计学、线性代数、信息论基础、凸优化。只有严格理解机器学习中的基础数学，才能在这个领域进行推理，并验证全新的体系结构，从而完成更为复杂且创新的任务。

↗2.2.1　微积分

　　微积分是现代数学的基础，比如线性代数、矩阵论、概率论、信息论、最优化方法等都需要用到微积分的知识。积分基本上只在概率论中被使用，概率密度函数、分布函数、最优化方法和计算都要借助积分来定义或计算。最优化的方法一般是用在机器学习算法训练和预测中，用该方法来求解函数的极值。因此对于机器学习来说，微积分是必不可少的基础知识。首先，我们先来看一下关于微积分的几个知识点，分别是导数、微分和积分。

　　导数是微积分学中重要的基础概念。对于定义域和值域都是实数域 $f:\mathbf{R}\to\mathbf{R}$，若 $f(x)$ 在点 x_0 的某个邻域 Δx 内，极限 $f'(x_0)=\lim\limits_{\Delta x\to 0}\dfrac{f(x_0+\Delta x)-f(x)}{\Delta x}$ 存在，则称函数 $f(x)$ 在点 x_0 处可导，$f(x_0)$ 称为

其导数或导函数。若函数 $f(x)$ 在其定义域包含的某区间内每一个点都可导，那么也可以说函数 $f(x)$ 在这个区间内可导。连续函数不一定可导，可导函数一定连续。例如，函数 $|x|$ 为连续函数，但在点 $x=0$ 处不可导。对于一个多变量函数 $f:\mathbf{R}^d \to \mathbf{R}$，它的偏导数是关于某个变量 x_i 的导数，而保持其他变量固定，可以记为 $f'_{x_i}(\boldsymbol{x})$、$\nabla_{x_i} f(\boldsymbol{x})$、$\dfrac{\partial f(\boldsymbol{x})}{\partial x_i}$ 或 $\dfrac{\partial}{\partial x_i} f(\boldsymbol{x})$。对于一个 d 维向量 $\boldsymbol{x} \in \mathbf{R}^d$，函数

$f(\boldsymbol{x}) = f(x_1, x_2, \cdots, x_d) \in \mathbf{R}$，则 $f(\boldsymbol{x})$ 关于 $\boldsymbol{x}$ 的偏导数为 $\dfrac{\partial f(\boldsymbol{x})}{\partial \boldsymbol{x}} = \begin{bmatrix} \dfrac{\partial f(\boldsymbol{x})}{\partial x_1} \\ \vdots \\ \dfrac{\partial f(\boldsymbol{x})}{\partial x_d} \end{bmatrix} \in \mathbf{R}^d$，若函数 $f(\boldsymbol{x}) \in \mathbf{R}^k$ 的值

也为一个向量，则 $f(\boldsymbol{x})$ 关于 $\boldsymbol{x}$ 的偏导数为 $\dfrac{\partial f(\boldsymbol{x})}{\partial \boldsymbol{x}} = \begin{bmatrix} \dfrac{\partial f_1(\boldsymbol{x})}{\partial x_1} & \cdots & \dfrac{\partial f_k(\boldsymbol{x})}{\partial x_1} \\ \vdots & & \vdots \\ \dfrac{\partial f_1(\boldsymbol{x})}{\partial x_d} & \cdots & \dfrac{\partial f_k(\boldsymbol{x})}{\partial x_d} \end{bmatrix} \in \mathbf{R}^{d*k}$ 称为 Jacobian 矩阵。关

于导数的一些计算法则如下。

（1）加减法则

若 $y = f(x), z = g(x)$，则 $\dfrac{\partial(y+z)}{\partial x} = \dfrac{\partial y}{\partial x} + \dfrac{\partial z}{\partial x}$。

（2）乘法法则

若 $\boldsymbol{x} \in \mathbf{R}^p, \boldsymbol{y} = f(\boldsymbol{x}) \in \mathbf{R}^1, \boldsymbol{z} = g(\boldsymbol{x}) \in \mathbf{R}^q$，则

$$\frac{\partial \boldsymbol{y}^\mathrm{T} \boldsymbol{z}}{\partial \boldsymbol{x}} = \frac{\partial \boldsymbol{y}}{\partial \boldsymbol{x}} \boldsymbol{z} + \frac{\partial \boldsymbol{z}}{\partial \boldsymbol{x}} \boldsymbol{y}$$

若 $\boldsymbol{x} \in \mathbf{R}^p, \boldsymbol{y} = f(\boldsymbol{x}) \in \mathbf{R}^s, \boldsymbol{z} = g(\boldsymbol{x}) \in \mathbf{R}^t, \boldsymbol{A} \in \mathbf{R}^{s*t}$ 和 $\boldsymbol{x}$ 无关，则

$$\frac{\partial \boldsymbol{y}^\mathrm{T} \boldsymbol{A} \boldsymbol{z}}{\partial \boldsymbol{x}} = \frac{\partial \boldsymbol{y}}{\partial \boldsymbol{x}} \boldsymbol{A} \boldsymbol{z} + \frac{\partial \boldsymbol{z}}{\partial \boldsymbol{x}} \boldsymbol{A}^\mathrm{T} \boldsymbol{y}$$

若 $\boldsymbol{x} \in \mathbf{R}^p, \boldsymbol{y} = f(\boldsymbol{x}) \in \mathbf{R}, \boldsymbol{z} = g(\boldsymbol{x}) \in \mathbf{R}^p$，则

$$\frac{\partial \boldsymbol{y} \boldsymbol{z}}{\partial \boldsymbol{x}} = \boldsymbol{y} \frac{\partial \boldsymbol{z}}{\partial \boldsymbol{x}} + \frac{\partial \boldsymbol{z}}{\partial \boldsymbol{x}} \boldsymbol{z}^\mathrm{T}$$

（3）链式法则⊖

若 $\boldsymbol{x} \in \mathbf{R}^p, \boldsymbol{y} = g(\boldsymbol{x}) \in \mathbf{R}^s, \boldsymbol{z} = f(\boldsymbol{y}) \in \mathbf{R}^t$，则

$$\frac{\partial \boldsymbol{z}}{\partial \boldsymbol{x}} = \frac{\partial \boldsymbol{y}}{\partial \boldsymbol{x}} \frac{\partial \boldsymbol{z}}{\partial \boldsymbol{y}}$$

若 $\boldsymbol{x} \in \mathbf{R}^{p*q}$ 为矩阵，$\boldsymbol{y} = g(\boldsymbol{x}) \in \mathbf{R}^{s*t}, \boldsymbol{z} = f(\boldsymbol{y}) \in \mathbf{R}$，则

$$\frac{\partial \boldsymbol{z}}{\partial x_{ij}} = \mathrm{tr}\left(\left(\frac{\partial \boldsymbol{z}}{\partial \boldsymbol{y}} \right)^\mathrm{T} \frac{\partial \boldsymbol{y}}{\partial x_{ij}} \right)$$

若 $\boldsymbol{x} \in \mathbf{R}^{p*q}$ 为矩阵，$\boldsymbol{y} = g(\boldsymbol{x}) \in \mathbf{R}^s, \boldsymbol{z} = f(\boldsymbol{y}) \in \mathbf{R}$，则

⊖ 链式法则是求复合函数导数的一个法则，也是在微积分中计算导数的一种常见方法。

$$\frac{\partial \boldsymbol{z}}{\partial x_{ij}} = \left(\frac{\partial \boldsymbol{z}}{\partial \boldsymbol{y}}\right)^{\mathrm{T}} \frac{\partial \boldsymbol{y}}{\partial x_{ij}}$$

若 $x \in \mathbf{R}, \boldsymbol{u} = u(x) \in \mathbf{R}^{p}, \boldsymbol{g} = g(\boldsymbol{u}) \in \mathbf{R}^{q}$，则

$$\frac{\partial \boldsymbol{g}}{\partial x} = \frac{\partial \boldsymbol{g}}{\partial \boldsymbol{u}} \frac{\partial \boldsymbol{u}}{\partial x}$$

了解了导数的计算法则之后，来看一个例子，求 $(x^2 - x + 2)^4$ 的导数，设 $x^2 - x + 2 = u$，原式 $= u^4$，将 $\mathrm{d}y = 4u^3\mathrm{d}u$，$\mathrm{d}u = (2x-1)\mathrm{d}x$ 代入原式，得 $\mathrm{d}y = 4u^3(2x-1)\mathrm{d}x$，$\dfrac{\mathrm{d}y}{\mathrm{d}x} = 4(x^2 - x + 2)^3(2x-1)$。

微分本质是一个微小的线性变化量，用一个线性函数作为原函数变化的逼近。微分的定义为，设函数 $y = f(x)$ 在某区间内有定义，且 x_0 及 $x_0 + \Delta x$ 在该区间内，如果下面的公式成立，则称 $y = f(x)$ 在点 x_0 处可微，并且称 $A\Delta x$ 为函数 $y = f(x)$ 在点 x_0 相应于自变量增量 Δx 的微分，记作 $\mathrm{d}y|_{x=x_0}$ 或 $\mathrm{d}f(x_0)$，即 $\mathrm{d}y|_{x=x_0} = A\Delta x$。关于微分主要有几个常见的应用，如费马引理、罗尔定理、拉格朗日中值定理、柯西中值定理、洛必达法则、泰勒中值定理。

v2-4

1）费马引理。设函数 $f(x)$ 在点 x_0 的某邻域 $U(x_0)$ 内有定义，并且在 x_0 处可导，如果对任意的 $x \in U(x_0)$，有 $f(x) \leqslant f(x_0)$ 或 $f(x) \geqslant f(x_0)$，那么 $f'(x_0) = 0$。

2）罗尔定理。如果函数 $f(x)$ 满足①在闭区间 $[a,b]$ 上连续；②在开区间 (a,b) 内可导；③在区间端点处的函数值相等，即 $f(a) = f(b)$。那么 (a,b) 上至少有一点 $\varepsilon(a < \varepsilon < b)$，使得 $f'(\varepsilon) = 0$。

v2-5

3）拉格朗日中值定理。如果 $f(x)$ 满足：①在闭区间 $[a,b]$ 上连续；②在开区间 (a,b) 内可导，那么在 (a,b) 内至少有一点 $\varepsilon(a < \varepsilon < b)$，使得 $f(b) - f(a) = f'(\varepsilon)(b-a)$ 成立。

4）柯西中值定理。如果函数 $f(x)$ 及 $F(x)$ 满足：①在闭区间 $[a,b]$ 上连续；②在开区间 (a,b) 内可导；③对任意 $x \in (a,b), F'(x) \neq 0$。那么在 (a,b) 内至少有一点 ε，使等式 $\dfrac{f(b) - f(a)}{F(b) - F(a)} = \dfrac{f'(\varepsilon)}{F'(\varepsilon)}$ 成立。

v2-6

5）洛必达法则。设当 $x \to a$ 时，函数 $f(x)$ 及 $F(x)$ 都趋向于 0，设在点 a 的某去心邻域内，$f'(x)$ 及 $F'(x)$ 都存在且 $F'(x) \neq 0$，设 $\lim\limits_{x \to a}\dfrac{f(x)}{F(x)}$ 存在（或为无穷大），那么 $\lim\limits_{x \to a}\dfrac{f(x)}{F(x)} = \lim\limits_{x \to a}\dfrac{f'(x)}{F'(x)}$。

v2-7

6）泰勒中值定理。如果函数 $f(x)$ 在含有 x_0 的某个开区间 (a,b) 内具有直到 $(n+1)$ 阶的导数，则对任意 $x \in (a,b)$，有 $f(x) = f(x_0) + f'(x_0)(x - x_0) + \dfrac{f''(x_0)}{2!}(x - x_0)^2 + \cdots + \dfrac{f^n(x_0)}{n!}(x - x_0)^n + R_n(x)$，其中，$R_n(x) = \dfrac{f^{n+1}(\varepsilon)}{(n+1)!}(x - x_0)^{n+1}$；$\varepsilon$ 为 x_0 和 x 之间的某个值。

v2-8

微分和导数一样，同样也存在一些运算法则，设 $u(x)$ 和 $v(x)$ 均可微，则 $\mathrm{d}(u \pm v) = \mathrm{d}u \pm \mathrm{d}v$，$\mathrm{d}(Cu) = C\mathrm{d}u$（$C$ 为常数），$\mathrm{d}(uv) = v\mathrm{d}u + u\mathrm{d}v$，$\mathrm{d}\left(\dfrac{u}{v}\right) = \dfrac{v\mathrm{d}u - u\mathrm{d}v}{v^2}$（$v \neq 0$）。复合函数的微积分：若 $y = f(u)$ 和 $u = \phi(x)$ 分别可微，则复合函数 $y = f(\phi(x))$ 的微分为 $\mathrm{d}y = y'_x\mathrm{d}x = \mathrm{d}u, \mathrm{d}u = \phi'(x)\mathrm{d}x$，$\mathrm{d}y = f'(u)\mathrm{d}u$。了解了基本法则

v2-9

之后。求 $y = \ln(1+e^{x^2})$，$dy = \dfrac{1}{1+e^{x^2}}d(1+e^{x^2}) = \dfrac{1}{1+e^{x^2}}\ e^{x^2}d(x^2) = \dfrac{1}{1+e^{x^2}}e^{x^2}2xdx = \dfrac{2xe^{x^2}}{1+e^{x^2}}dx$。在深度学习中，一般会用到概率论、线性代数、最优化等数学知识。可能微分相对用得比较少，但是如果探索网络架构与数学的哪些概念相关，那么会发现可以将深度神经网络理解为一种微分方程，即深度神经网络架构，也就是离散化的微分方程。而且目前的深度学习模型设计缺少系统指导，大多数的深度学习模型都缺少可解释性，这样就限制了它的应用。这种情况下如果加上了微分方程，那么网络架构就是数值微分方程，网络训练就是最优控制，神经网络的设计也就能有理论指导。

目前，比较受关注的是神经网络架构与数值微分方程之间的关系（见图 2-5），即微分在深度学习领域的应用。

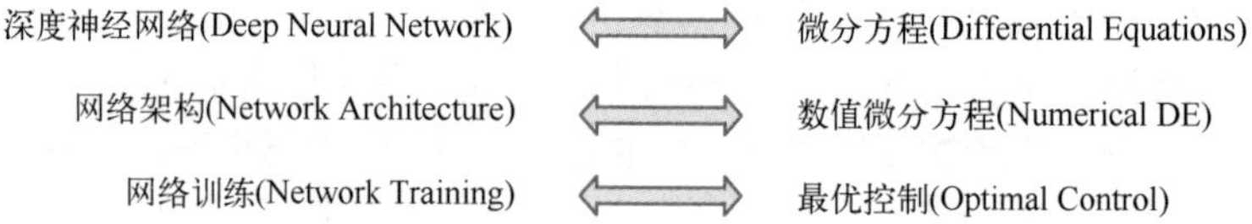

深度神经网络(Deep Neural Network) ⟺ 微分方程(Differential Equations)

网络架构(Network Architecture) ⟺ 数值微分方程(Numerical DE)

网络训练(Network Training) ⟺ 最优控制(Optimal Control)

● 图 2-5　神经网络架构与数值微分关系

积分主要研究无限多的无穷小量之和，也就是 $\varepsilon_1 + \varepsilon_2 + \varepsilon_3 + \cdots = \lim\limits_{n\to\infty}\sum\limits_{k=1}^{n}\varepsilon_k$。实际上积分还可以分为两部分：不定积分和定积分。

不定积分其实就是普通的积分，即已知函数的导数，求原函数。比如 $F(x)$ 的导数是 $f(x)$，那么 $F(x)+C$ 的导数也是 $f(x)$，即把 $f(x)$ 进行积分，不一定能得到 $F(x)$，因为 $F(x)+C$ 的导数也是 $f(x)$，所以 $f(x)$ 的积分有无限多个，是不确定的，一律用 $F(x)+C$ 代替，这就被称为不定积分。不定积分的定义为，原函数 $f(x)$ 在区间 I 上的全体原函数称为 $f(x)$ 在 I 上的不定积分，记作 $\int f(x)dx$，即 $\int f(x)dx = F(x)+C$。不定积分有两个线性运算的法则：①若函数 $f(x)$、$g(x)$ 在区间 I 上的原函数都存在，则 $f(x) \pm g(x)$ 在区间 I 上的原函数也存在，即 $\int[f(x) \pm g(x)]dx = \int f(x)dx \pm \int g(x)dx$。②若函数 $f(x)$ 在区间 I 上的原函数存在，则 $kf(x)$ 在区间 I 上的原函数也存在，k 为实数且 $k \neq 0$，$\int kf(x)dx = k\int f(x)dx$。

所谓定积分，形式如：$\int_a^b f(x)dx$，存在上下限 $[a,b]$，之所以称为定积分，它和不定积分的区别是因为它积分后的值是确定的一个数。定积分的正式名称是黎曼积分，就是把直角坐标系上的图像用平行于 y 轴和 x 轴的直线将其分割成无数个矩形，然后把某个区间 $[a,b]$ 上的矩形累加起来，所得到的就是这个函数的图像在区间 $[a,b]$ 上的面积，定积分的定义为，设 $f(x)$ 是定义在区间 $[a,b]$ 上的有界函数，用点 $a = x_0 < x_1 < x_2 < \cdots < x_n = b$ 将区间 $[a,b]$ 任意分割成 n 个子区间 $[x_i, x_{i-1}]$，$i = 1,2,3,\cdots,n$，这些子区间及其长度均记作 $\Delta x_i = x_i - x_{i-1}$，$i = 1,2,3,\cdots,n$，在每个子区间 Δx_i 上任取一点 ξ_i，做 n 个乘积 $f(\xi_i)\Delta x_i$ 的和式 $\sum\limits_{i=1}^{n}f(\xi_i)\Delta x_i$。如果当 $n \to \infty$ 时，最大子区间的长度 $\lambda = \max\{\Delta x_i\} \to 0$ 和 $\sum\limits_{i=1}^{n}f(\xi_i)\Delta x_i$ 的极限存在，并且其极限值与 $[a,b]$ 的分割法和 ξ_i 的取法无关，则该极限值称为函数 $f(x)$ 在区间 $[a,b]$ 上的定积分，记作 $\int_a^b f(x)dx = \lim\limits_{n\to\infty,\lambda\to0}\sum\limits_{i=1}^{n}f(\xi_i)\Delta x$。

那么微积分在机器学习中主要起到了如下两个作用：①求解函数的极值；②分析函数的性质。

关于极值的定义，设函数 $f(x)$ 在点 x_0 的一个 δ 邻域 $(x_0 - \delta, x_0 + \delta)$ 内有定义，如果对任意的 $x \in (x_0 - \delta, x_0) \bigcup (x_0, x_0 + \delta)$，总有 $f(x) < f(x_0)$，则称 $f(x_0)$ 为函数 $f(x)$ 的极大值，x_0 称为函数 $f(x)$ 的极大值点；如果对任意的 $x \in (x_0 - \delta, x_0) \bigcup (x_0, x_0 + \delta)$，总有 $f(x) > f(x_0)$，则称 $f(x_0)$ 为函数 $f(x)$ 的极小值，x_0 称为函数 $f(x)$ 的极小值点。函数的极大值与极小值统称为函数的极值，使函数取得极值的点称为极值点，如图 2-6 所示。

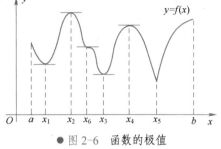

● 图 2-6　函数的极值

根据定义，从图 2-6 可以看出极大值点是 x_2、x_4，极小值点是 x_1、x_3、x_5，极大值为 $f(x_2)$、$f(x_4)$，极小值为 $f(x_1)$、$f(x_3)$、$f(x_5)$。

对于求解函数的极值，我们通过一个例子来说明它在机器学习中的用法，该例子是关于机器学习的多维极值[一]求解。多维条件下是曲面对函数的一阶偏导数向量 $<f(x), f(y)>$，因此在一维条件下没有偏导数，只剩下 $<f(x)>$，也就是说一个导数一维的条件下，方向就不再是曲面而变成向左和向右两个方向了，值为正的时候向右，值为负的时候向左，值的大小只影响距离。而在二维条件下，因为有了两个偏导数，所以这个向量可以表示一圈，而偏导数就是梯度的意思，机器学习中梯度是曲面中最陡峭的方向，且这个方向是下降最快的方向。实际上这个说法是不太准确的，因为不论是在一维还是二维条件下，方向都是向右的，这个方向函数是增长的，只不过大部分迭代公式在梯度前面会加一个负号，所以也就直接认为它代表了下降最快的方向了。由于函数的极值点导数都是 0，所以如果沿着梯度方向一直走，最终收敛到一个点，那肯定就是一个极值点，如果不收敛，说明可能不存在极值点。

二维条件下的梯度下降有什么作用呢？举个例子，假如现在有两个点（4，4）、（6，5），想要画一条直线使得直线和两个点之间的距离平方和最小，因此设直线的方程是 $y = kx + b$，目标函数是 $J(k,b) = (kx_1 + b - y_1)^2 + (kx_2 + b - y_1)^2$，则偏导分别为

$$J_k(k,b) = 2(kx_1 + b - y_1)x_1 + 2(kx_2 + b - y_2)x_2$$

$$J_b(k,b) = 2(kx_1 + b - y_1) + 2(kx_2 + b - y_2)$$

迭代公式[一]

$$\binom{k}{b} := \binom{k}{b} - \alpha \binom{J_k(k,b)}{J_b(k,b)}$$

即

$$k := k - \alpha[2(kx_1 + b - y_1)x_1 - 2(kx_2 + b - y_2)x_2]$$
$$= k - 2\alpha k(x_1^2 + x_2^2) - 2\alpha[x_1(b - y_1) + x_2(b - y_2)]$$
$$= [1 - 2\alpha(x_1^2 + x_2^2)]k - 2\alpha[x_1(b - y_1) + x_2(b - y_2)]$$

然后，由 $-1 < 1 - 2\alpha(x_1^2 + x_2^2) < 1$，得到 $0 < \alpha < (x_1^2 + x_2^2)$，在不允许振荡的情况下，

$$b := b - 2\alpha(kx_1 + b - y_1) - 2\alpha(kx_2 + b - y_2)$$
$$= (1 - 4\alpha)b - 2\alpha(kx_1 + kx_2 - y_1 - y_2)$$

在这里限制 α 的区间范围，$0 < \alpha < 1/2$，并且满足区间 $(0, 1/4)$ 内不会振荡，梯度计算方向在二维曲面的振荡如图 2-7 所示。

　⊖　多维极值，顾名思义就是在曲面环境中求解极大值或极小值。

　⊖　这里用编程中常用的赋值语句符号 ":=" 来表示迭代关系。

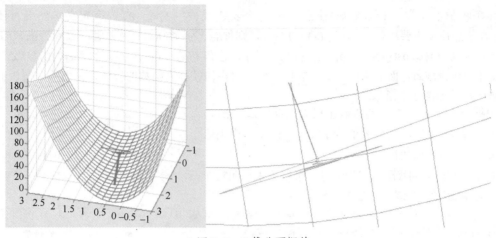

● 图 2-7　二维曲面振荡

不振荡的情况如图 2-8 所示。

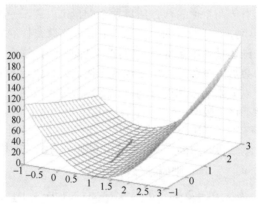

● 图 2-8　二维曲面不振荡

很显然，在不振荡的情况下，是一条直线。上面是在机器学习中一个典型的例子，关于微积分求极值的应用场景有很多，比如上面说的多维极值，也可以是单纯一维的情况，具体需要怎么设计模型还需要看问题涉及的因素对模型有什么影响，进而来判断需要使用一维还是多维。在金融市场风险预测中，时常会使用到极值的理论，比如传统极值理论、PDT 极值理论，因此极值理论在机器学习中的应用还是比较广泛的。

关于微积分函数的性质有很多方面，但是在机器学习中不需要了解所有的性质，以下几点是必须具备的：①极限。②上确界与下确界[○]。③导数。导数的概念不论是在数学还是在机器学习中，都经常使用，比如上面说的梯度下降法的推导就会用到导数，还有逻辑回归函数的导数计算等。④Lipschitz[○]连续性。这个性质可能在数学中没有被提及，但是它对分析算法的性质很有用，比如GAN、深度学习算法的稳定性、泛化性能分析。⑤导数与函数的单调性。关于单调性，在激活函数、AdaBoost 算法中都会用到。⑥导数与函数的极值。关于函数的极值，从上面的例子中不难看出求导数为 0 的点即为极值点，大部分优化问题都是连续优化问题，因此直接这样求取即可，可以通过这个方法来实现最小化损失函数及最大化似然函数等目标。⑦导数与函数的凹凸性。在凸优化

○　在数学中这个术语可能不太常用，但是在机器学习中比较常使用，会以 sup 和 inf 的形式出现在机器学习中。

○　在数学中，特别是实分析中，Lipschitz 条件是一个比通常连续更强的光滑性条件。

中，Jensen 不等式的证明就会用到这个性质。⑧泰勒公式。泰勒公式是机器学习里面用途比较广泛的一个数学知识，主要用于对算法的优化方面，比如拟牛顿法，上面说到的梯度下降法，以及后面章节要讲到的 AdaBoost 算法、XGBoost 算法的推导和优化都会用到泰勒公式。⑨不定积分。主要用在概率的计算方面，而概率的计算在机器学习中用得相对较少。⑩定积分。定积分和不定积分相似，主要用在概率的计算中，不同的是，关于定积分的概率算法相对比较多，如概率图模型、贝叶斯分类器等。⑪偏导数。由于机器学习中涉及的函数大部分都是多元函数，所以对于偏导数的求解是必需的。⑫高阶偏导数。用于函数的极值求解，因为光有梯度值还无法确定函数的极值。⑬链式法则。机器学习里面的神经网络的反向传播算法依赖链式法则。

微积分是机器学习模型中最终解决方案的实现手段，当算法模型被建立好之后，不可避免的一步就是对模型的优化操作，在计算极值的过程中，如果没有微分理论作为支撑，任何完美的模型都无法落地。

↗2.2.2　统计学

统计学和机器学习是两个密切相关的领域，统计学家曾经把机器学习称为"应用统计"或"统计学习"，而不是以计算机科学为主来命名的。机器学习的前提是，具备一定的统计学背景。那么什么是统计学呢？统计学实际上就是处理数据和使用数据回答问题的方法集合。统计领域主要可以分为两大类，①描述性统计用于总结数据。②推理统计用于从数据样本中得出结论。

描述性统计是指将观察到的原始数据汇总成可以理解和共享的信息的方法，主要包括数据的频数分析、集中趋势分析、离散程序分析、以及对数据进行可视化的操作，通过图表和图形可以对观测的形状或分布以及变量的相关性做出定性理解，也可以更直观地观察到结果。

推理统计是通过对一组类似于样本的小数据集观察数据进行量化，从而提炼出域或总体属性的方法。通常我们认为推理统计是从总体分布中估计出特征值，比如期望值或方差的估计等。

统计学主要强调的是推理，机器学习主要强调的是预测。通过统计思想的视角，了解数据分布、理解数据生成过程，其中模型解释性是关注的重点，而机器学习关注的是预测的准确性，但是对于模型来说，光有准确性是远远不够的。因为我们还需要知道原因。所以在机器学习中，统计思想的应用是非常重要的，通过这些思想来得到人类想要得到的解释或原因。统计学主要分为以下几种。①概率；②离散型概率分布和连续性概率分布；③抽样和抽样分布；④区间估计；⑤假设检验。

概率指的是对于一些事件的可能性的度量，它的取值范围是 0～1，它是机器学习的基础，适用于数据量较小的问题。机器学习的主要对象是模型及其泛化性，因此建立一个泛化能力[⊖]强的模型是机器学习的重点。当我们抛硬币的时候，结果只有两个可能性，一个是正面，另一个就是反面，通常用样本空间 S 表示，$S=\{$正面，反面$\}$，而试验的结果就称为样本点，当样本空间比较少的时候，我们可以极易地观察出样本空间的大小，但是对于比较复杂的试验，我们就需要一些计数法则了。说到计数法则，一般有两个公式：

$$C_N^n = \frac{N!}{n!(N-n)!}$$

$$P_N^n = \frac{N!}{(N-n)!}$$

举一个简单的例子，从 5 个彩色球中，选出 2 个彩球，有多少种排列方法？代入排列数公式，

⊖ 泛化能力：指机器学习算法对新鲜样本的适应能力。学习的目的是学到隐含在数据背后的规律，对具有同一规律的学习集以外的数据，经过训练的网络也能给出合适的输出，该能力称为泛化能力。

计算结果为 20 种。求出样本空间之后，再确定样本点，即可求出概率。求概率有很多种方法，第一种是通过补集求得：$P(A) = 1 - P(\overline{A})$，这里 $P(\overline{A})$ 称为事件 A 的补集。第二种是通过交集求得：$P(A\bigcup B) = P(A) + P(B) - P(A\bigcap B)$。第三种是条件概率，即在 B 条件已经发生的情况下考虑 A 发生的可能性，统计学中称为给定条件 B 下事件 A 的概率：$P(A|B) = \dfrac{P(A\bigcap B)}{P(B)}$。说到概率，还要提到一个名词，那就是贝叶斯，贝叶斯在机器学习算法中是比较常用的，其主要思想就是我们先假设一个事件发生的概率，然后又找到了一个关于这个事件新的信息，最后得出在这个信息下这个事件发生的概率。例如，当我们和一个被怀疑做坏事的人说话时，首先假设他做坏事的概率是 a，然后根据和他说话得到的一些信息，我们重新判断他做坏事的概率 b。贝叶斯的解释是，新信息出现后 B 的概率＝B 的概率×新信息带来的调整，即 $P(B|A) = P(B)\dfrac{P(A|B)}{P(A)}$，当 $P(A)$ 不好计算时，可以将 $P(A)$ 拆解为 $P(B_i|A) = \dfrac{P(B_i)P(A|B_i)}{\sum\limits_{j=1}^{n} P(B_j)P(A|B_j)}$。假设我们有以下的一些医疗数据，如表 2-3 所示。

表 2-3 贝叶斯模型使用的医疗数据

ID	特征 A	特征 B	特征 Y
1	yes	yes	yes
2	yes	no	yes
3	no	yes	no
4	no	no	no
5	yes	no	yes
6	no	no	yes
7	yes	yes	yes
8	yes	no	no
9	no	no	no
10	yes	no	yes

对于上述数据，使用朴素贝叶斯算法，首先需要计算先验概率，

$$P(Y = \text{yes}) = 6/10 = 0.6$$

$$P(Y = \text{no}) = 4/10 = 0.4$$

然后计算条件概率，

$$P(X_1 = \text{yes} | Y = \text{yes}) = 5/6 = 0.83$$

$$P(X_1 = \text{no} | Y = \text{yes}) = 1/6 = 0.17$$

$$P(X_2 = \text{yes} | Y = \text{yes}) = 2/6 = 0.33$$

$$P(X_2 = \text{no} | Y = \text{yes}) = 4/6 = 0.67$$

$$P(X_1 = \text{yes} | Y = \text{no}) = 1/4 = 0.25$$

$$P(X_1 = \text{no} | Y = \text{no}) = 3/4 = 0.75$$

$$P(X_2 = \text{yes} | Y = \text{no}) = 1/4 = 0.25$$

$$P(X_2 = \text{no} \mid Y = \text{no}) = 3 / 4 = 0.75$$

对于给定的样本 X=(yes,no)，计算 Y

$$Y(\text{yes}) = P(Y = \text{yes})P(X_1 = \text{yes}|Y=\text{yes})P(X_2 = \text{no}|Y=\text{yes}) = 0.6 \times 0.83 \times 0.67 = 0.334$$

$$Y(\text{no}) = P(Y = \text{no})P(X_1 = \text{yes}|Y=\text{no})P(X_2 = \text{no}|Y=\text{no}) = 0.4 \times 0.25 \times 0.75 = 0.075$$

确定预测样本所属的类

$$\hat{Y} = \arg\max(y) = \text{yes}$$

因此，Y(yes)的概率最大，该样本预测的结果为 yes，也就是其有较大的可能性患病。

离散型数据变量和连续型数据变量指的是每一个随机变量[一]可能出现的试验结果所赋予的数值。由于随机变量可以取不同的值，因此使用概率分布来描述随机变量取不同值的概率，也就有了离散型概率分布和连续型概率分布。离散型概率分布主要包含二项分布、泊松概率分布等。二项分布主要有两种结果，一种是成功，另一种是失败，它的每次试验必须是相互独立，且每次试验的概率均是相同的，我们熟悉的掷硬币的试验就是典型的二项分布，当我们要计算抛硬币 n 次，恰巧有 x 次正面朝上的概率时，可以使用二项分布的公式：

$$f(x) = C_n^x p^x (1 - p)^{n-x}$$

二项分布对于不同取值时的概率变化情况，如图 2-9 所示。

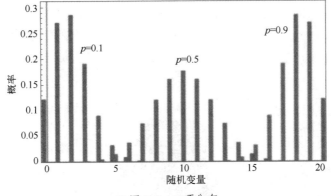

● 图 2-9　二项分布

如上，左侧为 p=0.1，中间为 p=0.5，右侧为 p=0.9，x 轴为出现某个事件的次数，y 轴为出现对应次数的概率。当 p=0.5 时，分布是最对称的，当 p 为 0~1 之间的其他数时，分布是不均匀的。但是二项分布的计算量是巨大的，所以一般在总数 n 很大、p 很小、np 不大的时候使用泊松分布进行拟合。

泊松分布主要用于估计某一个事件在特定时间或空间中发生的次数。比如一天内吃饭的次数，一个月内某机器损坏的次数等。该分布需要满足在任意两个长度相等的区间中，事件发生的概率是相同的，并且事件是否发生都是相互独立的。概率函数如下所示，其中 x 代表发生的次数，μ 代表发生次数的数学期望。

$$f(x) = \frac{\mu^x \mathrm{e}^{-\mu}}{x!}$$

泊松概率分布图，如图 2-10 所示。

　　[一]　概率中通常将试验的结果称为随机变量。

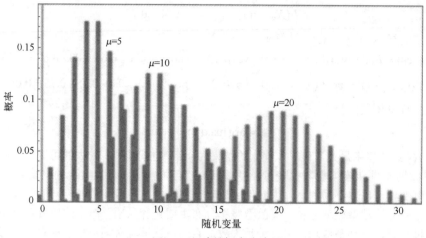

● 图 2-10　泊松概率分布图

如上，左侧为 $\mu = 5$，中间为 $\mu = 10$，右侧为 $\mu = 20$。μ 也是方差。泊松分布是二项分布的极限分布，上面提到，当 n 比较大、p 比较小时，二项分布可看成是参数为 np 的泊松分布。

关于离散型概率分布，我们来看一个客户投诉数量的分布。不同于连续分布，在离散分布中，可以计算 x 恰好等于某个值的概率。例如，可以使用离散泊松分布来描述一天内的客户投诉数量。假设每天的投诉数量为 10，并且我们想知道在一天中接收 5、10、15 个客户投诉的概率。我们还可以查看分布图上的离散分布，以了解各范围之间的概率。离散型概率的分布图，如图 2-11 所示。

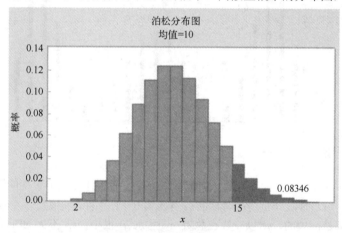

● 图 2-11　离散型概率的分布图

连续性概率分布中，连续变量是随机变量在某个区间内取值的概率，此时的概率函数称为概率密度函数。相对于离散概率来说，离散概率的本质是求 x 取某个特定值时的概率，而连续概率的取值是可以无限分割的，它取某个值时概率近似于 0。连续型概率分布主要有三种，①均匀概率分布。②正态概率分布。③指数概率分布。均匀概率分布的随机变量 x 在任意两个子区间的概率是相同的，它的概率密度函数为

$$f(x) = \begin{cases} \dfrac{1}{b-a}, & a \leqslant x \leqslant b \\ 0, & \text{其他} \end{cases}$$

则称随机变量 x 服从区间 $[a,b]$ 上的均匀分布。记作 $x \sim U(a,b)$，如图 2-12 所示。

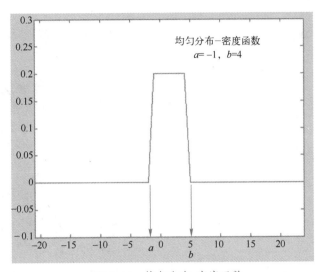

● 图 2-12　均匀分布-密度函数

一旦确定了概率密度函数 $f(x)$，则 x 在区间 $[x_1, x_2]$ 内取值的概率可通过计算曲线 $f(x)$ 在区间 $[x_1, x_2]$ 上方的面积得到。对于连续型均匀概率分布，其数学期望和方差的公式分别为

$$E(x) = \frac{a+b}{2}, \mathrm{Var}(x) = \frac{(b-a)^2}{12}$$

正态概率分布是使用密度最大的一种概率分布，正态分布的曲线如图 2-13 所示，该曲线是一条钟形曲线，大部分数据集中在中间，小部分的数据向两端倾斜。密度函数为

$$f(x) = \frac{1}{\sigma\sqrt{2\pi}} \mathrm{e}^{-(x-\mu)^{2/(2\sigma^2)}}$$

式中，μ 表示均值；σ 表示标准差。正态分布族中的每个分布因均值 p 和标准差这两个参数的不同而不同。正态分布曲线的最高点在均值处达到，均值还是分布的中位数和众数。分布的均值可以是任意数值，即负数、零或正数。关于正态分布有以下经验法则：①正态随机变量有 69.3%的值在均值加减一个标准差的范围内；②有 95.4%的值在两个标准差内；③有 99.7%的值在三个标准差内。正态分布值占比，如图 2-14 所示。

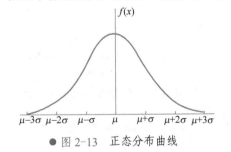

● 图 2-13　正态分布曲线

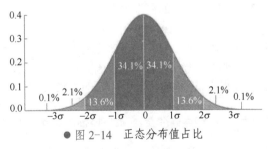

● 图 2-14　正态分布值占比

当 $\mu = 0$，$\sigma = 1$ 时，称为标准正态分布。标准正态分布的分布函数公式为 $\Phi(x) = \frac{1}{\sqrt{2\pi}} \int_{-\infty}^{x} \mathrm{e}^{-\frac{t^2}{2}} \mathrm{d}t, x \in (-\infty, +\infty)$，函数图像如图 2-15 所示。

为了计算概率，需要引进一个新的函数，称为累积分布函数[⊖]，它是概率密度函数的积分。如图 2-16 所示，用 $P(X \leqslant x)$ 表示随机变量小于或者等于某个数值的概率，用概率密度函数表示为

⊖　累积分布函数是概率密度函数的积分。

$F(x;\mu,\sigma)=\dfrac{1}{\sigma\sqrt{2\pi}}\displaystyle\int_{-\infty}^{x}\exp\left(-\dfrac{(t-\mu)^2}{2\sigma^2}\right)\mathrm{d}t$。曲线 $f(x)$ 就是概率密度曲线，曲线与 x 轴相交的阴影面积就是累积分布函数。

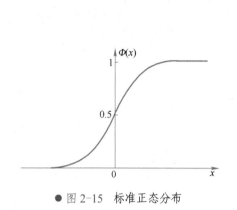

● 图 2-15　标准正态分布

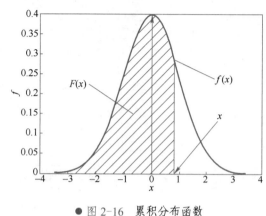

● 图 2-16　累积分布函数

从图 2-16 不难看出，累积分布函数的形态和正态分布函数分割后是极为相似的，因此，使用累积分布函数来计算概率是非常方便的。

指数分布概率密度函数是指，连续随机变量 x 服从参数为 $\dfrac{1}{\mu}$ 的指数分布，即 $f(x)=\dfrac{1}{\mu}\mathrm{e}^{-\frac{x}{\mu}}$，其中 $x\geqslant 0,\mu$ 为均值时，$\dfrac{1}{\mu}>0,x\sim E\left(\dfrac{1}{\mu}\right)$，$\mathrm{e}=2.71828$。举一个连续型概率函数的例子，一个设备出现多次故障的时间间隔（单位：h）记录如下：23，261，87，7，120，14，62，47，225，71，246，21，42，20，5，12，120，11，3，14，71，11，14，11，16，90，1，16，52，95。根据这些数据，我们可以计算得到该设备发生故障的平均时间是 59.6，即单位时间内发生故障事件的次数为 $\gamma=\dfrac{1}{59.6}=0.0168$，那么该设备在 3 天内出现故障的概率是多大呢？即求 $P(X<72)$，这就需要计算指数分布的累积分布函数，即 $P(X<72)=\displaystyle\int_{0}^{72}\gamma\mathrm{e}^{-\gamma x}\mathrm{d}x=1-\mathrm{e}^{-\gamma(72)}=1-\mathrm{e}^{-0.0168\times72}=0.7017$，所以该设备 3 天内出现故障的概率大于 70%。

关于抽样和抽样分布有一些解释，首先我们为什么要抽样呢，直接全样本提取不可以吗？这是因为收集必要的资料，对所研究的物件的全部元素逐一进行观测的做法往往是不现实的。样本量过大时，费时费力；还有可能是因为检查具有破坏性，比如炮弹、电灯等。因此，必须进行抽样。对于抽样得出的样本统计量，它的目的是估计总体的参数。样本均值是总体均值 μ 的点估计：$\bar{x}=\dfrac{\sum x_i}{n}$，样本标准差 s 是总体标准差 σ 的点估计：$s=\sqrt{\dfrac{\sum(x_i-\bar{x})^2}{n-1}}$，样本比率是总体比率 p 的点估计：$\bar{p}=\dfrac{x}{n}$。不同的抽样方式，样本与总体的关系不一样，构成了不同的抽样技术，如果我们把抽取一个简单的随机样本看作一次试验，那么 $\bar{x}$ 就有期望、方差、标准差和概率分布，其中 $\bar{x}$ 的概率分布也就是抽样分布$^{\ominus}$。

点估计是用于估计总体参数的样本统计量，但是由于点估计只是给出总体参数的一个值，更稳妥的方法是加减一个边际误差，通过一个区间值来估计，即区间估计。在实际抽样调查

$\ominus$　抽样分布：也称统计量分布、随机变量函数分布，是指样本估计量的分布。

中，区间估计根据给定的条件不同，有两种估计方法：①给定极限误差，要求对总体指标做出区间估计；②给定概率保证程度，要求对总体指标做出区间估计。在点估计中有一个例子：为了估计 4000 名学生"微积分"课程的平均成绩，随机抽出了 100 名学生并用这 100 名同学的"微积分"课程的平均成绩来估计 4000 名学生的平均成绩，这就相当于完成了一次矩估计。下面从区间估计的角度来解决这个问题：从 4000 名学生中随机选出 100 名，计算得到他们"微积分"课程的平均成绩为 72.3 分，标准差为 15.8 分。假设全部学生的成绩 $X \sim N(\mu, \sigma^2)$，μ、σ 均未知，求 μ 的置信水平为 95% 的双侧置信区间。对于正态总体 $X \sim N(\mu, \sigma^2)$，$X_1, \cdots, X_n$ 是 X 的样本，μ 的极大似然估计是 $\bar{X}$，$X \sim N\left(\mu, \dfrac{\sigma^2}{n}\right)$，则有 $\dfrac{\bar{X} - \mu}{\sigma / n} \sim N(0,1)$，由于 σ 未知，不能取 $\dfrac{\bar{X} - \mu}{\sigma / n}$ 作为枢轴量。用样本方差代替总体方差可以得到，$\dfrac{\bar{X} - \mu}{S / \sqrt{n}} \sim t(n-1)$，$\dfrac{\bar{X} - \mu}{S / \sqrt{n}}$ 符合枢轴量的定义，可以作为本次估计的枢轴量，此时问题转化成求 a、b，使得 $P\left(a < \dfrac{\bar{X} - \mu}{S / \sqrt{n}} < b\right) = 0.95$，且置信区间最短，即 $\bar{X} - b\dfrac{S}{\sqrt{n}} < \mu < \bar{X} - a\dfrac{S}{\sqrt{n}}$，且 $E\left(\bar{X} - a\dfrac{S}{\sqrt{n}}\right) - E\left(\bar{X} - b\dfrac{S}{\sqrt{n}}\right) = (b-a)\dfrac{E(S)}{\sqrt{n}} = \min$，等价于在 $P\left(a < \dfrac{\bar{X} - \mu}{S / \sqrt{n}} < b\right) = 0.95$ 成立的 a、b 中，$b-a = \min$。由于 t 分布是对称的，所以 $b = -a = t_{0.0025}(99) \approx z_{0.0025} = 1.96$，由 $\bar{X} = 72.3$，$S = 15.8$ 计算得到 μ 的置信水平为 95% 的双侧置信区间为 (69.2, 75.4)。这一置信区间有 95% 的把握包含真值。

假设检验指的是对总体参数做一个尝试性的假设，该尝试性的假设称为原假设，然后定义一个和原假设完全对立的假设，称为备选假设。其中，备选假设是我们想要成立的论断，原假设是我们不希望成立的论断。假设检验涉及讨论的内容有：①总体均值的检验，即 σ 已知和 σ 未知的情形；②总体比率的假设检验，即 σ 已知和 σ 未知的情形。

↗2.2.3　线性代数

线性代数是数学的分支学科，涉及向量、矩阵和线性变量，它是机器学习的重要基础，从描述算法操作的符号到代码中算法的实现，都属于该学科的研究范围。虽然线性代数是机器学习领域不可或缺的一部分，但二者的紧密关系无法解释，或只能用抽象概念解释。线性代数主要包含向量、向量空间（或称线性空间），以及向量的线性变换和有限维的线性方程组。

标量是一个实数，只有大小，没有方向。而向量是由一组实数组成的有序数组，同时具有大小和方向。一个 n 维向量 $\boldsymbol{a}$ 是由 n 个有序实数组成，表示为 $\boldsymbol{a} = [a_1, a_2, \cdots, a_n]$，其中 a_i 称为向量的第 i 个分量，或者第 i 维。向量符号一般用黑体小写英文字母 $\boldsymbol{a}$、$\boldsymbol{b}$、$\boldsymbol{c}$ 或者小写希腊字母 $\boldsymbol{\alpha}$、$\boldsymbol{\beta}$、$\boldsymbol{\gamma}$ 表示。向量空间也称为线性空间，是指由向量组成的集合，并满足以下的两个条件：①向量加法，向量空间 V 中的两个向量 $\boldsymbol{a}$、$\boldsymbol{b}$，它们的和 $\boldsymbol{a}+\boldsymbol{b}$ 也属于向量空间；②标量乘法，向量空间 V 中的任一向量 $\boldsymbol{a}$ 和任一标量 c，它们的乘积 $c \cdot \boldsymbol{a}$ 也属于向量空间。欧几里得空间（以下简称欧式空间）是一个常用的线性空间，通常表示为 $\mathbf{R}^n$，其中 n 为空间维度。欧式空间中向量加法定义为 $[a_1, a_2, \cdots, a_n] + [b_1, b_2, \cdots, b_n] = [a_1 + b_1, a_2 + b_2, \cdots, a_n + b_n]$。其中向量加法需要保证两个向量的维度必须一致。线性相关性是线性代数的一个重要概念，因为线性无关的一组向量可以生成一个向量空间$^{\ominus}$。

线性映射是指从线性空间 V 到线性空间 W 的一个映射函数，即 $f \rightarrow W$，并满足对于 V 中任何两

$\ominus$　这组向量则是这个向量空间的基。

个向量 u 和 v 以及任何标量 c，有 $f(u+v) = f(u) + f(v) f(cv) = cf(v)$，两个有限维欧式空间的映射函数 $f: \mathbf{R}^n \to \mathbf{R}^m$ 可以表示为

$$y = Ax \triangleq \begin{bmatrix} a_{11}x_1 & \cdots & a_{1n}x_n \\ \vdots & & \vdots \\ a_{m1}x_1 & \cdots & a_{mn}x_n \end{bmatrix}$$

式中，A 定义为 $m \times n$ 的矩阵，则 A 和 B 的加法结果也是 $m \times n$ 的矩阵，其每个元素都是 A 和 B 对应位置元素相加，即 $[A+B]_{ij} = a_{ij} + b_{ij}$。假设 A 和 B 分别表示两个线性映射 g 为 $\mathbf{R}^m \to \mathbf{R}^k$ 和 f 为 $\mathbf{R}^n \to \mathbf{R}^m$，则其复合线性映射为 $(g \circ f)(x) = g(f(x)) = g(Bx) = A(B(x)) = (AB)(x)$，其中 AB 表示矩阵 A 和 B 的乘积，定义为 $[AB]_{ij} = \sum_{k=1}^{m} a_{ik}b_{kj}$，两个矩阵的乘积仅当第一个矩阵的列数和第二个矩阵的行数相等时才能定义。如果 A 为 $k \times m$ 矩阵，B 为 $m \times n$ 矩阵，这时 AB 的结果是一个 $k \times n$ 的矩阵。A 和 B 的 Hadamard 积，也称为逐点乘积，为 A 和 B 中对应的元素相乘 $[A \odot B]_{ij} = a_{ij}b_{ij}$。一个标量 c 与矩阵 A 的乘积为 A 的相应位置的元素与 c 的乘积 $[cA]_{ij} = ca_{ij}$。$m \times n$ 矩阵 A 的转置是一个 $n \times m$ 的矩阵，记为 A^{T}，A^{T} 的第 i 行第 j 列的元素是原矩阵 A 的第 j 行第 i 列的元素，即 $[A^{\mathrm{T}}]_{ij} = [A]_{ji}$。

范数是一个表示向量长度的函数，为向量空间内的所有向量赋予非零的正长度或大小，对于一个 n 维向量 v，一个常见的范数函数为 l_p 范数，$l_p(v) = \|v\|_p = \left(\sum_{i=1}^{n} |v_i|^p \right)^{\frac{1}{p}}$，其中 $p \geqslant 0$ 为一个标量的参数。常用的 p 的取值有 1、2、∞ 等。l_1 范数为向量各个元素的绝对值之和，$\|v\|_1 = \sum_{i=1}^{n} |v_i|$。$l_2$ 范数为向量各个元素的平方和再开方，$\|v\|_2 = \sqrt{\sum_{i=1}^{n} v_i^2} = \sqrt{v^{\mathrm{T}}v}$，$l_2$ 范数又称为 Euclidean 范数或者 Frobenius 范数。从几何角度，向量也可以表示为从原点出发的一个带箭头的有向线段，其 l_2 范数为线段的长度，也常称为向量的模。l_∞ 范数为向量各个元素的最大绝对值：$\|v\|_\infty = \max\{v_1, v_2, \cdots, v_n\}$。在推荐系统中，也会使用到线性代数。一个简单的例子就是使用欧式距离或点积之类的距离度量来计算稀疏顾客行为向量之间的相似度。使奇异值分解这样的矩阵分解方法在推荐系统中被广泛使用，以提取项目和用户数据的有用部分，以备查询、检索及比较。接下来我们来看一下推荐系统中的相似度计算，其中使用线性代数中的欧式距离来进行计算。在 N 维的情况下有公式（x_{1k} 代表第 k 个特征值）：$d_{12} = \sqrt{\sum_{k=1}^{n} (x_{1k} - x_{2k})^2}$。因此，线性代数在推荐系统中的使用还是比较广泛的。

↗2.2.4　信息论基础

信息论是应用数学的一个分支，主要研究的是，对一个信号能够提供信息的多少进行量化，最初用于研究在一个含有噪声的信道上用离散的字母表来发送信息，指导最优的通信编码等。信息论本来是通信中的概念，但是其核心思想"熵"在机器学习中也得到了广泛的应用，比如决策树模型 ID3、C4.5 中就是利用信息增益来划分特征而生成一棵决策树的，而信息增益就是基于这里所说的"熵"，所以它的重要性也是可想而知的。

如果一个随机变量 X 的可能取值为 $X = \{x_1, x_2, \cdots, x_n\}$，其概率分布为 $P(X = x_i) = p_i, i = 1, 2, \cdots, n$。则随机变量 X 的熵定义为 $H(X) = -\sum_{i=1}^{n} P(x_i) \log P(x_i) = \sum_{i=1}^{n} P(x_i) \frac{1}{\log P(x_i)}$。两个随机变量 X 和 Y 的联合分布可以形成联合熵，定义为联合自信息的数学期望，它是二维随机变量 XY 的不确定性的度量，用

$H(X,Y)$ 表示，$H(X,Y) = -\sum_{i=1}^{n}\sum_{j=1}^{n} P(x_i, y_j)\log P(x_i, y_j)$。在随机变量 X 发生的前提下，由于随机变量 Y 的发生而新带来的熵，定义为 Y 的条件熵，用 $H(Y|X)$ 表示，$H(Y|X) = -\sum_{x,y} P(x,y)\log P(y|x)$。条件熵用来衡量在已知随机变量 X 的条件下，随机变量 Y 的不确定性。实际上，熵、联合熵和条件熵之间存在关系，即 $H(Y|X) = H(X,Y) - H(X)$，推导过程如下。

$$
\begin{aligned}
H(X,Y) - H(X) &= -\sum_{x,y} P(x,y)\log P(x,y) + \sum_x P(x)\log P(x)\\
&= -\sum_{x,y} P(x,y)\log P(x,y) + \sum_x \left(\sum_y P(x,y)\right)\log P(x)\\
&= -\sum_{x,y} P(x,y)\log P(x,y) + \sum_{x,y} P(x,y)\log P(x)\\
&= -\sum_{x,y} P(x,y)\log \frac{P(x,y)}{P(x)}\\
&= -\sum_{x,y} P(x,y)\log P(y|x)
\end{aligned}
$$

两个随机变量 X、Y 的互信息定义为 X、Y 的联合分布和各自独立分布乘积的相对熵，用 $I(X,Y)$ 表示。对于联合分布 $P(x,y)$，如果 x、y 相互独立时，有 $P(x,y)=P(x)P(y)$，如果 x、y 不相互独立时，可以考虑 $P(x)P(y)$ 跟 $P(x,y)$ 差得有多远。$I(X,Y) = KL(P(x,y)\|P(x)P(y)) = -\sum P(x,y)\log \frac{P(x)P(y)}{P(x,y)}$，这个式子就是 X、Y 之间的互信息。互信息是信息论里一种有用的信息度量方式，它可以看成是一个随机变量中包含的关于另一个随机变量的信息量，或者说是一个随机变量由于已知另一个随机变量而减少的不肯定性，$I(X,Y) = \sum_{x \in X}\sum_{y \in Y} P(x,y)\log \frac{P(x,y)}{P(x)P(y)}$。互信息、熵和条件熵之间存在以下关系，$H(Y|X) = H(Y) - I(X,Y)$。在推荐系统中，评价算法指标往往会使用到覆盖率、流行度、准确度等指标的计算。其中关于覆盖率，在信息论和经济学中有两个著名的指标用来定义覆盖率，一个是信息熵，另一个是基尼系数。因此，信息论在推荐系统中也是被广泛使用的。

↗2.2.5 凸优化

凸优化问题是指，定义在凸集中的凸函数最优化的问题。尽管凸优化的条件比较苛刻，但仍然在机器学习领域有着十分广泛的应用。了解凸优化之前，首先需要知道什么是凸集？假设 C 是凸集，如果对于任意的 $x,y \in C$ 和任意的 $\theta \in \mathbf{R}$，满足 $0 \leqslant \theta \leqslant 1$ 时，则有 $\theta x + (1-\theta)y \in C$ 恒成立。直观来说，任取一个集合中的两点连成一条线段，如果这条线段完全落在该集合中，那么这个集合就是凸集。定义在 $\mathbf{R}^n \to \mathbf{R}$ 上的函数 f 是凸函数，如果它的定义域 $D(f)$ 是一个凸集且对任意的 $x,y \in D$ 和 $0 \leqslant \theta \leqslant 1$，$f(\theta x + (1-\theta y)) \leqslant \theta f(x) + (1-\theta)f(x)$ 恒成立。凸函数的实际含义其实就是函数图像在直线下边。关于凸函数有一些性质需要了解，首先是关于凸函数的一阶充要条件：假设定义在 $\mathbf{R}^n \to \mathbf{R}$ 上的函数可微，则函数 f 是凸函数，当且仅当函数定义域 $D(f)$ 是一个凸集，且对于所有 $x,y \in D(f)$ 均满足 $f(y) \geqslant f(x) + \nabla f(x)^{\mathrm{T}}(y-x)$，一阶充要条件从几何意义上讲，即定义域内所有函数值大于等于该点的一阶近似，如图 2-17 所示。

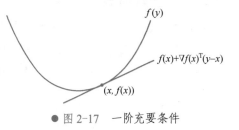

● 图 2-17　一阶充要条件

第二点是关于凸函数的二阶充要条件，记函数的一阶导数和二阶导数分别为 $\boldsymbol{g}$ 和 $\boldsymbol{H}$：

$$\boldsymbol{g} = \nabla f = \begin{bmatrix} \dfrac{\partial f}{\partial x_1} \\ \vdots \\ \dfrac{\partial f}{\partial x_n} \end{bmatrix}, \quad \boldsymbol{H} = \nabla^2 f = \begin{bmatrix} \dfrac{\partial^2 f}{\partial x_1^2} & \cdots & \dfrac{\partial^2 f}{\partial x_1 \partial x_n} \\ \vdots & & \vdots \\ \dfrac{\partial^2 f}{\partial x_n \partial x_1} & \cdots & \dfrac{\partial^2 f}{\partial x^2} \end{bmatrix},$$ 假设定义在 $\mathbf{R}^n \to \mathbf{R}$ 上的函数 f 二阶可微，则

函数 f 是凸函数，当且仅当函数定义域 $D(f)$ 是一个凸集，且对于所有 $x \in D(f)$ 均满足 $\nabla^2 f(x) \geqslant 0$。

其中凸函数还有几个比较重要的性质。①设 $f \subseteq \mathbf{R}_n \to \mathbf{R}_1$，$C$ 是凸集，若 f 是凸函数，则对于 $\forall_\beta$，水平集 D_β 是凸集；②凸优化问题的局部极小值是全局极小值；③若 $x \subseteq \mathbf{R}_n, y \subseteq \mathbf{R}_n$，$\boldsymbol{Q}$ 为半正定对称阵，则 $f(x) = \boldsymbol{x}^\mathsf{T} \boldsymbol{Q} \boldsymbol{x}$ 是凸函数。

了解了凸函数之后，那么什么是凸优化呢？举一个简单的例子，

$$\min \quad f(x)$$
$$\text{s.t.} \quad g_i(x) \leqslant 0, i = 1, 2, \cdots, m$$
$$h_j(x) = 0, j = 1, 2, \cdots, n$$

当 $f(x)$ 和 $g_i(x)$ 均为凸函数，而 $h_j(x)$ 为仿射函数⊖时，上述的优化问题即为凸优化问题。常见的凸优化问题分为以下几类。

1）线性规划问题

$$\min \quad c^\mathsf{T} x + d$$
$$\text{s.t.} \quad G(x) \leqslant h, \quad A(x) = b$$

其中，目标函数和不等式约束都是仿射函数，且 "$\leqslant$" 表示按元素小于等于。

2）二次规划问题

$$\min \quad \frac{1}{2} x^\mathsf{T} P x + c^\mathsf{T} x + d$$
$$\text{s.t.} \quad G(x) \leqslant h, \quad A(x) = b$$

其中，目标函数为凸二次型，不等式约束为仿射函数。

3）二次约束的二次规划问题：

$$\min \quad \frac{1}{2} x^\mathsf{T} P x + c^\mathsf{T} x + d$$
$$\text{s.t.} \quad \frac{1}{2} x^\mathsf{T} Q_i x + r_i x + s_i \leqslant 0, i = 1, 2, \cdots, m$$
$$A(x) = b$$

其中，目标函数和不等式约束都是凸二次型。

4）半正定规划问题：

$$\min \quad \text{tr}(\boldsymbol{C}\boldsymbol{X})$$
$$\text{s.t.} \quad \text{tr}(\boldsymbol{A}_i \boldsymbol{X}) = b_i, i = 1, 2, \cdots, p$$
$$\boldsymbol{X} \geqslant 0$$

⊖ 仿射函数：是由一阶多项式构成的函数，一般形式为 $f(x) = \boldsymbol{A}x + \boldsymbol{b}$，其中 $\boldsymbol{A}$ 是一个 $m \times k$ 矩阵，$\boldsymbol{x}$ 是一个 k 维向量，$\boldsymbol{b}$ 是一个 m 维向量，它和线性函数的区别是线性函数过原点，仿射函数不一定过原点。

其中，需要最优化的变量 X 是一个对称的半正定矩阵，且 $C, A_1, \cdots, A_p$ 为对称矩阵。

说到凸函数及凸优化，并且知道了凸函数及凸优化的公式之后，不免会想到 Jensen 不等式，因为 Jensen 不等式几乎是所有不等式的基础，那么 Jensen 不等式是什么呢？由凸函数的定义推广到一般形式，即可得到 Jensen 不等式：$\theta_1, \cdots, \theta_k \geqslant 0, \theta_1 + \cdots + \theta_k = 1$ 时，$f(\theta_1 x_1 + \cdots + \theta_k x_k) \leqslant \theta_1 f(x_1) + \cdots + \theta_k f(x_k)$。把这个不等式推广到连续的情况。如果 $p(x) \geqslant 0$，并且定义在一个凸函数的定义域子集 S 上，满足 $\int p(x)\mathrm{d}x = 1$。那么又有该不等式成立，即 $f\left(\int p(x)x\mathrm{d}x\right) \leqslant \int p(x)f(x)\mathrm{d}x$。如果把上面的不等式中的变量 x 看成随机变量，把 $p(x)$ 看成随机变量 x 的概率密度函数，那么上式就可以写成 $f(Ex) \leqslant Ef(x)$。

凸优化在机器学习中一个最典型的应用实例就是基于支持向量机分类器[⊖]，回到 SVM 的初始模型：$\min\frac{1}{2}\|w\|^2, \mathrm{s.t.}\; y_i(w^\mathrm{T}x_i + b) \geqslant 1$，可以看到 $\min\frac{1}{2}\|w\|^2$ 是二次函数，是典型的凸函数，而约束条件最高阶只有一阶，确实是仿射函数。也就是说 SVM 可以套用凸优化理论。根据公式 $f(w, b) = \frac{1}{2}\|w\|^2$ 和公式 $g(w, b) = 1 - y_i(w^\mathrm{T}\phi(x_i) + b)$，可以简单地写出拉格朗日形式为 $L(w, b, a) = \frac{1}{2}\|w\|^2 + \sum_{i=1}^{m}a_i(1 - y_i(w^\mathrm{T}x_i + b))$，然后需要计算对偶问题，则是先求以 w、b 为参数的 min，再求以 a 为参数的 max，最后得到的结果是：$\max\sum_{i=1}^{m}a_i - \frac{1}{2}\sum_{i=1}^{m}\sum_{j=1}^{m}a_i a_j y_i y_j \phi(x_i)^\mathrm{T}\phi(x_j)$。如果两个问题等价，那么可以推导出令 $f(x) = w^\mathrm{T}x + b = \sum_{i=1}^{m}a_i y_i x_i^\mathrm{T}x_i + b$ 公式成立的初始条件为 $y_i f(x_i) - 1 \geqslant 0$；拉格朗日条件为 $a_i \geqslant 0$；互补松弛条件为 $a_i(y_i f(x_i) - 1) = 0$；参数导数为 0 的条件为 $w = \sum_{i=1}^{m}a_i y_i x_i$。

那么凸优化在推荐系统中有什么应用呢？其中一个应用涉及一种基于凸优化局部低秩矩阵的推荐系统数据补全方法。我们的推荐系统是基于用户的历史行为数据建立的，但由于每个用户所能接触的物品有限，被用户打过分的只能占到少数，从而使得该用户的物品评分矩阵中的绝大部分呈现空缺，进而使得该用户的物品评分矩阵具有较高的稀疏性。因此，建立数据全面的推荐系统就使用到了该补全方法。①根据推荐系统中用户对产品的评分构建推荐系统数据矩阵 M，用户对产品未评分的数据在 M 中以 O 元素表示；②选取锚点，采用核光滑方法将所述推荐系统数据矩阵划分为若干个局部矩阵，局部矩阵的个数与所述锚点的个数相同；③根据凸优化局部低秩矩阵近似算法求解矩阵补全模型，根据所述矩阵补全模型 M 中的 O 元素，得到补全后的推荐系统数据矩阵 X。

(2.3) Python 编程

Python 语言是少有的一种可以称得上既简单又功能强大的编程语言，它有高效率的高层数据结构，可以简单而有效地实现面向对象编程。而且对于 Python 来说，其中一个优点就是可以享受很多便捷的数学运算第三方库，比如 numpy、scipy，在可视化方面有 matplotlib 和 seaborn，结构化数据操作可以通过 pandas 等来实现，因此在很多不同的领域比如图像、语音、文本的预处理阶段都有很成熟的库可以调用。但是 Python 在性能方面无法满足大规模数据训练，所以一般企业都是先用 Python 搭建原型，然后用 C++或者 Java 来实现工程化，再用 Python 封装留出接口，但是随着数据规模的不断扩大以及需求的不断提高，很多需求需要实时计算并输出结果，这时候可能会需要

　　⊖　支持向量机，其英文名为 support vector machine，故一般简称 SVM。

Spark 等相关组件进行计算，而大部分 Spark 程序会使用 scala 语言来编写。虽然 Python 的库非常多，但是在机器学习中，不是所有的库都需要掌握，其中主要涉及的库包括 scikit-learn、keras、numpy、pandas、matplotlib、tensorflow 等。

scikit-learn 简称 sklearn，它的库是开源的 Python 机器学习库，支持有监督和无监督学习，它还为模型拟合、数据预处理、模型选择和评估以及许多其他应用提供了各种工具。首先，来看一个拟合和预处理的小例子，sklearn 提供了数十种内置的模型及机器学习算法的 API，其中包含的估计器，是进行机器学习的面向对象，其内部能够像转换器那样自动地保存一些运算结果，并且每个估计器都可以用它的拟合方法对一些数据进行拟合，比如利用 RandomForestClassifier⊖拟合一些非常基本的数据：

```
>>> from sklearn.ensemble import RandomForestClassifier
>>> clf=RandomForestClassifier(random_state=0)
>>> X=[[1,2,3],
       [11,12,13]]
>>> y=[0,1]
>>> clf.fit(X,y)
RandomForestClassifier(random_state=0)
```

其中 X 为样本矩阵，X 的大小通常为 n 行 n 列。y 为回归任务的实数目标值，用于分类的整数，或者是任何其他离散值集，使用随机森林分类器的 fit 方法即可实现数据的拟合。X 和 y 通常都是 numpy 数组或类似于数组的等效数据类型，这里并不是说估计器只能处理这些类型，有些估计器使用其他格式，比如稀疏矩阵。该估计器经过拟合之后，即可用于预测新数据的目标值，不需要重新训练该模型，使用 predict 方法就可以实现。如下所示。

```
>>> clf.predict(X)
array([0,1])
>>> clf.predict([[4,5,6],[14,15,16]])
array([0,1])
```

机器学习工作流通常由不同的部分组成，典型的 pipelines 由转换器和估计器组成，那么转换器是什么呢？转换器和预处理器与估计器对象有相同的 API，但是转换器对象没有预测方法，而是输出新转换的样本矩阵 X 的转换方法：

v2-10

```
>>> from sklearn.preprocessing import StandardScaler
>>> X=[[0,15],
       [1,-10]]
>>> StanfardScaler().fit(X).transform(X)
array([[-1., 1.],
       [1., -1.]])
```

pipelines 提供了与常规估计器相同的 API，即它可以通过 fit 和 predict 进行拟合和预测。接下来的例子是实现 pipelines 来防止数据泄露，也就是在训练数据中泄露一些测试数据，这里使用的是 Iris 数据集，将其拆分为训练集和测试集，并计算测试数据上 pipelines 的精度分数。

```
>>> from sklearn.preprocessing import StandardScaler
>>> from sklearn.linear_model import LogisticRegression
>>> from sklearn.pipeline import make_pipeline
>>> from sklearn.datasets import load_iris
>>> from sklearn.model_selection import train_test_split
>>> from sklearn.metrics import accuracy_score

>>> pipe=make_pipeline(
        StandardScaler(),
        LogisticRegression(random_state=0)
```

⊖ RandomForestClassifier 是随机森林分类器，随机森林是非常具有代表性的 Bagging 集成算法，它的所有基评估器都是决策树，分类树组成的森林就叫作随机森林分类器，关于随机森林算法将在 4.3.3 节中详解。

```
      )
>>> X,y=load_iris(return_X_y=True)
>>> X_train,X_test,y_train,y_test=train_test_split(X,y,random_state=0)

>>> pipe.fit(X_train,y_train)
Pipeline(steps=[('standardscaler',StandardScaler()),
                              ('logisticregression',LogisticRegression(random_state=0))])

>>> accuracy_score(pipe.predict(X_test),y_test)
0.97…
```

将模型拟合到某些数据中并不意味着可以很好地预测未观察到的数据，要想实现这一点还需要直接评估。在上述代码中，train_test_split 帮助我们将数据拆分成训练集和测试集，但是 sklearn 也提供了许多用于模型评估的其他工具，特别是用于交叉验证的工具。下面让我们来看一下交叉验证的过程。

```
>>> from sklearn.datasets import make_regression
>>> from sklearn.linear_model import LinearRegression
>>> from sklearn.model_selection import cross_validate

>>> X,y=make_regression(n_samples=1000,random_state=0)
>>> lr=LinearRegression()

>>> result=cross_validate(lr,X,y)
>>> result['test_score']
array([1., 1., 1., 1., 1.])
```

所有的估计器都有可以调整的参数，估计量的泛化能力通常取决于几个参数，比如：RandomForestRegressor 有一个 n_估计器参数，用于确定树的数量，还有一个 max_depth 参数，用于确定每棵树的最大深度，通常这些参数都没有确切值，因此它们取决于当前的数据。sklearn 通过使用交叉验证的方法提供了自动查找最佳参数组合的工具，在下面的示例中，使用 RandomizedSearchCV 对象在随机森林的参数空间上随机搜索，当搜索结束时，RandomizedSearchCV 的行为就像一个 RandomForestRegressor，它已经用最好的参数集进行了拟合。

```
>>> from sklearn.datasets import fetch_california_housing
>>> from sklearn.ensemble import RandomForestRegressor
>>> from sklearn.model_selection import RandomizedSearchCV
>>> from sklearn.model_selection import train_test_split
>>> from scipy.stats import randint

>>> X,y=fetch_california_housing(return_X_y=True)
>>> X_train,X_test,y_train,y_test=train_test_split(X,y,random_state=0)

>>> param_distributions={'n_estimators':randint(1,5),
                              'max_depth':randint(5,10)}

>>> search=RandomizedSearchCV(estimator=RandomForestRegressor(random_state=0),
                              n_iter=5,
                              param_distributions=param_distributions,
                              random_state=0)

>>> search.fit(X_train,y_train)
RandomizedSearchCV(estimator=RandomForestRegressor(random_state=0),n_iter=5,
                        param_distributions={'max_depth':…,
                                                'n_estimators':… },
                        random_state=0)
>>> search.best_params_
{'max_depth':9, 'n_estimators':4}

>>> search.score(X_test,y_test)
0.73…
```

keras 是一个高层神经网络 API，它具有高度模块化、极简和可扩充等特性，支持 CNN 和 RNN，并且支持 CPU 和 GPU 无缝切换。它的设计原则是。①用户友好。keras 遵循减少认知困难的最佳实践，提供清晰和具有实践意义的 bug 反馈；②模块性。模型可理解为一个层的序列或数据的运算图，完全可配置的模块可以用最少的代价自由组合在一起。具体而言，网络层、损失函数、优化器、初始化策略、激活函数、正则化方法都是独立的模块，可以使用它们来构建自己的模型；③易扩展性。添加新模块只需要仿照现有的模块编写新的类或函数即可。keras 的核心数据结构是"模型"，模型是一种组织网络层的方式，其中主要的模型是 Sequential 模型，它是一系列网络层按顺序构成的栈。Sequential 模型如下：

```
from keras.models import Sequential
model = Sequential()
```

将一些网络层通过.add()堆叠起来，就构成了一个模型：

```
from keras.layers import Dense,Activation
model.add(Dense(units=64,input_dim=100))
model.add(Activation("relu"))
model.add(Dense(units=10))
model.add(Activation("softmax"))
```

完成模型的搭建后，需要使用.compile()方法来编译模型：

```
model.compile(loss='categorical_crossentropy',optimizer='sgd',metrics=['accuracy'])
```

编译模型时必须指明损失函数和优化器，里面的损失函数可以根据自己的需要进行定制。keras 的一个核心理念就是简明易用，同时保证用户对 keras 的绝对控制力，用户可以根据需要定制自己的模型、网络层，甚至修改源代码。

```
from keras.optimizers import SGD
model.compile(loss='categorical_crossentropy',optimizer=SGD(lr=0.01,
                                                momentum=0.9,
                                                nesterov=True))
```

完成模型编译后，在训练数据上按 batch 进行一定次数的迭代来训练网络。

```
model.fit(x_train,y_train,epochs=5,batch_size=32)
```

也可以手动将每一个 batch 的数据送入网络中训练，这时候需要使用。

```
model.train_on_batch(x_batch,y_batch)
```

最后，可以对该模型进行评估，看看模型的指标是否满足我们的要求。

```
loss_and_metrics=model.evaluate(x_test,y_test,batch_size=128)
```

或者，可以使用该模型，对新的数据进行预测。

```
classes=model.predict(x_test,batch_size=128)
```

以上是 keras 的一个简单的应用举例。

关于 numpy，其实它主要针对的是数值的处理，是 Python 的一个科学计算的基础包，因此想要更好地掌握 pandas 等库，需要先掌握 numpy 的用法。numpy 是一种开源的数值计算扩展系统，是一个用 Python 实现的科学计算包，包括以下几个方面。①一个具有矢量算术运算和复杂广播能力的快速且节省空间的多维数组，称为 ndarray，关于 ndarray 数组类对象有几种重要的属性，ndarray.ndim 表示数组的轴的个数，ndarray.shape 表示数组的维度，nadarray.size 表示数组元素的总数，ndarray.dtype 表示一个描述数组中元素类型的对象，ndarray.itemsize 表示数组中每个元素的字节大小，ndarray.data 表示该缓冲区包含数组的实际元素；②用于整合 C、C++和 Fortran 代码的工具包；③用于对整组数据进行快速计算的标准数学函数；④实用的线性代数、傅里叶变换和随机数生成函数。对于 numpy 来说，它和 scipy 配合在一起使用更加方便（关于 scipy 的使用将在本小节后面讲到）。接下来用一个简单的例子展示一下 numpy 的基本语法以及使用。

```
>>> import numpy as np
>>> a=np.arange(15).reshape(3,5)//首先创建一个 3 行 5 列的由数字 0～14 组成的二维数组
>>> a
array([[0,1,2,3,4],
       [5,6,7,8,9],
       [10,11,12,13,14]])
>>> a.shape                    //输出 a 的维度
(3,5)
>>> a.ndim                     //输出 shape 的维度
2
>>> a.dtype.name               //输出类型
'int64'
>>> a.itemsize                 //输出元素字节大小
8
>>> a.size                     //输出数组元素总数
15
>>> type(a)                    //输出 a 的类型
<type 'numpy.ndarray'>
>>> b=np.array([6,7,8])        //创建一个一维数组 b
>>> b
array([6,7,8])
>>> type(b)
<type 'numpy.ndarray'>         //输出 b 的类型
```

数组创建成功之后，如果想要读取数组中的数据，或者是按照某些要求，比如读取规定位置上的数据，或者是对数组进行变换，应该怎么处理呢？让我们来看一下一些简单的操作。

```
>>> a=np.arange(6)
>>> print(a)
[0 1 2 3 4 5]
>>> b=np.arange(12).reshape(4,3)
>>> print(b)
[[0 1 2]
 [3 4 5]
 [6 7 8]
 [9 10 11]]

>>> c=np.arange(24).reshape(2,3,4)
>>> print(c)
[[[0 1 2 3]
  [4 5 6 7]
  [8 9 10 11]]
 [[12 13 14 15]
  [16 17 18 19]
  [20 21 22 23]]]
```

numpy 除了可以处理数组矩阵之外，还包括了对一些数学函数，比如 sin、cos、exp、sqrt、add 等函数的处理。这些被称为"通函数"⊖。在 numpy 中，这些函数按照元素进行运算，并产生一个数组作为输出。

```
>>> a=np.arange(3)
>>> a
array([0,1,2])
>>> np.exp(a)
array([1.     ,2.71828183,  7.3890561])
>>> np.sqrt(a)
array([0.     ,1.     ,1.41421356])
```

⊖ 通函数是一种 ndarrays 以逐元素方式操作的函数，支持数组广播，类型转换和其他一些标准功能。

```
>>> b=np.array([2.,-1.,4.])
>>> np.add(a,b)
array([2.,     0.,        6.])
```

对 numpy 的基础语法了解之后，还有几个比较重要的功能就是索引、切片和迭代。索引是对某一列或多个列的值进行预排序的数据结构，通过使用索引可以直接定位到符合条件的数据记录，这样可以更方便快捷地查找到需要的数据。切片操作是指按照步长，截取从起始索引到结束索引，但不包含结束索引的所有元素。迭代就是对具体需求增加 for 循环操作。一维的数组可以进行索引、切片和迭代操作，就像列表和其他 Python 序列类型一样。

```
>>> a=np.arange(10)**3              //对数字 0~9 进行 3 次方计算
>>> a
array([0,1,8,27,64,125,216,343,512,729])
>>> a[2]                            //输出第 3 个元素
8
>>> a[2:5]                          //输出第 3 个元素到第 5 个元素（前包后不包）
array([8,27,64])
>>> a[:6:2]=-1000                   //将第 1 个元素到第 6 个元素中每 2 个元素的值赋为-1000
>>> a
array([-1000,1,-1000,27,-1000,125,216,343,512,729])
>>> a[ : :-1]                       //倒序输出
array([729,512,343,216,125,-1000,27,-1000,1,-1000])
>>> for i in a:
        print(i**(1/3.))            //求 1/3 次方

nan
1.0
nan
3.0
nan
5.0
6.0
7.0
8.0
9.0
```

多维数组的每个轴可以有一个索引。这些索引以逗号分隔的元组给出。

```
>>> def f(x,y):                     //定义一个 f 函数，返回 10*x+y 的值
        return 10*x+y

>>> b=np.fromfunction(f,(4,4),dtype=int) //调用 f 函数返回 44，并且生成一个 0~43 的数组
>>> b
array([[0,1,2,3],
       [10,11,12,13],
       [20,21,22,23],
       [30,31,32,33],
       [40,41,42,43]])
>>> b[2,3]                          //返回第 3 行第 4 列的值
23
>>> b[0:5,1]                        //返回第 1 行到第 5 行的第 2 列（行数前包后不包）
array([1,11,21,31,41])
>>> b[ : ,1]                        //返回所有行的第 2 列
array([1,11,21,31,41])
>>> b[1:3,: ]                       //返回第 2 行到第 3 行的所有值
array([[10,11,12,13],
       [20,21,22,23]])
```

当提供的索引少于轴的数量时，缺失的索引被认为是完整的切片。

```
>>> b[-1]                           //返回最后一行
array([40,41,42,43])
```

对多维数组进行迭代是相对于第一个轴完成的。

```
>>> for row in b:              //循环输出每一行的值
        print(row)

[0 1 2 3]
[10 11 12 13]
[20 21 22 23]
[30 31 32 33]
[40 41 42 43]
```

对于迭代器，有一个 flat 属性，该属性是数组的所有元素的迭代器，因此如果想操作数组中的每个元素，可以使用该属性。

```
for element in b.flat:
        print(element)
```

说到 numpy，不免会想到 scipy 库。scipy 是一款方便、易于使用、专为科学和工程设计的 Python 工具包，其包括了统计、优化、整合以及线性代数模块、傅里叶变换、信号和图像图例，常微分方差的求解等，它是建立在 numpy 上的数学算法和便利函数的集合，提供了许多的操作 numpy 的数组函数。构建 scipy 库的主要原因是它能与 numpy 数组一起工作，并提供了许多对用户友好和高效的数字实践，比如数值积分和优化。

pandas 的全称是'python data analysis library'，它借鉴了 Excel 和 SPSS 等统计分析软件中数据的存储格式，使得.csv 等格式的文件也可以轻松地转化为类似于 Excel 的 dataframe 的形式，也使读取数据的工作变得快速而简洁。pandas 最初是作为金融分析工具而开发出来的，因此对时间序列分析有很好的支持。接下来直接通过代码来学习 pandas 的语法，首先是初始化与显示。

```
import pandas
data=pandas.read_csv("data.csv")
print(type(data))

#显示数据的前三行
data_head=data.head()
print(data(3))

#显示后五行
data_tail=data.tail()
print(data_tail(5))
#显示所有列信息
columns=data.columns
print(columns)
print(data.shape)
```

第二个方面是设置索引，该功能对于 pandas 数据处理是很重要的应用，设置索引可以很快定位到需要的数据的位置。

```
import pandas as pd
data=pd.read_csv("data.csv")
print(type(data))
data_1=data.set_index("index1",drop=False)
print(data_1.index)
```

pandas 中的主要数据结构被实现为 dataframe、series 两类。series 是单一列，而 dataframe 中包含一个或多个 series，每个 series 均有一个名称。dataframe 是一种用于数据操控的常用抽象实现形式。创建 series 的一种方法是构建 series 对象。如下代码。

```
import pandas as pd
```

```
from pandas impoer Series
import numpy as np

data=pd.read_csv("data.csv")
series_1=data['index1']
print(type(series_1))
print(series_1[0:5])
series_rt=data["RottenTomatoes"]
print(series_rt[0:5])

#新建一个 series 结构
data_names=series_1.values
#从 dataframe 中取出的数据是 series 类型的，而从 series 中取出来的数据与 ndarray 类似，pandas 是封装在 numpy 基础之上的
print(type(data_names))
rt_score=series_rt.values

#设置一个 series 及其键、值
series_custom=Series(rt_score,index=film_names)
print(series_custom[['Minions(2015) ', 'Leviathan(2014) ']])
fiveten=series_custom[5:10]
print(fiveten)

sc2=series_custom.sort_values()
sc3=series_custom.sort_index()
print(sc2)
print(sc3)

#对 series 中的数据所做的数学操作
print(np.add(series_custom,series_custom))
print(np.sin(series_custom))
print(np.max(series_custom))

citys=Series(data["RottenTomatoes"].values,index=data["FILM"])
users=Series(data["RottenTomatoes_Users"].values,index=data["FILM"])
mean=(citys+users)/2
```

在机器学习中掌握排序的实现也是非常重要的，比如一个推荐系统会根据历史行为数据推荐出跟之前商品类似的产品，这里面实际上就会用到排序，它会按照相似度进行排序，然后推荐给用户，因此关于 pandas 的排序的用法也是我们很关注的一个功能。

```
import pandas
info=pandas.read_csv("info.csv")
#默认从小到大排序，即升序
info.sort_values("Sodium_(mg)",inplace=True)
print(info["Sodium_(mg) "])
#缺失值放到最后
info.sort_values("Sodium_(mg)",inplace=True,ascending=False)
print(info["Sodium_(mg)"])
```

matplotlib 是 Python 的一个绘图库，它提供了一整套和 MATLAB 相似的命令 API，十分适合交互式制图，其中还包含了大量的创建图形的工具，可以使用这些工具创建出各种图形，比如散点图、柱状图、扇形图、正弦曲线、三维图形等。我们通过一个简单的例子来看一下 matplotlib 是如何在绘图领域中被使用的。首先画一个简单的正弦、余弦图。

```
import numpy as np
import matplotlib.pyplot as plt

X = np.linspace(-np.pi,np.pi,256,endpoint=True)
C,S=np.cos(X),np.sin(X)
```

```
plt.plot(X,C)
plt.plot(X,S)

plt.show()
```

结果如图 2-18 所示，是一个正弦和余弦曲线。

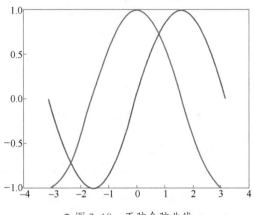

● 图 2-18　正弦余弦曲线

还可以修改线条的颜色和粗细，通过使用 linewidth 来设置线条的粗细，这里面设置余弦和正弦函数的"color"属性分别为"blue"和"red"。

```
…
figure(figsize=(10,6),dpi=80)
plot(X,C,color="blue",linewidth=2.5,linestyle="-")
plot(X,S,color="red",linewidth=2.5,linestyle="-")
…
```

修改后如图 2-19 所示（由于本书双色印刷，图 2-19、2-20、2-21 不能准确显示程序输出的线条颜色，读者以实际程序运行结果为准即可）。

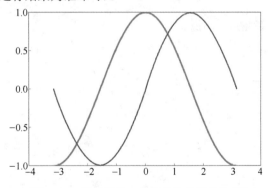

● 图 2-19　修改正弦、余弦曲线的颜色及粗细

还可以在图的左上角加上一个图例，为此，只需要在 plot 函数里以"键-值"的形式增加一个参数 label。

```
…
plot(X,C,color="blue",linewidth=2.5,linestyle="-",label="cosine")
plot(X,S,color="red",linewidth=2.5,linestyle="-",label="sine")
legend(loc='upper left')
…
```

如图 2-20 所示为增加了图例之后的图像：

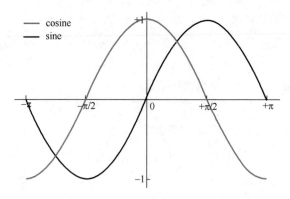

● 图 2-20　为原图像增加图例

还可以给一些需要特殊标注的点做一些注释，首先我们在对应的函数图像位置上画一个点，然后，向横轴引一条垂线，以虚线标记，最后，写上标签。代码如下。

```
…
t=2*np.pi/3
plot([t,t],[0,np.cos(t)],color='blue',linewidth=2.5,linestyle="--")
scatter([t,],[np.cos(t),],50,color='blue')

annotate(r'$\sin(\frac{2\pi}{3})=\frac{\sqrt{3}}{2}$',
         xy=(t,np.sin(t)),xycoords='data',
         xytext=(+10,+30),textcoords='offset points',fontsize=16,
         arrowprops=dict(arrowstyle="->",connectionstyle="src3,rad=.2"))

plot([t,t],[0,np.sin(t)],color='red',linewidth=2.5,linestyle="--")
scatter([t,],[np.sin(t),],50,color='red')

annotate(r'$\cos(\frac{2\pi}{3})=-\frac{1}{2}$',
         xy=(t,np.cos(t)),xycoords='data',
         xytext=(-90,-50),textcoords='offset points',fontsize=16,
         arrowprops=dict(arrowstyle="->",connectionstyle="arc3,rad=.2"))
…
```

如图 2-21示为注释过某些点的图像。

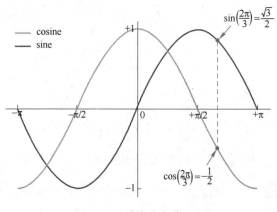

● 图 2-21　对特殊点进行注释

除了曲线图。matplotlib 还可以做很多种类的图，但是无论哪一种，绘图的流程以及代码都是相似的。对于图像来说，展示的目的是使人们更方便、直观地查看数据之间的关联性，正如上面几种形式，matplotlib 可以为每一种图都设置很多属性，从而达到美观以及方便人们直观地查看结果的目的。

第 3 章　机器学习基础——让推荐系统更懂你

主要内容

- 贝叶斯分类器
- 决策树
- 支持向量机（SVM）
- KNN 算法
- 线性回归
- 逻辑回归
- Spark MLlib

推荐系统的基本流程如下。1）收集用户的历史行为数据；2）通过预处理的方法得到用户-评价矩阵；3）利用机器学习领域中相关推荐技术（比如机器学习算法）形成对用户的个性化推荐；4）有的推荐系统还搜集用户对推荐结果的反馈，并根据实际的反馈信息实时调整推荐策略，产生更符合用户需求的推荐结果。

其中提到了使用推荐系统算法，该算法涉及比较深奥的思想，需要扎实的基础，因此想要最后应用算法解决实际问题，就需要掌握一些基础的算法，这样才能逐渐熟悉一些比较复杂的推荐算法，进而使用它们来解决实际问题。本章会介绍在机器学习中最常用到的一些基础算法与应用实例。

 ## 3.1　贝叶斯分类器

贝叶斯分类器其实是一些分类算法的总称，并且这些算法都是以贝叶斯定理作为理论基础。贝叶斯分类器的分类原理是，已知先验概率，利用贝叶斯公式计算出后验概率，选择最大后验概率所对应的分类结果，也就是在观测前我们就已知一个事件的结果概率分布，然后再计算出这个事件成立的条件下，另一个事件发生的概率。贝叶斯准则为 $P(c\,|\,x)=\dfrac{P(c)P(x\,|\,c)}{P(x)}$，其中 $P(c)$ 表示先验概率，$P(x|c)$ 表示在标记 c 的类条件概率，或者称为似然，$P(x)$ 表示归一化的证据因子。对于给定样本 x，证据因子与类标记无关，则估计 $P(c|x)$ 可转换为基于训练数据 D 来估计先验 $P(c)$ 和似然 $P(x|c)$。先验概率 $P(c)$ 可通过各类样本出现的频率来进行估计。对于类条件概率 $P(x|c)$，一种常用策略是先假定其具有某种确定的概率分布形式，再基于训练样本对概率分布的参数进行估计。

对于朴素贝叶斯分类器，朴素的意义是各个特征属性之间是相互独立的。比如，在计算 $P(\boldsymbol{w}\,|\,c_i)$ 时，将特征向量 $\boldsymbol{w}$ 展开为独立子特征，则转化为 $P(w_0,w_1,w_2,\cdots,w_N\,|\,c_i)$，这里假设所有特征都独立，即可以使用以下公式来计算，$P(w_0\,|\,c_i)p(w_1\,|\,c_i)p(w_2\,|\,c_i)\cdots p(w_N\,|\,c_i)$，这就是利用了朴素的原则。基于以上，朴素贝叶斯分类器的训练过程就是基于训练集 D 来估计先验概率 $P(c)$，并且

为每个特征属性估计条件概率 $P(x_i | c)$。对于先验概率，在有足够独立同分布训练样本的条件下，通过计算各类样本占总样本数的比例来计算。计算条件概率时，对于离散属性而言，$P(x_i | c) = \dfrac{|D_{c,x_i}|}{|D_c|}$，对于连续属性需考虑概率密度函数，则 $P(x_i | c) = \dfrac{1}{\sqrt{2\pi}\sigma_{c,i}} \exp\left(-\dfrac{(x_i - \mu_{c,i})^2}{2\sigma_{c,i}^2}\right)$，式中的两个未知参数均值和方差通过极大似然估计得到。假设概率密度函数 $P(x | c) \sim N(\mu_c, \sigma_c^2)$，则参数的极大似然估计为 $\widehat{\mu_c} = \dfrac{1}{|D_c|}\sum_{x \in D_c} x, \hat{\sigma}_c^2 = \dfrac{1}{|D_c|}\sum_{x \in D_c}(x - \hat{\mu}_c)(x - \hat{\mu}_c)^{\mathrm{T}}$。这就是说，通过极大似然法得到的正态分布均值就是样本均值，方差就是 $\sum_{x \in D_c}(x - \hat{\mu}_c)(x - \hat{\mu}_c)^{\mathrm{T}}$ 的均值。为了避免其他属性携带的信息被训练集中未出现的属性值"抹去"，在估计概率值时通常要进行"平滑"的操作，常用拉普拉斯法来进行修正。具体来说，令 N 表示训练集 D 中可能的类别数，N_i 表示第 i 个属性可能的取值数，修正为 $\hat{P}(c) = \dfrac{|D_c| + 1}{|D| + N}$ 和 $\hat{P}(x_i | c) = \dfrac{|D_{c,x_i}| + 1}{|D_c| + N_i}$。拉普拉斯修正避免了因训练集样本不充分而导致概率估值为零的问题，并且在训练集变大时，修正过程所引入的先验的影响也会逐渐变得可忽略，使得估值逐渐趋向于实际的概率值。高斯贝叶斯分类器、多项式贝叶斯分类器、伯努利贝叶斯分类器，它们之间的区别就在于假设了不同的 $P(x_i | c)$ 分布。

高斯贝叶斯分类器、多项式贝叶斯分类器以及伯努利贝叶斯分类器在工业上的使用还是比较多的，因为 Python 中的贝叶斯分类器库中实现了这三种方式，因此直接调用其中的方法即可实现对应的功能。以使用可视化手写数字识别 Digit 数据集为例，首先使用 sklearn 中的 datasets 来加载数据，之后直接使用三种方法对数据进行预测，来看一下三种算法的训练分数和测试分数，这里主要是让读者熟悉一下部分简单算法在工业界的使用方式，即代码实战。

```python
from sklearn import datasets, cross_validation, naive_bayes
import matplotlib.pyplot as plt

# 可视化手写识别数据集 Digit Dataset
def show_digits():
    digits = datasets.load_digits()
    fig = plt.figure()
    for i in range(20):
        ax = fig.add_subplot(4, 5, i+1)
        ax.imshow(digits.images[i], cmap = plt.cm.gray_r, interpolation='nearest')
    plt.show()

show_digits()

# 加载 Digit 数据集
def load_data():
    digits = datasets.load_digits()
    return cross_validation.train_test_split(digits.data, digits.target,
                                             test_size = 0.25, random_state = 0)

def test_GaussianNB(*data):
    X_train, X_test, y_train, y_test = data
    cls = naive_bayes.GaussianNB()
    cls.fit(X_train, y_train)
    print('GaussianNB Classifier')
    print('Training Score: %.2f' % cls.score(X_train, y_train))
    print('Test Score: %.2f' % cls.score(X_test, y_test))

X_train, X_test, y_train, y_test = load_data()
test_GaussianNB(X_train, X_test, y_train, y_test)
```

v3-1   v3-2

以上是高斯贝叶斯分类器的算法实践。

```
from sklearn import datasets, cross_validation, naive_bayes
import matplotlib.pyplot as plt

# 可视化手写识别数据集 Digit Dataset
def show_digits():
    digits = datasets.load_digits()
    fig = plt.figure()
    for i in range(20):
        ax = fig.add_subplot(4, 5, i+1)
        ax.imshow(digits.images[i], cmap = plt.cm.gray_r, interpolation='nearest')
    plt.show()

show_digits()

# 加载 Digit 数据集
def load_data():
    digits = datasets.load_digits()
    return cross_validation.train_test_split(digits.data, digits.target,
                                    test_size = 0.25, random_state = 0)

def test_MultinomialNB(*data):
    X_train, X_test, y_train, y_test = data
    cls = naive_bayes.MultinomialNB()
    cls.fit(X_train, y_train)
    print('MultinomialNB Classifier')
    print('Training Score: %.2f' % cls.score(X_train, y_train))
    print('Test Score: %.2f' % cls.score(X_test, y_test))

X_train, X_test, y_train, y_test = load_data()
test_MultinomialNB(X_train, X_test, y_train, y_test)
```

v3-3

v3-4

以上是多项式贝叶斯分类器的算法实践。

```
from sklearn import datasets, cross_validation, naive_bayes
import matplotlib.pyplot as plt

# 可视化手写识别数据集 Digit Dataset
def show_digits():
    digits = datasets.load_digits()
    fig = plt.figure()
    for i in range(20):
        ax = fig.add_subplot(4, 5, i+1)
        ax.imshow(digits.images[i], cmap = plt.cm.gray_r, interpolation='nearest')
    plt.show()

show_digits()

# 加载 Digit 数据集
def load_data():
    digits = datasets.load_digits()
    return cross_validation.train_test_split(digits.data, digits.target,
                                    test_size = 0.25, random_state = 0)

def test_BernoulliNB(*data):
    X_train, X_test, y_train, y_test = data
    cls = naive_bayes.BernoulliNB()
    cls.fit(X_train, y_train)
    print('BernoulliNB Classifier')
    print('Training Score: %.2f' % cls.score(X_train, y_train))
    print('Test Score: %.2f' % cls.score(X_test, y_test))

X_train, X_test, y_train, y_test = load_data()
test_BernoulliNB(X_train, X_test, y_train, y_test)
```

v3-5

v3-6

以上是伯努利贝叶斯分类器的算法实践。

对于以上三种的算法实践，都可以实现对手写数字的识别功能，模型的训练操作，如图 3-1 所示。

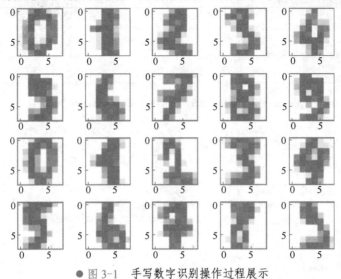

● 图 3-1 手写数字识别操作过程展示

三种算法的准确度以及算法的评估参数如下所示。

```
GaussianNB Classifier
Training Score: 0.86
Test Score: 0.83
MultinomialNB Classifier
Training Score: 0.91
Test Score: 0.91
BernoulliNB Classifier
Training Score: 0.87
Test Score: 0.85
```

从结果中可以看出，多项式贝叶斯（MultinomialNB）分类器使用该数据集训练出来的模型，其准确度相对其他两种较高，而高斯贝叶斯（GaussianNB）分类器使用该数据集训练出来的模型的准确率最低。但这只是针对当前的数据集而言的结果，对不同的数据集使用不同的模型，准确率的结果也是不同的，因此没有最好的算法，只有只针对当前数据集最合适的算法。

接下来使用朴素贝叶斯分类器来对新闻进行分类，这里面有 20 个新闻组数据集，大约 20000 个新闻组文档的集合，平均分布在 20 个不同的新闻组中。该实验数据集在机器学习技术的文本应用中非常流行，例如文本分类和文本聚类。代码如下。

```python
from sklearn.datasets import fetch_20newsgroups
from sklearn.feature_extraction.text import TfidfVectorizer
from sklearn.naive_bayes import MultinomialNB

def nb_news():
    """
    用朴素贝叶斯算法对新闻进行分类
    :return:
    """
    # 1）获取数据
    news = fetch_20newsgroups(subset="all")

    # 2）划分数据集
    x_train, x_test, y_train, y_test = train_test_split(news.data, news.target)

    #3）特征工程：文本特征抽取-tfidf
    transfer = TfidfVectorizer()
    x_train = transfer.fit_transform(x_train)
    x_test = transfer.transform(x_test)

    #4)朴素贝叶斯算法预估器流程
```

v3-7

```
        estimator = MultinomialNB()
        estimator.fit(x_train,y_train)

        #5) 模型评估
        # 方法 1:直接比对真实值和预测值
        y_predict = estimator.predict(x_test)
        print("y_predict:\n",y_predict)
        print("直接比对真实值和预测值:\n", y_test == y_predict)

        #方法 2:计算准确率
        score = estimator.score(x_test, y_test)
        print("准确率为:\n", score)

        return None

    if __name__ == "__main__":
        nb_news()
```

朴素贝叶斯分类器有很多优点,比如它有稳定的分类效率、对缺失数据不太敏感,算法也比较简单,常用于文本分类,且分类准确度高,速度快。但是由于使用了样本属性独立性的假设,所以在特征属性有关联时其效果不好。

↗3.1.1　贝叶斯决策论

贝叶斯决策论拥有最小贝叶斯误差并且是最优的。那么什么是贝叶斯决策论呢?如果它已经是最优的了,为什么还会需要一些其他的算法呢?贝叶斯决策论就是在不完全情报下,对部分未知的状态用主观概率进行估计,然后用贝叶斯公式对发生概率进行修正,最后利用期望值和修正概率做出最优决策。该决策论假设模式分类的决策可由概率形式描述,并假设问题的概率结构已知。规定以下记号:类别有 c 个,为 $w_1, w_2, \cdots, w_c$;样本的特征向量 $\boldsymbol{x} \in \mathbf{R}^d$;类别 w_i 的先验概率为 $P(w_i)$,且 $\sum_{i=1}^{c} P(w_i) = 1$;类别 w_i 对样本的类条件概率密度为 $P(\boldsymbol{x} \mid w_i)$,称为似然,那么,已知样本 $\boldsymbol{x}$,其属于类别 w_i 的后验概率 $P(w_i \mid \boldsymbol{x})$ 就可以用贝叶斯公式来描述,这里需要假设为连续特征,

$$P(w_i \mid \boldsymbol{x}) = \frac{P(\boldsymbol{x} \mid w_i)P(w_i)}{P(\boldsymbol{x})} = \frac{P(\boldsymbol{x} \mid w_i)P(w_i)}{\sum_{j=1}^{c} P(\boldsymbol{x} \mid w_j)P(w_j)}$$,其中分母被称为证据因子。后验概率当然也满足

"和为 1",$\sum_{j=1}^{c} P(w_j \mid \boldsymbol{x}) = 1$。如果是离散特征,则将概率密度函数替换为概率质量函数。所以,当类条件概率密度和先验概率已知时,可以用最大后验概率决策,将样本的类别判为后验概率最大的那一类。决策规则为:$\arg\max_i P(w_i \mid \boldsymbol{x})$,也就是说,如果样本 $\boldsymbol{x}$ 属于类别 w_i 的后验概率 $P(w_i \mid \boldsymbol{x})$ 大于其他任一类别的后验概率,则将该样本分类为类别 w_i。

从平均错误率最小的角度出发,讨论模型应如何对样本的类别进行决策。平均错误率的表达式为 $P(\text{error}) = \int P(\text{error}, \boldsymbol{x}) \mathrm{d}\boldsymbol{x} = \int P(\text{error} \mid \boldsymbol{x})P(\boldsymbol{x}) \mathrm{d}\boldsymbol{x}$,可以看出,如果对于每个样本 $\boldsymbol{x}$,保证 $P(\text{error} \mid \boldsymbol{x})$ 尽可能小,那么平均错误率就可以最小。$P(\text{error} \mid \boldsymbol{x})$ 的表达式为 $P(\text{error} \mid \boldsymbol{x}) = 1 - P(w_i \mid \boldsymbol{x})$,从表达式可以知道,最小错误率决策等价于最大后验概率决策。

首先,定义一个新的量:风险。第一步介绍损失(或称为代价)的概念。对于一个 w_j 类的样本 $\boldsymbol{x}$,如果分类器将其分类为 w_i 类,则记损失(或称为代价)为 λ_{ij}。显然,当 $j=i$ 时,$\lambda_{ij} = 0$。接下来介绍几种常用的损失函数。首先规定记号,将样本 $\boldsymbol{x}$ 的真实类别记作 $y \in \{1, 2, \cdots, c\}$,并引入其 one-hot 表示 $\boldsymbol{y} = (0, 0, \cdots, 0, 1, 0, \cdots, 0)^{\mathrm{T}} \in \mathbf{R}^c$;将分类器的输出类别记为 $\alpha(\boldsymbol{x}) \in \{1, 2, \cdots, c\}$,而分类器认为样本属于 w_j 类的后验概率为 $\alpha_j(\boldsymbol{x})$,并将所有类别的后验概率组成向量 $\alpha(\boldsymbol{x}) \in \mathbf{R}^c$;记损失函数为 $L(y, \alpha(\boldsymbol{x})) = \lambda_{\alpha(\boldsymbol{x}), y}$,可以定义如下几种损失函数。

1）0-1 损失函数：$L(y, \alpha(x)) = \begin{cases} 1, & y \neq \alpha(x) \\ 0, & 其他 \end{cases}$ 也可用示性函数表示为 $I(y \neq \alpha(x))$；

2）平方损失函数为 $L(y, \alpha(x)) = [y - \alpha(x)]^2$；

3）交叉熵损失函数为 $L(y, \alpha(x)) = -\sum_{j=1}^{c} y_j \log \alpha_j(x) = -y^\mathrm{T} \log \alpha(x)$，对于现在所讨论的单标签问题实际上就是对数损失函数 $L(y, \alpha(x)) = -\log \alpha_y(x)$；

4）合页损失函数：对于二类问题，令标签只可能取-1 或 1 两值，那么 $L(y, \alpha(x)) = \max\{0, 1 - y\alpha(x)\}$。

了解了这些损失函数之后，首先我们引入期望风险的概念，$R_{\exp}(\alpha) = E[L(y, \alpha(x))] = \int_{x \times y} L(y, \alpha(x)) P(x, y) \mathrm{d}x\mathrm{d}y$，也就是说样本损失的期望。当然，这个值是求不出来的，假如可以求出来，就相当于知道了样本和类别标记的联合分布 $P(x,y)$，自然也就不需要学习了。这个量的意义在于指导我们进行最小风险决策。顺着往下推导。

$$R_{\exp}(\alpha) = \int_{x \times y} L(y, \alpha(x)) P(y \mid x) P(x) \mathrm{d}x\mathrm{d}y$$
$$= \int [\int L(y, \alpha(x)) P(y \mid x) \mathrm{d}y] P(x) \mathrm{d}x$$
$$= \int \left[\sum_{y=1}^{c} L(y, \alpha(x)) P(y \mid x) \right] P(x) \mathrm{d}x$$
$$= \int R(\alpha(x) \mid x) P(x) \mathrm{d}x$$

由最后得出来的式子可以引出条件风险的概念，即将一个样本 x 分类为 w_i 类的条件风险定义，$R(\alpha_i \mid x) = \sum_{j=1}^{c} \lambda_{ij} P(w_j \mid x)$，该式子很好理解，样本 x 属于类别 $w_j (j \in 1, 2, \cdots, c)$ 的后验概率是 $P(w_j \mid x)$，那么取遍每一个可能的类别，用损失进行加权即可。有了样本的表达式，就可以换个角度来看期望风险的表达式，它实际上就是如下的期望的形式，$R_{\exp}(\alpha) = E[L(y, \alpha(x))] = E_x[R(\alpha(x) \mid x)]$。所谓的"条件风险"跟此前的错误率有什么联系呢？为了看得清楚一点，对比一下上面那个平均错误率的式子 $R_{\exp}(\alpha) = \int R(\alpha(x) \mid x) P(x) \mathrm{d}x$ 和 $P(\text{error}) = \int P(\text{error} \mid x) P(x) \mathrm{d}x$。可以很直接地看出来，风险在这里起到的作用和错误率在之前起到的作用相同，因此风险是错误率的一个替代品，是一种推广。类似之前的分析，选择对于每个样本都保证条件风险尽可能小的分类规则 $\alpha(x)$，将使期望风险最小化。由此可得，最小风险决策的决策规则为 $\arg\min_i R(\alpha_i \mid x)$，这里的顺序有点不一样，之前是先定义了条件风险 $R(\alpha(x) \mid x)$，再按期望的定义得到期望风险 $R_{\exp}(\alpha)$；这里则是倒过来，从期望风险的直观定义出发，推导出了期望风险如何写成条件风险的期望的形式，自然地引出了条件风险的定义。如果使用 0-1 损失，即当 $j \neq i$ 时 $\lambda_{ij} = 1$，可以推导出条件风险为 $R(\alpha_i \mid x) = \sum_{j=1}^{c} \lambda_{ij} P(w_j \mid x) = \sum_{j \neq i} P(w_j \mid x) = 1 - P(w_i \mid x)$，显然这个形式和最小错误率决策的式子一模一样。因此，在使用 0-1 损失函数的时候，最小风险决策退化为最小错误率决策。另外，使用 0-1 损失函数时，如果把一个本应是 w_i 类的样本错分成了 w_j 类，与把一个本应是 w_j 类的样本错分成了 w_i 类，这两个情况下的代价是相等的。实际上，这种情况在许多场景下是不合理的。比如，考虑一个二分类（0 or 1）问题，其中有一类的训练样本极少，称为少数类，那么在训练过程中，如果把少数类样本错分为多数类，这种决策行为的代价显然应该大于把多数类样本错分为少数类，即分类器将全部训练样本都分到多数类，那么训练集上的错误率会很低，但是分类器不能识别出任何少数类样本。

刚才提到，我们学习的目标是使期望风险最小。但实际上，期望风险无法求出。给定含 N 个样本的训练集，模型关于训练集的平均损失定义为经验风险 $R_{\text{emp}}(\alpha)=\dfrac{1}{N}\sum\limits_{i=1}^{N}L(y_i,x_i)$ ，根据大数定律，

当样本数趋于无穷时，经验风险趋于期望风险。所以一种学习策略是经验风险最小化，在样本量足够大的情况下可以有比较好的效果。当模型直接输出后验概率分布且使用对数损失函数时，经验风险最小化等价于极大似然估计。如果使用 0-1 损失函数，则经验风险就是训练集上的错误率；如果使用平方损失函数，则经验风险就是训练集上的均方误差 $^{\ominus}$： $R_{\text{emp}}(\alpha)=\dfrac{1}{N}\sum\limits_{i=1}^{N}I(y_i\neq\alpha(x_i))$ ，

$R_{\text{emp}}(\alpha)=\dfrac{1}{N}\sum\limits_{i=1}^{N}[y_i-\alpha(x_i)]^2$ ，但是当样本量不足时，这样的做法容易造成过拟合，因为评价模型的好坏是看它的泛化性能，需要其在测试集上有较好的效果，而模型在学习过程中由于过度追求在训练集上的高正确性，可能将学习出非常复杂的模型。因此，另一种策略是结构风险最小化 $^{\ominus}$，结构风险是在经验风险的基础上加上一个惩罚项，来惩罚模型的复杂度： $R_{\text{srm}}(\alpha)=\dfrac{1}{N}\sum\limits_{i=1}^{N}L(y_i,x_i)+CJ(\alpha)$ 。当模型直接输出后验概率分布、使用对数损失函数且模型复杂度由模型的先验概率表示时，结构风险最小化等价于最大后验概率估计。

在必要情况下，分类器对于某些样本可以拒绝给出输出结果，在引入拒识的情况下，分类器可以拒绝将样本判为 c 个类别中的任何一类。具体来说，损失的定义为

$$\lambda_{ij}=\begin{cases}0,i=j;\\\lambda_s,i\neq j;\\\lambda_r(\lambda_r<\lambda_s),\text{拒识}\end{cases}$$

这里拒识代价必须小于错分代价，否则就永远不会对样本拒识了。在这种情况下，条件风险的表达

式为 $R(\alpha_i\mid x)=\begin{cases}\lambda_s(1-P(w_i\mid x)),i=1,2,\cdots,c;\\\lambda_r,\text{拒识}\end{cases}$ 所以在引入拒识的情况下，最小风险决策为

$$\arg\min_i R(\alpha_i\mid x)=\begin{cases}\arg\max_i P(w_i\mid x),\max_i P(w_i\mid x)>1-\dfrac{\lambda_r}{\lambda_s};\\\text{拒识},\text{其他}\end{cases}$$

最小风险决策所决定出的贝叶斯分类器被称为贝叶斯最优分类器，相应的风险被称为贝叶斯风险。但需要注意的是，成为最优分类器的条件是概率密度函数可以被准确地估计。而实际中，这很困难，首先是因为我们无法获得真实的先验概率等其他计算要件，需要通过统计学方法进行估计且存在一定的误差。其次是因为计算所需要的概率往往是不可能的，会面临维度灾难，在条件概率 $P(X\mid y=0)$ 和 $P(X\mid y=1)$ 时，要考虑到观察的特征不止一个，可能还有重量等其他特征，而且实际计算时往往面临数值稳定性问题，所以朴素贝叶斯才会利用平滑来解决一些特例。这也是我们使用贝叶斯决策理论的同时还会需要一些其他算法的原因。

贝叶斯决策的分类有很多种，但是最常见的是风险型的决策，决策者会面临几种可能的状态和相应的后果，且对这些状态和后果无法得到充分可靠的有关未来环境的信息，只能依据"过去的信息或经验"去预测每种状态和后果可能出现的概率。在这种情况下，决策者根据确定的决策函数计算出项目在不同状态下的函数值，然后，再结合概率求出相应的期望值，该值就是对未来可能出现的平均状态的估计，决策者可以依此期望值的大小做出决策行为。常见的决策函数主要有成本函

$\ominus$　此处的均方误差就是机器学习评判算法好坏的 MSE 指标。

$\ominus$　Structural Risk Minimum，即 SRM。

数、收益函数、效用函数。

如果决策函数是成本函数或收益函数，则决策者是从货币因素考虑问题的。贝叶斯决策模型是决策者在考虑成本或收益等经济指标时经常使用的方法，它是在贝叶斯定理的基础上提出来的。以收益型问题为例，其基本思想是在已知不确定性状态变量 θ 的概率密度函数 $f(\theta)$ 的情况下，按照收益的期望值大小对决策方案排序，则最优方案为使期望收益最大的方案。由贝叶斯定理可以推出通过抽样增加信息量能够使概率更加准确的结论，概率准确则意味着决策风险的降低，所以贝叶斯定理保证了该决策模型的科学性。

关于收益函数的贝叶斯决策模型有一个小例子，如表 3-1 所示。

表 3-1 B 商品的销售量记录

i	1	2	3	4	5
θ_i(件)	5	6	7	8	9
天数	30	50	70	30	20

表 3-1 为某商场过去 200 天关于商品 B 的日销售量记录，商品 B 的进价为 200 元/件，售价为 600 元/件。如果当天销售不完，余下全部报废，求该商品的最佳日订货量 a，及相应的期望收益金额 EMV 和 $EVPI$。由表 3-1 可知，该商场商品 B 的销售状态空间为 $\theta = \{\theta_1, \theta_2, \theta_3, \theta_4, \theta_5\} = \{5, 6, 7, 8, 9\}$，这些状态发生的概率也可以推测出来，如表 3-2 所示，根据此状态空间。决策者的决策空间为 $A = \{a_1, a_2, a_3, a_4, a_5\} = \{5, 6, 7, 8, 9\}$。

表 3-2 B 商品的状态分布表

i	1	2	3	4	5
θ_i(件)	5	6	7	8	9
p_i	0.15	0.25	0.35	0.15	0.1

当商场的销售量为 θ_i，而进货量为 a_j 时，商场的条件收益为

$$CP_{ij} = \begin{cases} (6-2)a_j, & a_j \leqslant \theta_i \\ (6-2)\theta_i - 2(a_j - \theta_i) = 6\theta_i - 2a_j, & a_j > \theta_i \end{cases}$$

而相应的期望收益为 $EP_{ij} = CP_{ij} \times p_i$，表 3-3 即为此例的贝叶斯决策法收益表。

表 3-3 贝叶斯决策法收益表

i	θ	p_i	$a_1=5$		$a_2=6$		$a_3=7$		$a_4=8$		$a_5=9$		$\max EP_{ij}$ $j=1,\cdots,5$
			CP_{i1}	EP_{i1}	CP_{i2}	EP_{i2}	CP_{i3}	EP_{i3}	CP_{i4}	EP_{i4}	CP_{i5}	EP_{i5}	
1	5	0.15	20	3	18	2.7	16	2.4	14	2.1	12	1.8	3
2	6	0.25	20	5	24	6	22	5.4	20	5	18	4.5	6
3	7	0.35	20	7	24	8.4	28	9.8	26	9.1	24	8.4	9.8
4	8	0.15	20	3	24	3.6	28	4.2	32	4.8	30	4.5	4.8
5	9	0.1	20	2	24	2.4	28	2.8	32	3.2	36	3.6	3.6
合计		1	EMV_1	20	EMV_2	23.1	EMV_3	24.6	EMV_4	24.2	EMV_5	22.8	EPC=27.2

从经济角度看当日订货量等于销售量时，商场没有因为多订货或少订货而造成机会损失，因此获得的收益最大，所以此例理论上的最大利润 $EPC=2720$ 元。但在实际工作中这个值很难得到，除非商场能够根据情况随时调整进货量，因此商场的经营者往往追求的是期望收益的最大值，在此例中当订货量为 7 件时期望收益最大，EMV 和 $EVPI$ 分别为 2460 元和 260 元。

EVPI 的含义为由于情报不准确而造成的商场的盈利损失，这个损失可能是因为销售量小于 7 件而引发商品报废产生的损失，也可能是因为销售量大于 7 件使商场未能多盈利而产生的损失。

↗ 3.1.2 最大似然估计

最大似然估计提供了一种给定观察数据来评估模型参数的方法，即"模型已定，参数未知"。简单而言，假设我们要统计全国人口的身高，首先假设这个身高服从正态分布，但是该分布的均值与方差未知。我们没有人力与物力去统计全国每个人的身高，但是可以通过采样，获取部分人的身高，然后通过最大似然估计来获取上述假设中的正态分布的均值与方差。最大似然估计中，采样需满足一个很重要的假设，就是所有的采样都是独立同分布的。下面我们具体描述一下最大似然估计。首先，假设 $x_1, x_2, \cdots, x_n$ 为独立同分布的采样，θ 为模型参数，f 为我们所使用的模型，遵循我们上述的独立同分布假设。参数为 θ 的模型 f 产生上述采样可表示为 $f(x_1, x_2, \cdots, x_n \mid \theta) = f(x_1 \mid \theta) \cdot f(x_2 \mid \theta) \cdots \cdot f(x_n \mid \theta)$，回到上面的"模型已定，参数未知"的情况，此时，我们已知 $x_1, x_2, \cdots, x_n$，未知为 θ，故似然定义为 $L(\theta \mid x_1, x_2, \cdots, x_n) = f(x_1, x_2, \cdots, x_n \mid \theta) = \prod_{i=1}^{n} f(x_i \mid \theta)$。在实际应用中，常用的做法是两边取对数，得到公式 $\ln L(\theta \mid x_1, x_2, \cdots, x_n) = \sum_{i=1}^{n} \ln f(x_i \mid \theta) \hat{l} = \frac{1}{n} \ln L$。其中 $\ln L(\theta \mid x_1, x_2, \cdots, x_n)$ 称为对数似然，而 $\hat{l}$ 称为平均对数似然。而我们平时所称的最大似然为最大的对数平均似然，即：$\hat{\theta}_{\text{mle}} = \arg\max \hat{l}(\theta \mid x_1, \cdots, x_n)$。求解最大似然估计的步骤如下。①写出似然函数；②对似然函数取对数；③求导数；④解似然方程。

接下来通过一个简单的小例子介绍如何使用公式来求解最大似然估计。比如有一个罐子，里面有黑、白两种颜色的球，我们不知道里面的具体数目，两种颜色的比例也不知道。我们想知道罐中白球和黑球的比例，但不能把罐中的球全部拿出来数。现在我们可以每次任意从已经摇匀的罐中拿一个球出来，记录球的颜色，然后把拿出来的球再放回罐中，这个过程可以重复操作，可以用所记录的球的颜色来估计罐中黑白球的比例。假如在前面的 100 次重复记录中，有 70 次是白球，有 30 次是黑球，请问罐中白球所占的比例最有可能是多少？很多人马上就有答案了：70%。而其后的理论依据是什么呢？

我们假设罐中白球的比例是 p，那么黑球的比例就是 $1-p$，因为每次抽一个球出来，在记录颜色之后又把抽出的球放回了罐中并摇匀，所以每次抽出来的球的颜色服从同一独立分布。这里把每一次抽出来球的颜色称为一次抽样。题目中在 100 次抽样中，70 次是白球的概率是 $P(Data \mid M)$，$Data$ 是所有的数据，M 是所给出的模型，表示每次抽出来的球是白色的概率为 p。如果第一抽样的结果为 x_1，第二抽样的结果为 x_2，以此类推，那么 $Data=\{x_1, x_2, \cdots, x_{100}\}$。这样，$P(Data \mid M)=P(x_1, x_2, \cdots, x_{100} \mid M) = P(x_1 \mid M)P(x_2 \mid M) \cdots P(x_{100} \mid M) = p^{70}(1-p)^{30}$，那么 p 在取什么值的时候，$P(Data \mid M)$ 的值最大呢？将 $p^{70}(1-p)^{30}$ 对 p 求导，并让它等于零，解出 $p=0.7$。在边界点 $p=0.1$，$P(Data \mid M)=0$。所以当 $p=0.7$ 时，$P(Data \mid M)$ 的值最大，假如我们有一组连续变量的采样值 $(x_1, x_2, \cdots, x_n)$，知道这组数据服从正态分布，且标准差已知。问这个正态分布的期望值是多少的时候，产生这个已有数据的概率最大？根据公式 $L(\theta \mid x_1, x_2, \cdots, x_n) = f(x_1, x_2, \cdots, x_n \mid \theta) = \prod_{i=1}^{n} f(x_i \mid \theta)$ 可得

$$L(\theta \mid x_1, x_2, \cdots, x_n) = \left(\frac{1}{\sigma\sqrt{2\pi}} \right)^n \exp\left(-\frac{1}{2\sigma^2} \sum_{i=1}^{n} (x_i - \mu)^2 \right)$$，然后对 μ 求导可得

$$\left(\frac{1}{\sigma\sqrt{2\pi}} \right)^n \exp\left[-\frac{1}{2\sigma^2} \sum_{i=1}^{n} (x_i - \mu)^2 \right] \frac{\left(\sum_{i=1}^{n} x_i - n\mu \right)}{\sigma^2},$$

则最大似然估计的结果为 $\mu = \dfrac{x_1 + x_2 + \cdots + x_n}{n}$。

在第 2 章，我们介绍过假设检验，它的应用范围很广，超出了数学的范围，扩展到了大多数科学领域。由于常规统计频率的方法的局限性，有人提出一个相关的贝叶斯框架，以解决数据科学家在零售或营销工作中可能遇到的最常见的情况之一，即 A/B 测试。

A/B 测试为一种随机测试，将两个不同的事物进行假设比较。该测试运用统计学上的假设检定和双目体假设检定。A/B 测试可以用来测试某一个变量的两个不同版本的差异，一般是让 A 和 B 只有单个变量不同，再测试其他人对于 A 和 B 的反应差异，从而判断 A 和 B 的方式哪个较佳。也许我们想为自己的网站测试一个新的设计，新的功能，甚至是针对客户的新策略，以衡量哪一个会带来最高的投资回报率。为了清晰起见，我们将考虑广告在使用 A 和 B 两种创意的情况下试图提高转化率：每个交互广告的用户可以被看作是有两种可能结果的伯努利试验，即"转换"和"不转换"，根据用户是否购买我们产品而选择是否显示广告。这里我们只考虑离线的情况，可以理解为在已缓存的本地数据集中进行试验。

每个用户被展示为创意 A 或 B 的概率为 0.5，并直接以未知的概率 p_A=0.04 或 p_B=0.05 进行转换。

```
import scipy.stats as stats

#真实概率
p_A = 0.05
p_B = 0.04

#用户流量
n_users = 13500
n_A = stats.binom.rvs(n=n_users, p=0.5, size=1)[0]
n_B = n_users - n_A

#转换策略
conversions_A = stats.bernoulli.rvs(p_A, size=n_A)
conversions_B = stats.bernoulli.rvs(p_B, size=n_B)

print("creative A was observed {} times and led to {} conversions".format(n_A, sum(conversions_A)))
print("creative B was observed {} times and led to {} conversions".format(n_B, sum(conversions_B)))
```

v3-8

对于该例子，可以使用贝叶斯方法进行实现，使用到的是 Python 的 PyMC3 库，这使我们能够轻松地构建贝叶斯非参数模型。重要的是要记住，统计学家或数据科学家的目标显然是为了构想准确和相关的结果，而且生成可以被任何其他利益相关者（甚至是非科学利益相关者）共享和理解的关键绩效指标（KPI），它将携带尽可能多的信息。贝叶斯方法为我们提供了执行此操作所需的工具，它允许我们精确地计算所需的内容，p_A 和 p_B 的后验分布，即 $P(p\_A|X)$ 和 $P(p\_B|X)$ 以及 $P(p\_A{-}p\_B{>}0|X)$，即广告素材 A 比广告素材 B 产生更多转化的概率。我们已经用数学方法设计了环境，接下来需要用贝叶斯语言来复制它。此时，优先选择的问题不可避免地出现了（我们将为 p_A 和 p_B 选择无信息的统一先验）。代码如下。

```
import pymc3 as pm

with pm.Model() as model:
    n_users = 10000

    #定义随机和确定性变量(构建网络)
    #用户的数量
    n_A = pm.Binomial("n_A", n_users, 0.5)
    n_B = pm.Deterministic("n_B", n_users - n_A)

    # 数量的转换
    conversions_A = pm.Binomial("conversions_A", n_A, p_A)
    conversions_B = pm.Binomial("conversions_B", n_B, p_B)

    observed_conversions_A = pm.Deterministic('observed_conversions_A', conversions_A)
    observed_conversions_B = pm.Deterministic('observed_conversions_B', conversions_B)
```

```
p_estimates = pm.Uniform("p_estimates", 0, 1, shape=2)
delta = pm.Deterministic("delta", p_estimates[1] - p_estimates[0])

#向网络提供观测数据
obs_A = pm.Binomial("obs_A", n_A, p_estimates[0], observed=observed_conversions_A)
obs_B = pm.Binomial("obs_B", n_B, p_estimates[1], observed=observed_conversions_B)

#运行 MCMC 算法
start = pm.find_MAP()
step = pm.Metropolis()
trace = pm.sample(50000, step=step)
burned_trace = trace[1000:]
```

接下来我们的任务就是通过网络运行 MCMC 算法，以计算后验分布。与现在的方法相比，这将为我们提供更多的见解，因为现在我们可以通过从后验对象中直接采样来得出置信区间。我们可以简单地计算出小于 0 的后验概率。

```
np.mean (delta_samples < 0)
```

通过上述代码，我们得到了值 0.956，这意味着广告素材 A 产生的转化率比广告素材 B 高出近96%。但我们可以更进一步。想象一下，从设计 B 转换到设计 A 是很昂贵的，并且只有至少提高5%的性能才能盈利。我们有办法计算它，只需在网络中插入一个新的确定性变量 tau=p_A/p_B，然后对后验分布进行采样。

```
tau = pm.Deterministic("tau", p_estimates[0] / p_estimates[1])
```

根据 MCMC 抽样估计的 tau 的后验分布为

```
np.mean (tau_samples > 1.05)
```

这次得到 0.91，并不像我们通常希望的 95.6%那样具有决定性。如果我们需要更多的信心，只需要运行 A/B 测试更长的时间。

↗ 3.1.3　EM 算法

v3-9

EM 算法[一]是一种迭代算法，用于含有隐变量的概率参数模型的最大似然估计或极大后验概率估计，其中概率模型依赖于无法观测的隐变量。最大期望算法经过两个步骤交替进行计算。第一步是计算期望，利用对隐变量的现有估计值，计算其最大似然估计值；第二步是最大化，最大化是在第一步求得的最大似然值的基础上来计算参数的值。这一步中找到的参数估计值被用于下一个"第一步"计算中，这个过程不断交替进行。

EM 算法的主要思想：假设我们想估计 A 和 B 两个参数，在开始状态下二者都是未知的，但如果知道了 A 的信息就可以得到 B 的信息，反过来知道了 B 也就得到了 A。可以考虑首先赋予 A 某种初值，以此得到 B 的估计值，然后从 B 的当前值出发，重新估计 A 的取值，这个过程一直持续到收敛为止。假设有一个样本集 $\{x^{(1)}, \cdots, x^{(m)}\}$，包含 m 个独立的样本。但每个样本 i 对应的类别 $z^{(i)}$ 是未知的（相当于聚类），即隐变量。故我们需要估计概率模型 $P(x,z)$ 的参数 θ，但是由于里面包含隐含变量 z，所以很难用最大似然求解，但如果 z 已知，那我们就很容易求解了。对于参数估计，我们本质上还是想获得一个使似然函数最大化的参数 θ，现在与最大似然不同的只是似然函数式中多了一个未知的变量 z

$$\sum_i \log P(x^{(i)}; \theta) = \sum_i \log \sum_{z^{(i)}} P(x^{(i)}, z^{(i)}; \theta)$$

$$= \sum_i \log \sum_{z^{(i)}} Q_i(z^{(i)}) \frac{P(x^{(i)}, z^{(i)}; \theta)}{Q_i(z^{(i)})} \geq \sum_i \sum_{z^{(i)}} Q_i(z^{(i)}) \log \frac{P(x^{(i)}, z^{(i)}; \theta)}{Q_i(z^{(i)})}$$

㊀　全称 Expectation Maximization Algorithm，译作"最大期望化算法"或"期望最大算法"。

也就是说我们的目标是找到适合的 θ 和 z，使得 $L(\theta)$ 最大。也许有读者会想，不过就是多了一个未知的变量而已，也可以对未知的 θ 和 z 分别求偏导，再令其等于 0，求解出来不也一样吗？本质上我们是需要最大化上式（对上式，回忆下联合概率密度下某个变量的边缘概率密度函数的求解，注意这里 z 也是随机变量。对每一个样本 i 的所有可能类别 z 求等式右边的联合概率密度函数和，也就得到等式左边为随机变量 x 的边缘概率密度），也就是似然函数，但是可以看到公式里面有"和的对数"，求导后会出现非常复杂的复合函数求导，所以很难求解得到未知参数 z 和 θ。那么我们可否对第一步的式子做一些改变呢？观察第二步中的式子只是分子、分母同乘以一个相等的函数，还是有"和的对数"仍然无法求解。再看第三步中的式子，发现第三步中的式子变成了"对数的和"，那这样求导就容易了。我们还发现等号变成了不等号，为什么能这么变呢？这就是 Jensen 不等式大显神威的地方。

关于 Jensen 不等式，设 f 是定义域为实数的函数，如果对于所有的实数 x，都有 $f(x)$ 的二次导数大于等于 0，那么 f 是凸函数。当 x 是向量时，如果其 Hessian 矩阵 H 是半正定的，那么 f 是凸函数。如果只大于 0，而不等于 0，那么称 f 是严格凸函数。如果 f 是凸函数，X 是随机变量，那么 $E[f(X)] \geqslant f(E[X])$。特别地，如果 f 是严格凸函数，当且仅当 X 是常量时，上式取等号。Jensen 不等式的几何意义，如图 3-2 所示。

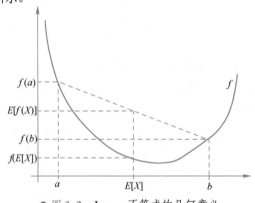

● 图 3-2　Jensen 不等式的几何意义

图中，实线 f 是凸函数，X 是随机变量，有 0.5 的概率是 a，有 0.5 的概率是 b（就像掷硬币一样）。X 的期望值就是 a 和 b 的中值了，图中可以看到 $E[f(X)] \geqslant f(E[X])$ 成立。f 是（严格）凹函数，当且仅当 f 是（严格）凸函数。Jensen 不等式应用于凹函数时，不等号方向反向。回到刚刚第二步的公式，因为 $f(x)=\log x$ 为凹函数，第二步的式子中 $\sum\limits_{z^{(i)}} Q_i(z^{(i)}) \dfrac{P(x^{(i)}, z^{(i)}; \theta)}{Q_i(z^{(i)})}$ 是 $[P(x^{(i)}, z^{(i)}; \theta) / Q_i(z^{(i)})]$ 的期望，又因为 $\sum\limits_{z^{(i)}} Q_i(z^{(i)})=1$，

所以就可以得到第三步公式中的不等式：$f\left(E_{z^{(i)} \sim Q_i}\left[\dfrac{P(x^{(i)}, z^{(i)}; \theta)}{Q_i(z^{(i)})} \right] \right) \geqslant E_{z^{(i)} \sim Q_i}\left[f\left(\dfrac{P(x^{(i)}, z^{(i)}; \theta)}{Q_i(z^{(i)})} \right) \right]$，

上面第二步的式子和第三步的式子可以写成：似然函数 $L(\theta) \geqslant J(z, Q)$，接下来可以通过不断的最大化这个下界 J，来使得 $L(\theta)$ 不断提高，最终得到它的最大值。在 Jensen 不等式中，当自变量 X 是常数的时候，等式成立，而在这里有 $\dfrac{P(x^{(i)}, z^{(i)}; \theta)}{Q_i(z^{(i)})}=c$，由于 $\sum\limits_{z^{(i)}} Q_i(z^{(i)})=1$，则可以得到分子的和等于 c，即 $Q_i(z^{(i)}) = \dfrac{P(x^{(i)}, z^{(i)}; \theta)}{\sum\limits_{z} P(x^{(i)}, z; \theta)} = \dfrac{P(x^{(i)}, z^{(i)}; \theta)}{P(x^{(i)}; \theta)} = P(z^{(i)} \mid x^{(i)}; \theta)$。至此，推出了在固定参数 θ 后，使下界提升的 $Q(z)$ 的计算公式就是后验概率，从而解决了 $Q(z)$ 如何选择的问题。这一步就是 E 步，建立 $L(\theta)$ 的下界。接下来的 M 步，就是在给定 $Q(z)$ 后，调整 θ，去极大化 $L(\theta)$ 的下界 J（在固定 $Q(z)$ 后，下界还可以调整得更大）。

EM 算法可以用于生成模型的无监督学习。生成模型由联合概率分布 $P(X, Y)$ 表示，可以认为

无监督学习训练数据是联合概率分布产生的数据。X 为观测数据，Y 为未观测数据。k-means 算法（该算法将在 3.8.1 中详细讲解）就是一个典型的 EM 算法，k-means 算法先假定 k 个中心，然后进行最短距离聚类，之后根据聚类结果重新计算各个聚类的中心点，而且 k-means 也是初始值敏感，因此 k-means 算法也包含了 EM 算法思想，只是 EM 算法中用概率计算，而 k-means 直接用最短距离计算。所以 EM 算法可以用在无监督学习中。

接下来看一个 EM 算法的应用实例。即在高斯混合模型（该模型将在 3.8.2 节中做详细讲解）学习中的应用。

高斯混合模型是指具有如下形式的概率分布模型：$P(y|\theta) = \sum_{k=1}^{K} \alpha_k \phi(y|\theta_k)$，其中 α_k 是系数，$\alpha_k \geqslant 0, \sum_{k=1}^{K} \alpha_k = 1; \phi(y|\theta_k)$ 是高斯分布密度，$\theta_k = (u_k, \sigma_k^2)$，$\phi(y|\theta_k) = \frac{1}{\sqrt{2\pi}\sigma_k} \exp\left(-\frac{(y-\mu_k)^2}{2\sigma_k^2}\right)$ 称为第 k 个分模型。一般的混合模型可以是任意概率分布密度，不止高斯分布。高斯分布就是正态分布，EM 算法需通过迭代多个高斯分布，因此 EM 算法注重的是迭代。假设观测数据 $y_1, y_2, \cdots, y_n$ 由高斯混合模型生成，$P(y|\theta) = \sum_{k=1}^{K} \alpha_k \phi(y|\theta_k)$，其中，$\theta = (\alpha_1, \alpha_2, \cdots, \alpha_k; \theta_1, \theta_2, \cdots, \theta_k)$。我们用 EM 算法来估计高斯混合模型的参数 θ。

第一步，明确隐变量，写出完全数据的对数似然函数。可以设想观测数据 y_j $(j=1,2,\cdots,N)$ 是这样产生的：首先依据概率 α_k 选择第 k 个高斯分布分模型 $\phi(y|\theta_k)$，然后依第 k 个分模型的概率分布 $\phi(y|\theta_k)$ 生成观测数据 y_j。这时观测数据 y_j $(j=1,2,\cdots,N)$ 是已知的，而反映观测数据 y_j 来自第 k 个分模型的数据是未知的 $(k=1,2,\cdots,K)$ 以隐变量 γ_{jk} 表示，其定义为 $\gamma_{jk} = \begin{cases} 1, & \text{第}j\text{个观测来自第}k\text{个分模型} \\ 0, & \text{其他} \end{cases}$，$j=1,2,\cdots,K$；$k=1,2,\cdots,K$，$\gamma_{jk}$ 是 0-1 随机变量，有了观测数据 y_j 及未观测数据 γ_{jk}，那么完全数据是 $(y_j, \gamma_{j1}, \gamma_{j2}, \cdots, \gamma_{jK}), j=1,2,\cdots,N$，于是，可以写出完全数据的似然函数。

$$P(y,\gamma|\theta) = \prod_{j=1}^{N} P(y_j, \gamma_{j1}, \gamma_{j2}, \cdots, \gamma_{jK}|\theta)$$

$$= \prod_{k=1}^{K} \prod_{j=1}^{N} [\alpha_k \phi(y_j|\theta_k)]^{\gamma_{jk}} = \prod_{k=1}^{K} \alpha_k^{n_k} \prod_{j=1}^{N} [\phi(y_j|\theta_k)]^{\gamma_{jk}}$$

$$= \prod_{k=1}^{K} \alpha_k^{n_k} \prod_{j=1}^{N} \left[\frac{1}{\sqrt{2\pi}\sigma_k} \exp\left(-\frac{(y_j-\mu_k)^2}{2\sigma_k^2}\right)\right]^{\gamma_{jk}}$$

式中，$n_k = \sum_{j=1}^{N} \gamma_{jk}$；$\sum_{k=1}^{K} n_k = N$。完全数据的对数似然函数为

$$\log P(y,\gamma|\theta) = \sum_{k=1}^{K} \left\{ n_k \log \alpha_k + \sum_{j=1}^{N} \gamma_{jk} \left[\log \frac{1}{\sqrt{2\pi}} - \log \sigma_k - \frac{1}{2\sigma_k^2}(y_j - \mu_k)^2 \right] \right\}$$

第二步是确定 EM 算法的 E 步，即确定 Q 函数。

$$Q(\theta, \theta^{(i)}) = E[\log P(y,\gamma|\theta)|y, \theta^{(i)}]$$

$$= E\left\{ \sum_{k=1}^{K} \left\{ n_k \log \alpha_k + \sum_{j=1}^{N} \gamma_{jk} \cdot \left[\log\left(\frac{1}{\sqrt{2\pi}}\right) - \log \sigma_k - \frac{1}{2\sigma_k^2}(y_j - \mu_k)^2 \right] \right\} \right\}$$

$$= \sum_{k=1}^{K} \left\{ \sum_{j=1}^{N} (E_{\gamma_{jk}}) \log \alpha_k + \sum_{j=1}^{N} (E_{\gamma_{jk}}) \left[\log\left(\frac{1}{\sqrt{2\pi}}\right) - \log \sigma_k - \frac{1}{2\sigma_k^2}(y_j - \mu_k)^2 \right] \right\}$$

这里需要计算$E(\gamma_{jk}|y,\theta)$，记为$\hat{\gamma}_{jk}$。$\hat{\gamma}_{jk}=E(\gamma_{jk}|y,\theta)=P(\gamma_{jk}=1|y,\theta)=\frac{P(\gamma_{jk}=1,y_j|\theta)}{\sum_{k=1}^{K}P(\gamma_{jk}=1,y_j|\theta)}=\frac{P(y_j|\gamma_{jk}=1,\theta)P(\gamma_{jk}=1|\theta)}{\sum_{k=1}^{K}P(y_j|\gamma_{jk}=1,\theta)P(\gamma_{jk}=1|\theta)}=\frac{\alpha_k\phi(y_j|\theta_k)}{\sum_{k=1}^{K}\alpha_k\phi(y_j|\theta_k)}, j=1,2,\cdots,N;k=1,2,\cdots,K$。$\hat{\gamma}_{jk}$是在当前模型参数下第 j 个观测数据来自第 k 个分模型的概率，称为分模型 k 对观测数据 y_j 的响应度。将$\hat{\gamma}_{jk}=E(\gamma_{jk})$及$n_k=\sum_{j=1}^{N}E_{\gamma_{jk}}$代入$Q(\theta,\theta^{(i)})$，得到

$$Q(\theta,\theta^{(i)})=\sum_{k=1}^{K}\left\{n_k\log\alpha_k+\sum_{j=1}^{N}\hat{\gamma}_{jk}\left[\log\left(\frac{1}{\sqrt{2\pi}}\right)-\log\sigma_k-\frac{1}{2\sigma_k^2}(y_j-\mu_k)^2\right]\right\}$$

第三步是确定 EM 算法的 M 步，迭代的 M 步是求函数$Q(\theta,\theta^{(i)})$对θ的极大值，即求新一轮迭代的模型参数$\theta^{(i+1)}=\arg\max_\theta Q(\theta,\theta^{(i)})$，用$\hat{\mu}_k=\frac{\sum_{j=1}^{N}\hat{\gamma}_{jk}y_j}{\sum_{j=1}^{N}\hat{\gamma}_{jk}}$，$k$=1,2, …,$K$；$\hat{\sigma}_k^2=\frac{\sum_{j=1}^{N}\hat{\gamma}_{jk}(y_j-\mu_k)^2}{\sum_{j=1}^{N}\hat{\gamma}_{jk}}$，$k=1,2,\cdots,K$；$\hat{\alpha}_k=\frac{n_k}{N}=\frac{\sum_{j=1}^{N}\hat{\gamma}_{jk}}{N},k=1,2,\cdots,K$。重复以上计算，直到对数似然函数值不再有明显的变化为止。

3.1.4 垃圾邮件过滤实战

使用朴素贝叶斯模型实现垃圾邮件过滤系统，流程图如图 3-3 所示。

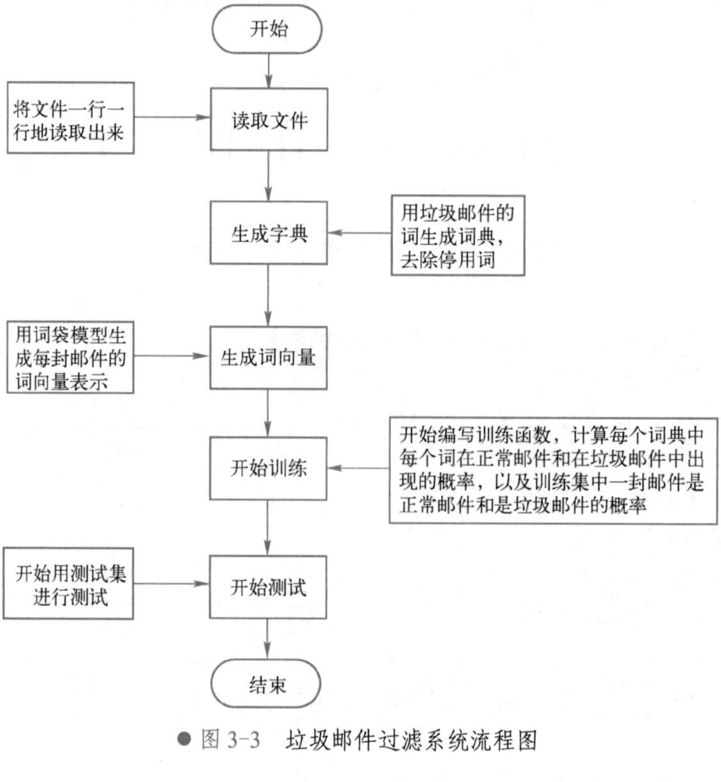

● 图 3-3 垃圾邮件过滤系统流程图

关于系统的实现，以及朴素贝叶斯模型的实现如下：

```python
#coding:utf-8
import pandas as pd
import jieba
import re
import cPickle as pickle
import math
import matplotlib.pyplot as plt


class SpamFilter:
    def __init__(self,initial=0):
        if initial==0:
            #不是初次使用时，加载模型
            f = open('wordict','rb')
            #反序列对象，将文件中的数据解析成一个 Python 对象
            self.wordict = pickle.load(f)
            f.close()
        else:
            #初次使用时新建模型
            self.wordict = {}
        #加载停用词列表
        f = open('stop','r')
        self.stop = f.readlines()
        f.close()
        self.stop = [i.strip().decode('gbk','ignore') for i in self.stop]
        #初始化 dataframe
        self.df = pd.read_csv('full/index',sep=' ',names=['spam','path'])
        self.df.spam = self.df.spam.apply(lambda x:1 if x=='spam' else 0)
        self.df.path = self.df.path.apply(lambda x:x[1:])
        #预测用
        self.ham_count = self.getEmailList().spam.value_counts()[0]
        self.spam_count = self.getEmailList().spam.value_counts()[1]
        self.all_count = self.ham_count + self.spam_count

    def getContent(self,path):
        f = open(path,'r')
        content = f.readlines()
        f.close()
        for i in range(len(content)):
            if content[i] == '\n':
                content = content[i:]
                break
        content = ''.join(''.join(content).strip().split())
        return content

    def getEmailList(self,initial=0):
        if initial == 1:
            self.df['content'] = self.df.path.apply(lambda x:self.getContent(x))
            self.df['wordlist'] = self.df.content.apply(lambda x:pickle.dumps(self.getWordlist(x)))
        return self.df

    def stop_words(self,dic):
        for i in self.stop:
            if i in dic:
                del dic[i]
        return dic

    def getWordlist(self,string):
        #所有汉字的 unicode 编码范围
        wordlist = re.findall(u'[\u4E00-\u9FD5]',string.decode('gbk','ignore'))
        string   = ''.join(wordlist)
        wordlist = []
        seg_list = jieba.cut(string)
        for word in seg_list:
            if word != '':wordlist.append(word)
        #print ','.join(wordlist)
        dic = dict([(w,1) for w in wordlist])
```

```
        #for i in wordlist:
        #       dic[i] += 1
        dic = self.stop_words(dic)
        return dic


    #训练模型
    def trainDict(self,dataframe):
        wordlists = dataframe.wordlist
        spams = dataframe.spam
        for wl,spam in zip(wordlists,spams):
            wordlist = pickle.loads(wl)
            for i in wordlist:
                self.wordict.setdefault(i,{0:0,1:0})
                self.wordict[i][spam] += 1
        #存模型
        f = open('wordict','wb')
        pickle.dump(self.wordict,f,1)
        f.close()
        print "Success"


    def predictEmail(self,wordlist,threshold = 0):
        hp = math.log(float(self.ham_count)/self.all_count)
        sp = math.log(float(self.spam_count)/self.all_count)
        wordlist = pickle.loads(wordlist)
        for i in wordlist:
            i = i.strip()
            self.wordict.setdefault(i,{0:0,1:0})
            pih = self.wordict[i][0]
            if pih == 0:hp += math.log((1./(len(wordlist)+1))/(self.ham_count+1))
            #if pih == 0:hp += math.log(1./self.ham_count)
            else:hp += math.log(float(pih)/self.ham_count)
            pis = self.wordict[i][1]
            if pis == 0:sp += math.log((1./(len(wordlist)+1))/(self.spam_count+1))
            #if pis == 0:sp += math.log(1./self.spam_count)
            else:sp += math.log(float(pis)/self.spam_count)
        #print hp,sp
        if hp + threshold>sp:return 0
        else:return 1


def run(T=0):
    #训练模型
    sf = SpamFilter(initial=1)
    all_mail = sf.getEmailList(initial=1)
    train_mail = all_mail.loc[:len(all_mail)*0.8]
    check_mail = all_mail.loc[len(all_mail)*0.8:]
    check_mail.to_csv('test_set')
    sf.trainDict(train_mail)
    sf = SpamFilter()


    #评测
    threshold = T
    check_mail = pd.read_csv('test_set',index_col=0)
    check_mail['predict'] = check_mail.wordlist.apply(lambda x:sf.predictEmail(x,threshold))
    foo = check_mail.predict + check_mail.spam
    print foo.value_counts()
    all_right = 1-float(foo.value_counts()[1])/foo.value_counts().sum()
    ham_right = float(foo.value_counts()[0])/check_mail.spam.value_counts()[0]
    print "Threshold:",threshold
    print "总体准确率: ",all_right*100,'%'
    print "正常邮件获取度：",ham_right*100,'%'
    #plt.plot(threshold,all_right*100)
    return (threshold,all_right)


if __name__ =='__main__':
    #run(0)
    #画图用代码
    x_list = [i for i in range(-50,101,5)]
    y_list_1 = []
```

```
y_list_2 = []
for i in x_list:
    t = run(i)
#plt.plot(t[0],t[1])
#plt.show()
    y_list_1.append(t[0])
    y_list_2.append(t[1])
plt.plot(y_list_1,y_list_2)
plt.show()
#存数据
f = open('y_list_1','wb')
#将对象 y_list_1 保存到文件 f 中
pickle.dump(y_list_1,f,1)
f.close()
f = open('y_list_2','wb')
pickle.dump(y_list_2,f,1)
f.close()
print y_list_1
print y_list_2
```

(3.2) 决策树

决策树是附加概率结果的一个树状的决策图,是直观运用统计概率分析的图。机器学习中决策树是一个预测模型,它表示对象属性和对象值之间的一种映射,树中的每一个节点表示对象属性的判断条件,其分支表示符合节点条件的对象,树的叶子节点表示对象所属的预测结果。如图 3-4 所示为决策树的案例图。

图 3-4 是一棵结构简单的决策树,用于预测贷款用户是否具有偿还贷款的能力。贷款用户主要具备三个属性,是否拥有房产、是否结婚、平均月收入。每一个内部节点都表示一个属性条件判断,叶子节点表示贷款用户是否具有偿还能力。例如,用户甲没有房产,没有结婚,月收入 5 千元。通过决策树的根节点判断,用户甲符合右边分支(拥有房产为"否");再判断是否结婚,

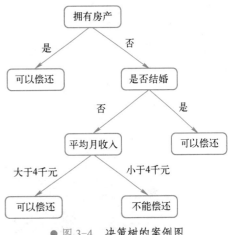

● 图 3-4 决策树的案例图

用户甲符合左边分支(是否结婚为"否");然后判断月收入是否大于 4 千元,用户甲符合左边分支(月收入大于 4 千元),该用户最终落在"可以偿还"的叶子节点上,所以预测用户甲具备偿还贷款的能力。

决策树思想的来源非常朴素,程序设计中的条件分支结构就是 if-else 结构,最早的决策树就是利用这类结构来分割数据的一种分类学习方法。举一个例子,当母亲给女儿介绍男朋友时,是这么对话的。

女儿:多大年纪了?

母亲:26。

女儿:长得帅不帅?

母亲:挺帅的。

女儿:收入高不?

母亲:不算很高,中等情况。

女儿:是公务员不?

母亲:是,在税务局上班呢。

女儿：那好，我去见见。

想一想这个女生为什么要把年龄放在最上面判断？（进行高效的决策，注重特征的先后顺序）。

有很多数据可以构建成决策树，如图 3-5 所示。

选择特征的先后顺序时，可能先看是否有房子，可能先看是否有工作，可能先看信贷情况。需要选择一个高效的顺序进行决策。判断高效，可以通过特征值的观察次数，用越少次数，判断出分类情况的效率越高（选择高效的决策顺序，需要引入信息熵、信息增益）。那么怎么来计算信息增益呢？特征 A 对训练数据集 D 的信息增益 $g(D,A)$，定义为集合 D 的信息熵 $H(D)$ 与特征 A 给定条件下 D 的信息条件熵 $H(D|A)$ 之差，即公式为 $g(D,A)=H(D)-H(D|A)$。哪种不确定性减少的最多就使用哪种特征，即信息增益最大。

决策树的目标就是把数据集按对应的类标签进行分类。最理想的情况是，通过特征的选择能把不同类别的数据集贴上对应类标签。特征选择的目标使得分类后的数据集比较"纯"。衡量一个数据集纯度，需要引入数据纯度函数。表示数据纯度的函数主要有两种：信息增益、基尼指数。这里将介绍用基尼指数来表示数据纯度。

ID	年龄	有工作	有自己的房子	信贷情况	类别
1	青年	否	否	一般	否
2	青年	否	否	好	否
3	青年	是	否	好	是
4	青年	是	是	一般	是
5	青年	否	否	一般	否
6	中年	否	否	一般	否
7	中年	否	否	好	否
8	中年	是	是	好	是
9	中年	否	是	非常好	是
10	中年	否	是	非常好	是
11	老年	否	是	非常好	是
12	老年	否	是	好	是
13	老年	是	否	好	是
14	老年	是	否	非常好	是
15	老年	否	否	一般	否

● 图 3-5　决策树的分类

基尼指数的计算公式为 $Gini(D)=1-\sum_{i}^{c}p_i^2$。其中 c 表示数据集中类别的数量，p_i 表示类别 i 的样本数量占所有样本的比例。从公式中可以看出，数据集中数据混合的程度越高，基尼指数也就越高。当数据集 D 只有一种数据类型时，基尼指数的值为最低即 0。如果选取的属性为 A，那么分裂后的数据集 D 的基尼指数的计算公式为 $Gini_A(D)=\sum_{j=1}^{k}\frac{|D_j|}{|D|}Gini(D_j)$，其中 k 表示样本 D 被分为 k 个部分，数据集 D 分裂成为 k 个 D_j 数据集。对于特征选取，需要选择最小的分裂后的基尼指数，也可以用基尼指数增益值作为决策树选择特征的依据，公式如下 $\Delta Gini(A)=Gini(D)-Gini_A(D)$，在决策树选择特征时，应选择基尼指数增益值最大的特征，作为该节点的分裂条件。在分类模型建立的过程中，很容易出现过拟合的现象。过拟合是指，在模型学习训练中，训练样本达到非常高的逼近程度，但对检验样本的逼近误差随着训练次数的增加呈现出先下降后上升的现象。过拟合时，训练误

差很小，但是检验误差很大，不利于实际应用。决策树的过拟合现象可以通过剪枝进行一定的修复。剪枝分为预先剪枝和后剪枝两种。预先剪枝指在决策树生长过程中，使用一定条件加以限制，使得决策树在产生完全拟合之前就停止生长。预先剪枝的判断方法也有很多，比如信息增益小于一定阈值的时候可以通过剪枝使决策树停止生长。但确定合适的阈值也需要一定的依据，阈值太高会导致模型拟合不足，阈值太低又会导致模型过拟合。后剪枝是在决策树生长完成之后，按照自底向上的方式裁剪决策树。后剪枝有两种方式，一种是用新的叶子节点替换子树，该节点的预测类由子树数据集中的多数类决定，另一种是用子树中最常使用的分支代替子树。预先剪枝可能过早地终止决策树的生长，后剪枝一般能够产生更好的效果。但对后剪枝来说，在子树被剪掉后，决策树生长过程中的一部分计算就被浪费了。

建立了决策树模型后需要给出该模型的评估值，这样才可以来判断模型的优劣。学习算法模型使用训练集（training set）建立模型，使用校验集（test set）来评估模型。下面通过评估指标和评估方法来评估决策树模型。评估指标包括分类准确度（Accuracy）、召回率（Recall）、虚警率（FPrate）和精确度（Precision）等。而这些指标都是基于混淆矩阵（confusion matrix）进行计算的。混淆矩阵用来评价监督式学习模型的精确性，矩阵的每一列代表一个类的实例预测，而每一行表示一个类的实例。以二类分类问题为例，如表 3-4 所示。

表 3-4 混淆矩阵

实际的类		预测的类		
		类=1	类=0	
	类=1	TP	FN	P
	类=0	FP	TN	N

根据混淆矩阵可以得到评价分类模型的指标有以下几种，分类准确度计算公式 $Accuracy = \dfrac{TP+TN}{P+N}$，召回率计算公式 $Recall = \dfrac{TP}{P}$，虚警率计算公式 $FPrate = \dfrac{FP}{N}$，精确度计算公式 $Precision = \dfrac{TP}{TP+FP}$。模型的评估方法主要有保留法、随机二次抽样、交叉验证、自助法等。

保留法（holdout）是评估分类模型性能的一种最基本的方法。它将被标记的原始数据集分成训练集和检验集，训练集用于训练分类模型，检验集用于评估分类模型性能。但此方法不适用于样本较小的情况，模型可能高度依赖训练集和检验集的构成。

随机二次抽样（random subsampling）是指多次重复使用"保留法"来改进分类器的评估方法。同样，此方法也不适用于训练集数量不足的情况，而且也可能造成有些数据未被用于训练集的情况。

交叉验证（cross-validation）是指把数据分成数量相同的 k 份，每次使用数据进行分类时，选择其中 1 份作为检验集，剩下的 $k-1$ 份为训练集，重复 k 次，正好使得每一份数据都被用于 1 次检验集和 $k-1$ 次训练集。该方法的优点是，将尽可能多的数据作为训练集数据，每一次训练集数据和检验集数据都是相互独立的，并且完全覆盖了整个数据集。缺点就是分类模型运行了 k 次，计算开销较大。

自助法（bootstrap）是指在评估过程中，训练集数据采用的是有放回抽样的方式，即已经选取为训练集的数据又被放回原来的数据集中，使得该数据有机会被再一次抽取。该方法在样本数不多的情况下效果很好。

决策树的 API 为

```
sklearn.tree.DecisionTreeClassifier(criterion='gini',max_depth=None.random_state=None)
```

默认是基尼系数'gini'，也可以选择信息增益的熵'entropy'。

下面使用决策树来实现鸢尾花的分类，使用决策树 API，代码如下，

```python
from sklearn.tree import DecisionTreeClassifier
from sklearn.datasets import load_iris

def decision_iris():
    """
    用决策树对鸢尾花数据集进行分类
    :return:
    """
    # 1)获取数据集
    iris = load_iris()

    # 2)划分数据集
    x_train,x_test,y_train,y_test = train_test_split(iris.data, iris.target, random_state=22)

    # 3)决策树预估器
    estimator = DecisionTreeClassifier(criterion="entropy")
    estimator.fit(x_train,y_train)

    # 4)模型评估
    # 方法1:直接比对真实值和预测值
    y_predict = estimator.predict(x_test)
    print("y_predict:\n",y_predict)
    print("直接比对真实值和预测值:\n",y_test == y_predict)

    #方法2:计算准确率
    score = estimator.score(x_test,y_test)
    print("准确率为:\n", score)

    return None

if __name__ == "__main__":
    #代码1:用 KNN 算法对鸢尾花数据集进行分类
    knn_iris()
    #代码2:用决策树对鸢尾花数据集进行分类
    decision_iris()
```

v3-11　　v3-12

可以查看决策树具体的操作步骤，比如先使用哪个特征之类的信息。使用 sklearn.tree.export_graphviz()函数能够导出 DOT 格式，代码如下。

```python
from sklearn.tree import DecisionTreeClassifier
from sklearn.datasets import load_iris

def decision_iris():
    """
    用决策树对鸢尾花数据集进行分类
    :return:
    """
    # 1)获取数据集
    iris = load_iris()

    # 2)划分数据集
    x_train,x_test,y_train,y_test = train_test_split(iris.data, iris.target, random_state=22)

    # 3)决策树预估器
    estimator = DecisionTreeClassifier(criterion="entropy")
    estimator.fit(x_train,y_train)

    # 4)模型评估
    # 方法1:直接比对真实值和预测值
    y_predict = estimator.predict(x_test)
    print("y_predict:\n",y_predict)
    print("直接比对真实值和预测值:\n",y_test == y_predict)
```

v3-13

```
        #方法 2:计算准确率
        score = estimator.score(x_test,y_test)
        print("准确率为:\n", score)

        #可视化决策树
        export_graphviz(estimator,out_file="iris_tree.dot",feature_names=iris.feature_names)

        return None

if __name__ == "__main__":
        #代码 1:用 KNN 算法对鸢尾花数据集进行分类
        knn_iris()
        #代码 2:用决策树对鸢尾花数据集进行分类
        decision_iris()
```

决策树的优点为可视化、可解释能力强，缺点是容易产生过拟合。对于决策树的改进可以使用"随机森林"，该部分会在第 4 章节详细介绍。

最后使用决策树来实现一个案例：泰坦尼克号生存预测。实现步骤如下。1）获取数据。2）筛选特征值、目标值。3）数据处理：缺失值处理、特征值转化为字典类型。4）划分数据集。5）特征工程：字典特征抽取（注意：决策树不需要标准化）。6）决策树预估器流程。7）模型评估。代码如下。

```
import pandas as pd
from sklearn.feature_extraction import DictVectorizer
from sklearn.tree import DecisionTreeClassifier, export_graphviz

# 1. 获取数据
path = "http://biostat.mc.vanderbilt.edu/wiki/pub/Main/DataSets/titanic.txt"
titanic = pd.read_csv(path)

#2. 筛选特征值和目标值
x = titanic[["pclass","age","sex"]]
y = titanic["survived"]

# 3. 数据处理
# 1)缺失值处理
x["age"].fillna(x["age"].mean(),inplace=True)

#2) 转换成字典
x = x.to_dict(orient="records")

from sklearn.model_selection import train_test_split
# 4. 数据集划分
x_train, x_test, y_train, y_test = train_test_split(x,y,random_state=22)

# 5. 字典特征抽取
from sklearn.feature_extraction import DictVectorizer

transfer = DictVectorizer()
x_train = transfer.fit_transform(x_train)
x_test = transfer.transform(x_test)

# 6. 决策树预估器
estimator = DecisionTreeClassifier(criterion="entropy")
estimator.fit(x_train,y_train)

# 7. 模型评估
#方法 1:直接比对真实值和预测值
y_predict = estimator.predict(x_test)
print("y_predict:\n",y_predict)
print("直接比对真实值和预测值:\n", y_test == y_predict)

#方法 2:计算准确率
score = estimator.score(x_test,y_test)
```

v3-14

v3-15

```
print("准确率为:\n",score)
```

```
#可视化决策树
export_graphviz(estimator, out_file="titanic_tree.dot",feature_names=transfer.get_feature_names())
```

3.3 支持向量机（SVM）

v3-16

↗3.3.1 SVM 介绍

支持向量机是一种二分类模型，它的基本模型是定义在特征空间上的间隔最大的线性分类器，"间隔最大"使它有别于感知机；SVM 还包括核技巧，这使它成为实质上的非线性分类器。SVM 的学习策略就是"间隔最大化"，这可形式化为一个求解凸二次规划的问题，也等价于正则化的合页损失函数的最小化问题。SVM 的学习算法就是求解凸二次规划的最优化算法。

SVM 学习的基本想法是，求解能够正确划分训练数据集并且几何间隔最大的分离超平面。如图 3-6 所示，$wx + b = 0$ 即为分离超平面，对于线性可分的数据集来说，这样的超平面有无穷多个（即感知机），但是几何间隔最大的分离超平面却是唯一的。

在推导之前，先给出一些定义。假设给定一个特征空间上的训练数据集，$T = \{(x_1, y_1),(x_2, y_2),\cdots,(x_N, y_N)\}$，其中，$x_i \in \mathbf{R}^n, y_\xi \in \{+1, -1\}, i = 1, 2, \cdots, N, x_i$ 为第 i 个特征向量，y_ξ 为类标记，当它等于 1 时为正例；为-1 时为负例。再假设训练数据集是线性可分的。对于给定的数据集 T 和超平面 $wx + b = 0$，定义超

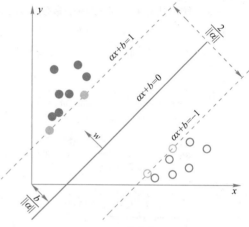

● 图 3-6　分离超平面

平面关于样本点 (x_i, y_i) 的几何间隔为 $\gamma_\xi = y_\xi\left(\dfrac{w}{\|w\|}x_i + \dfrac{b}{\|w\|}\right)$，超平面关于所有样本点的几何间隔的最小值为 $\gamma = \min\limits_{i=1,2,\cdots,N}\gamma_\xi$，实际上这个距离就是我们所谓的支持向量到超平面的距离。因为最大化 γ 等价于最大化 $\dfrac{1}{\|w\|}$，也就等价于最小化 $\dfrac{1}{2}\|w\|^2$，因此 SVM 模型的求解最大分割超平面问题又可以表示为 $\min\limits_{w,b}\dfrac{1}{2}\|w\|^2$ 的约束优化问题。首先，我们将有约束的原始目标函数转换为无约束的新构造的拉格朗日目标函数 $L(w,b,\alpha) = \dfrac{1}{2}\|w\|^2 - \sum\limits_{i=1}^{N}\alpha_i[y_i(wx_i + b) - 1]$，其中 α_i 为拉格朗日乘子，且 $\alpha_i \geqslant 0$。令 $\theta(w) = \max\limits_{\alpha_i \geqslant 0}L(w,b,\alpha)$，于是原约束问题就等价于 $\min\limits_{w,b}\theta(w) = \min\limits_{w,b}\max\limits_{\alpha_i \geqslant 0}L(w,b,\alpha) = p^*$，看一下我们的新目标函数，先求最大值，再求最小值。这样的话，首先就要面对带有需要求解的参数 w 和 b 的方程，而 α_i 又是不等式约束，这个求解过程不好实现。所以，我们需要使用拉格朗日函数对偶性，将最小和最大的位置交换一下，这样就变成了 $\max\limits_{\alpha_i \geqslant 0}\min\limits_{w,b}L(w,b,\alpha) = d^*$，若要得出 $p^* = d^*$，需要满足两个条件：①优化问题是凸优化问题；②满足 KKT 条件。本优化问题显然是一个凸优化问题，所以条件一满足，而要满足条件二，即要求 $\begin{cases} \alpha_i \geqslant 0 \\ y_i(w_i \cdot x_i + b) - 1 \geqslant 0 \\ \alpha_i(y_i(w_i \cdot x_i + b) - 1) = 0 \end{cases}$，最后将目标式子加一个负号，将求解极大

转换为求解极小，即 $\min\limits_{\alpha} \dfrac{1}{2}\sum\limits_{i=1}^{N}\sum\limits_{j=1}^{N}\alpha_i\alpha_j y_i y_j(x_i\cdot x_j)-\sum\limits_{i=1}^{N}\alpha_i$。使用合页损失函数，将原优化问题改写为

$\min\limits_{w,b,\xi_i} \dfrac{1}{2}\|w\|^2+C\sum\limits_{i=1}^{m}\xi_i$。每一个样本都有一个对应的松弛变量，表征该样本不满足约束的程度。$C{>}0$ 称为惩罚参数，C 值越大，对分类的惩罚越大，跟线性可分求解的思路一致。同样，这里先用拉格朗日乘子法得到拉格朗日函数，再求其对偶问题。

综上所述，可以得到线性支持向量机学习算法如下，输入训练数据集 $T=\{(x_1,y_1),(x_2,y_2),\cdots,$ $(x_N,y_N)\}$，其中，$x_i\in \mathbf{R}^n$，$y_i\in\{+1,-1\},i=1,2,\cdots,N$。输出分类决策函数 $f(x)=\mathrm{sign}(w*x+b^*)$。

↗3.3.2 半监督 SVM

半监督支持向量机（semi-supervised support vector machine，简称 S3VM）。在不考虑标记样本时，SVM 试图找到最大间隔划分的超平面，而考虑未标记样本后，S3VM 试图找到的是能够将两类有标记样本分开，同时还要穿过数据低密度区域的超平面（见图 3-7）。之所以要穿过低密度区，是因为存在未标记样本，要体现一些聚类的思想。

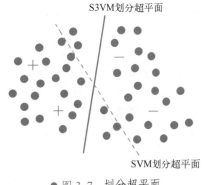

● 图 3-7 划分超平面

TSVM 算法，针对二分类问题，①首先利用有标记样本学得一个 SVM，利用该分类器对未标记数据进行标记指派，并将结果作为真实标记重新训练一个 SVM，可以得出新的超平面和松弛向量，因为此时的未标记样本不准确，所有 $C_u{<}C_l$，使得已标记样本所占比重更大；②找出两个标记指派为异类的且很可能发生错误的未标记样本，交换它们的标记，继续训练 SVM 得到超平面和松弛向量；③重复上个过程直到标记调整完成；逐渐增大 C_u 的值，直到 $C_u{=}C_l$。此时可以得到未标记样本的标记，D_l 为已知标记的样本，D_u 是未知标记的样本。该算法的缺点为：计算开销很大；若存在多个低密度划分，则效果很差。针对高效优化求解问题，有基于图核（graph kernel）函数梯度下降的 LDS、基于标记均值估计的 meanS3VM 等方法。或许可以这样理解，其实这些方法就是使用 SVM 算法进行预测，只是加入了调整 SVM 模型的步骤（反复试错），不断迭代调整，直到找到使所有样本（包括已标记和未标记）得到良好划分的分割面。

(3.4) KNN 算法

最简单最初级的分类器是将全部的训练数据所对应的类别都记录下来，当测试对象的属性和某个训练对象的属性完全匹配时，便可以对其进行分类。但是怎么可能所有测试对象都会找到与之完全匹配的训练对象呢，其次就是存在一个测试对象同时与多个训练对象匹配，导致一个训练对象被分到了多个类的问题。基于这些问题，就产生了 KNN⊖算法。KNN 算法是通过测量不同特征值之间的距离进行分类。它的思路是，如果一个样本在特征空间中的 k 个最相似（即特征空间中最邻近）的样本中的大多数属于某一个类别，则该样本也属于这个类别，其中 k 通常是不大于 20 的整数。在 KNN 算法

⊖ 核心思想：根据你的邻居，判断你的类别。定义：如果一个样本在特征空间中的 k 个最相似（即特征空间中最邻近）的样本中的大多数属于某一个类别，则该样本也属于这个类别。但当 k 取 1 时，容易受到异常点的影响。

中，所选择的邻近样本都是已经正确分类的对象。该方法在给定类决策上只依据最邻近的一个或者几个样本的类别来决定待分样本所属的类别。下面通过一个简单的例子说明一下，如图 3-8 所示，最中心的圆点要被决定赋予哪个类，是三角形还是正方形？如果 k=3，由于三角形所占比例为 2/3，圆点将被赋予三角形那个类；如果 k=5，由于正方形比例为 3/5，因此圆点被赋予正方形类。

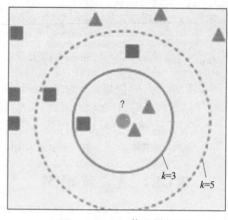

由此也说明了 KNN 算法的结果很大程度取决于 k 的选择。

在 KNN 算法中，将计算对象之间的距离作为各个对象之间的非相似性指标，避免了对象之间的匹配问题，在这里距离一般使用欧几里得距离（简称欧氏距离）或曼哈顿距离，闵可夫斯基距离是欧式距离和曼哈顿距离的推

● 图 3-8　KNN 算法样例图

广。同时，KNN 算法会依据 k 个对象中占优的类别进行决策，而不是单一的对象类别决策。这两点就是 KNN 算法的优势。KNN 算法的思想就是在训练集中的数据和标签已知的情况下，输入测试数据，将测试数据的特征与训练集中对应的特征进行相互比较，找到训练集中与之最为相似的前 k 个数据，则该测试数据对应的类别就是 k 个数据中出现次数最多的那个分类。KNN 算法的描述为：①计算测试数据与各个训练数据之间的距离；②按照距离的递增关系进行排序；③选取距离最小的 k 个点；④确定前 k 个点所在类别的出现频率；⑤将前 k 个点中出现频率最高的类别作为测试数据的预测分类。这里存在一个问题，如果 k 值取得比较小，容易受到异常值的影响，但是如果 k 值取得比较大，样本容易受到不均衡的影响。举一个电影数据的例子，如图 3-9 所示。

电影名称	打斗镜头	接吻镜头	电影类型
甲	3	104	爱情片
乙	2	100	爱情片
丙	1	81	爱情片
丁	101	10	动作片
戊	99	5	动作片
己	98	2	动作片
？	18	90	未知

● 图 3-9　电影数据

上图中，可以计算出各电影与未知电影的距离，甲为 20.5，乙为 18.7，丙为 19.2，丁为 115.3，戊为 117.4，己为 118.9。选取距离最短的，k=1 时，未知电影为爱情片；k=2 时，也是爱情片；k=6 时，无法确定。当 k 取值过大时，在样本不均衡的时候，样本容易分错，容易受到样本不均衡的影响。当 k 取值过小时，容易受到异常值的影响。

KNN 算法在 sklearn 中有现成的 API。

```
sklearn.neighbors.KNeighborsClassifier(n_neighbors=5,algorithm='auto')
```

其中 n_neighbors 默认为 5，相当于 k 值；algorithm 包含'auto'、'ball_tree'、'kd_tree'和'brute'，其中的 "auto" 会根据传递给 fit 方法的值来决定最合适的算法。

解析一个使用 KNN 算法的 API 实现的案例：鸢尾花种类预测。实现的第一步是获取数据；第二步是数据集划分；第三步是特征工程，即做标准化，因为归一化容易受到异常值的影响；第四步

是 KNN 预估器流程；最后一步是模型评估。代码如下。

v3-17

```python
from sklearn.datasets import load_iris
from sklearn.model_selection import train_test_split
from sklearn.preprocessing import StandardScaler
from sklearn.neighbors import KNeighborsClassifier

def knn_iris():
    """
    用 KNN 算法对鸢尾花进行分类
    :return:
    """
    #1)获取数据
    iris = load_iris()

    #2)划分数据集
    x_train, x_test, y_train, y_test = train_test_split(iris.data, iris.target, random_state=6)

    #3) 特征工程：标准化
    transfer = StandardScaler()
    x_train = transfer.fit_transform(x_train)
    x_test = transfer.transform(x_test)

    #4)KNN 算法预估器
    estimator = KNeighborsClassifier(n_neighbors=3)
    estimator.fit(x_train, y_train)

    #5)模型评估
    #方法 1：直接比对真实值与预测值
    y_predict = estimator.predict(x_test)
    print("y_predict:\n", y_predict)
    print("直接比对真实值和预测值:\n", y_test == y_predict)

    #方法 2:计算准确率
    score = estimator.score(x_test, y_test)
    print("准确率为:\n", score)

    return None

if __name__ == "__main__":
    knn_iris()
```

这里增加的 random_state 为随机数种子，这样如果使用其他算法对鸢尾花数据进行分类的话，可以进行对比。上面的代码存在一个问题，标准化那一步，训练集使用的是 fit_transform，而测试集使用的则是 transform。因为 fit 是计算标准差和平均值的，需要使用训练集的平均值和标准差才可以，如果测试集也使用 fit，那就是使用测试集来计算的标准差和平均值，这样训练集和测试集的操作就不一样了但在实际工作中，两步都使用 fit_transform 是没有问题的。

KNN 算法是比较简单的，它易于实现，无须训练，但它是懒惰算法，即对测试样本分类时的计算量大，内存开销大，而且它必须指定 k 值，k 值选择不当，则分类精度不能够保证。KNN 算法适合应用在小数据场景中，若想用在大样本的场景中，还需用具体业务去测试才能知道。

（3.5）　线性回归

线性回归模型虽然形式简单、易于建模，但是我们却可以从中学习到机器学习的一些重要的基本思想。"回归"一词是英国生物学家兼统计学家高尔顿在 1886 年左右提出来的。人们大概都注意到，子代的身高与其父母的身高有关，高尔顿也注意到了这个规律，于是他以父母的平均身高 X 作为自变量，他们的一个成年儿子的身高 Y 为因变量，高尔顿观察了 1074 对父母及他们的一个成年儿子的身高，将所得(X, Y)值标在直角坐标系上，发现二者的关系近乎一条直线，总的趋势是 X 增

加时 Y 倾向于增加，这是意料中的结果。有意思的是，高尔顿对所得数据做了深入一层的考察，而发现了某种有趣的现象。高尔顿算出这 1074 个 X 值的算术平均值为 68 英寸（1in=2.54cm），而 1074 个 Y 值的算术平均值为 69 英寸，子代身高平均增加了 1 英寸，这个趋势现今人们也已注意到。以此为据，人们可能会这样推想：如果父母平均身高为 a 英寸，则这些父母的子代平均身高应为 $a+1$ 英寸，即比父代增加 1 英寸。但高尔顿观察的结果与此不符，他发现：当父母平均身高为 72 英寸时，他们的子代身高平均只有 71 英寸，不仅达不到预计的 73 英寸，反而比父母平均身高矮了。反之，若父母平均身高为 64 英寸，则观察数据显示子代平均身高为 67 英寸，比预计的 65 英寸要多。高尔顿对此的解释是，大自然有一种约束机制，使人类身高分布保持某种稳定形态而不作两极分化。这就是使身高"回归于中心"的作用。例如，父母身高平均为 72 英寸，比他们这一代人的平均身高 68 英寸高出许多，"回归于中心"的力量把他们子代的身高拉低了一些：其平均身高只有 71 英寸反而比父母平均身高矮，但仍比子代全体平均身高 69 英寸要高。反之，当父母平均身高只有 64 英寸，远低于他们这代的平均值 68 英寸时，"回归于中心"的力量将其子代身高拉回去一些，其平均值达到 67 英寸，增长了 3 英寸，但仍比子代全体平均身高 69 英寸要低。正是通过这个例子，高尔顿引入了"回归"这个名词。

线性回归的模型形如 $h(x) = w_1 x_1 + w_2 x_2 + \cdots + w_n x_n + b$，线性回归得出的模型不一定是一条直线，在只有一个变量的时候，模型是平面中的一条直线；有两个变量的时候，模型是空间中的一个平面；有更多变量时，模型将是更高维的。线性回归模型有很好的可解释性，可以从权重向量 $\boldsymbol{W}$ 直接看出每个特征对结果的影响程度。线性回归适用于线性关系的数据集，可以使用计算机辅助技术画出散点图来观察是否存在线性关系。例如我们假设房屋价格和房屋面积之间存在某种线性关系，画出散点图，如图 3-10 所示。

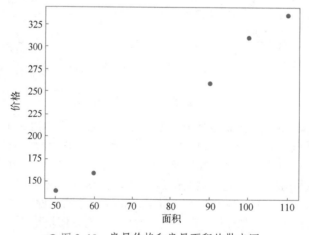

● 图 3-10　房屋价格和房屋面积的散点图

看起来这些点分布在一条直线附近，我们尝试使用一条直线来拟合数据，使所有点到直线的距离之和最小。实际上，线性回归中通常使用残差平方和，即点到直线的平行于 y 轴的距离而不用垂线距离，残差平方和除以样本量 n 就是均方误差。将均方误差作为线性回归模型的代价函数（cost function）。使所有点到直线的距离之和最小，就是使均方误差最小化，这个方法称为最小二乘法。

代价函数 $J = \dfrac{1}{n} \sum\limits_{i=1}^{n} [y_i - h(x_i)]^2$，其中 $h(x) = w_1 x_1 + w_2 x_2 + \cdots + w_n x_n + b$。接下来需要求使 J 最小的 $\boldsymbol{W}$ 和 b，有 3 种方式，分别是偏导数法、正规方程法和梯度下降法。这里采用正规方程法求得，正规方程使用矩阵运算，可以一次求出 $\boldsymbol{W}$ 向量。但是当变量个数大于数据个数时，就不能用此方法了。使用正规方程法，如果希望得到的模型带有偏置项 b，就要先给数据集 X 增加全为 1 的一列，这样

才会把 b 包含在 W 中；如果不添加这一列，那么模型是强制过原点的，解法如下所示。

代价函数

$$J = \frac{1}{n}\sum_{i=1}^{n}[y_i - h(x_i)]^2 = \frac{1}{n}\{[y_1 - h(x_1)]^2 + [y_2 - h(x_2)]^2 + \cdots + [y_n - h(x_n)]^2\}$$

$$h(X) = (h(x_1), h(x_2), \cdots, h(x_n))$$

$$Y - h(X) = (y_1 - h(x_1), y_2 - h(x_2), \cdots, y_n - h(x_n))$$

$$[Y - h(X)]^{\mathrm{T}}(Y - h(X)) = [y_1 - h(x_1)]^2 + [y_2 - h(x_2)]^2 + \cdots + [y_n - h(x_n)]^2$$

所以

$$J = \frac{1}{n}\sum_{i=1}^{n}[y_i - h(x_i)]^2 = \frac{1}{n}[Y - h(X)]^{\mathrm{T}}[Y - h(X)]$$

设参数向量为 W，则

$$h(X) = WX$$

$$J = \frac{1}{n}(Y - WX)^{\mathrm{T}}(Y - WX)$$

对 W 求导，得

$$\frac{\partial J}{\partial W} = \frac{2}{n}X^{\mathrm{T}}(Y - WX) = 0$$

$$X^{\mathrm{T}}Y = X^{\mathrm{T}}XW$$

$$W = (X^{\mathrm{T}}X)^{-1}X^{\mathrm{T}}Y$$

对于模型的训练可能面临两种问题，一种是过拟合问题（模型过于复杂），就是在训练集上表现得很好，但是在测试集上表现得不好。一个假设在训练数据集上能够比其他假设获得更好的拟合，但是在测试数据集上却不能很好地拟合数据，此时认为这个假设出现了过拟合的现象。另一种就是欠拟合问题（模型过于简单），一个假设在训练数据集上不能获得更好的拟合，并且在测试数据集上也不能很好地拟合数据，此时认为这个假设出现了欠拟合的现象。过拟合就是原始特征过多，存在一些嘈杂特征。模型过于复杂，是因为模型尝试去兼顾各个测试数据点，解决方法是正则化。在这里针对回归，我们选择了正则化，但是对于其他机器学习算法，如分类算法来说也会出现这样的问题，除了一些算法的本身作用之外（决策树、神经网络），我们更多的是需要自己做特征选择，包括之前说的删除、合并一些特征，如图 3-11 所示。

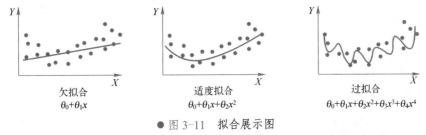

欠拟合　　　　　　适度拟合　　　　　　过拟合
$\theta_0 + \theta_1 x$　　　$\theta_0 + \theta_1 x + \theta_2 x^2$　　　$\theta_0 + \theta_1 x + \theta_2 x^2 + \theta_3 x^3 + \theta_4 x^4$

● 图 3-11　拟合展示图

模型过拟合如何解决？使用正则化，即将高次项变少一点。正则化主要分为 L1 正则化、L2 正则化，相对来说，L2 正则化是最常用的。

L2 正则化可以使得其中一些 W 接近于 0，削弱某个特征的影响，优点是，越小的参数说明模型越简单，越简单的模型则越不容易产生过拟合现象。加入 L2 正则化后的损失函数为"损失函数 +lambda*惩罚项"（称为 Ridge 回归，即岭回归，也就是带 L2 正则化的线性回归）。

岭回归其实也是一种线性回归，只不过算法在建立回归方程的时候，加上正则化的限制，从而达到解决过拟合的效果。岭回归的 API 为

```
sklearn.linear_model.Ridge(alpha=1.0,fit_intercept=True,solver="auto",normalize=False)
```

其中，alpha 为正则化力度，取值为 0~1 或 1~10；fit_intercept 为是否添加偏置；solver 会根据数据自动选择优化方法，如果数据和特征都比较多，会自动选择 SAG 优化器（随机梯度下降优化）；normalize 表示是否进行标准化，如果为 True，就不需要再做标准化了，Ridge 源代码中的 Ridge.coef_为回归权重，Ridge.intercept_为回归偏置。Ridge 方法相当于 SGDRegressor(penalty='l2', loss="squared_loss")，只不过 SGDRegressor 实现了一个普通的随机梯度下降学习，没有实现 SAG 优化器，所以推荐使用 Ridge，Ridge 中实现了 SAG 优化器。关于 Ridge API 中的参数 alpha 正则化力度（惩罚项系数）对结果的影响如图 3-12 所示。

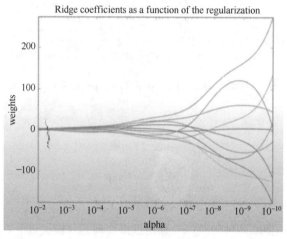

● 图 3-12　正则化力度（惩罚项系数）对结果的影响

如图 3-12 所示，正则化力度（alpha）越大，权重系数（weights）越小，正则化力度越小，权重系数越大。

接下来使用岭回归对波士顿房价数据进行预测，代码如下。

```python
from sklearn.datasets import load_boston
from sklearn.model_selection import train_test_split
from sklearn.preprocessing import StandardScaler
from sklearn.linear_model import LinearRegression, SGDRegressor, Ridge
from sklearn.metrics import mean_squared_error

def linear3():
    #1) 获取数据
    boston = load_boston()
    print("特征数量: \n", boston.data.shape)

    #2) 划分数据集
    x_train, x_test, y_train, y_test = train_test_split(boston.data, boston.target, random_state=22)

    #3)标准化
    transfer = StandardScaler()
    x_train = transfer.fit_transform(x_train)
    x_test = transfer.transform(x_test)

    #4) 预估器
    estimator = Ridge()
    estimator.fit(x_train,y_train)

    #5)得出模型
    print("岭回归-权重系数为: \n", estimator.coef_)
    print("岭回归-偏置为:  \n", estimator.intercept_)
```

v3-18

```
#6)模型评估
y_predict = estimator.predict(x_test)
print("预测房价： \n",y_predict)
error = mean_squared_error(y_test, y_predict)
print("岭回归-均方误差为:\n", error)

return None
if __name__ == "__main__":
    linear3()
```

3.6　逻辑回归

逻辑回归（Logistic Regression）是一种分类模型，用于解决二分类问题的机器学习方法，也可以用于估计某种事物的可能性。逻辑回归算法简单、高效，在实际应用中非常广泛。比如某用户购买某商品的可能性，某病人患有某种疾病的可能性，以及某广告被用户点击的可能性等。注意，这里用的是"可能性"，而非数学上的"概率"，逻辑回归的结果并非数学定义中的概率值，不可以直接作为概率值来用。该结果往往用于和其他特征值加权求和，而非直接相乘。那么逻辑回归与线性回归是什么关系呢？逻辑回归（Logistic Regression）与线性回归（Linear Regression）都是一种广义线性模型（generalized linear model）。逻辑回归假设因变量 y 服从伯努利分布，而线性回归假设因变量 y 服从高斯分布。逻辑回归去除 sigmoid 映射函数的话，其算法就是一个线性回归。可以说，逻辑回归是以线性回归为理论支持的，但是逻辑回归通过 sigmoid 函数引入了非线性因素，因此可以轻松处理二分类问题。它的输入是一个线性回归的结果，线性回归的输出代入激活函数 sigmoid 中，输出结果是[0,1]区间中的一个概率值，默认阈值为 0.5。

首先，我们要先介绍一下 sigmoid 函数，也称为逻辑函数（Logistic function）：$g(z) = \dfrac{1}{1+e^{-z}}$，其函数曲线如图 3-13 所示。

可以看到 sigmoid 函数是一个 s 形的曲线，它的取值在[0,1]区间内，在远离 0 时，函数的值会很快接近 0 或者 1。它的这个特性对于解决二分类问题十分重要。逻辑回归的假设函数形式如下 $h_\theta(x) = g(\theta^T x), g(z) = \dfrac{1}{1+e^{-z}}$，

所以，$h_\theta(x) = \dfrac{1}{1+e^{-\theta^T x}}$，其中，$x$ 是输入，θ 为要求取的

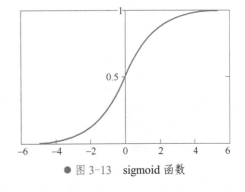

● 图 3-13　sigmoid 函数

参数。一个机器学习的模型，实际上是把决策函数限定在某一组条件下，这组限定条件就决定了模型的假设空间。当然，我们还希望这组限定条件简单而合理。而逻辑回归模型所做的假设是：$P(y=1 \mid x;\theta) = g(\theta^T x) = \dfrac{1}{1+e^{-\theta^T x}}$，这个函数的意思就是在给定 x 和 θ 的条件下 y=1 的概率。这里 $g(h)$

就是我们上面提到的 sigmoid 函数，与之相对应的决策函数为当 $P(y=1 \mid x) > 0.5$时，$y^* = 1$，选择 0.5 作为阈值是一个一般的做法，实际应用时根据特定的情况可以选择不同阈值，如果对正例的判别准确性要求高，可以选择将阈值变大一些，对正例的召回要求高，则可以选择将阈值变小一些。

逻辑回归在 sklearn 中有实现的 API

```
sklearn.linear_model.LogisticRegression
(solver='liblinear',penalty='l2',C=1.0)
```

其中，solver 表示优化求解方式（默认开源的 liblinear 库实现，内部使用了坐标轴下降法来迭代优化损失函数）；penalty 表示正则化的种类；C 表示正则化力度。LogisticRegression 方法相当于

SGDClassifier(loss="log",penalty="")，SGDClassifier 实现了一个普通的随机梯度下降学习，也支持平均随机梯度下降法（ASGD），可以通过设置 average=True 来实现。

接下来使用逻辑回归实现一个案例，良/恶性乳腺癌肿瘤预测。基本的操作步骤为。①数据处理：读取时加上 columns names，以及处理缺失值；②数据集划分：训练集和测试集；③特征工程：无量纲化处理-标准化（均值为 0，标准差为 1）；④逻辑回归预估器；⑤模型评估。代码如下。

v3-19

```python
import numpy as np
import pandas as pd
from sklearn.metrics import   roc_auc_score
from sklearn.preprocessing import StandardScaler  # 标准化
from sklearn.linear_model import LogisticRegression # 逻辑回归
from sklearn.metrics import   classification_report # 召回率
from sklearn.model_selection import train_test_split  # 训练集 测试集 拆分

# 加载数据
data = pd.read_csv('data/breast-cancer-wisconsin.data', header= None)

# 列名称
columns = ['Sample code number', 'Clump Thickness', 'Uniformity of Cell
    Size', 'Uniformity of Cell Shape', 'Marginal Adhesion',
    'SingleEpithelial Cell Size', 'Bare Nuclei', 'Bland
    Chromatin', 'Normal Nucleoli', 'Mitoses', 'Class']
data.columns = columns
print(data)

# 缺失值处理
data.replace('?',np.nan, inplace= True)

# 检测缺失值
res_null = data.isnull().sum()

# 删除缺失值
data.dropna(axis= 0, how= 'any', inplace= True)

# 进行筛选数据集 --- 去除编号的第一列
data = data.iloc[:,1:]

# 获取特征值
feature = data.iloc[:,:-1].values
target = data.iloc[:,-1].values

# 拆分数据
x_train, x_test, y_train, y_test = train_test_split(feature, target, test_size= 0.3, random_state= 1)

# 特征值需要标准化，目标值不需要标准化
stand = StandardScaler()

# 训练集的特征值
x_train = stand.fit_transform(x_train)

# 测试集的特征值
x_test = stand.fit_transform(x_test)

# 利用逻辑回归进行分类
lr = LogisticRegression() # 参考 SGD 下降优化
# 训练数据
lr.fit(x_train, y_train)

# 进行预测数据
y_predict = lr.predict(x_test)

# 准确率
score = lr.score(x_test, y_test)
```

```
# 获取权重与偏置
weight = lr.coef_
bias = lr.intercept_

# 计算召回率
# 召回率越高越好---查全率越高
# f1-score -越高越好---体现模型越稳健
res_report = classification_report(y_test, y_predict, labels= [2, 4], target_names= ["良性", "恶性"])
print(res_report)

# 如果 y_test>3 设置为 1，否则为 0
y_test = np.where(y_test > 3, 1, 0)
print(y_test)

# 计算 AUC 指标 ---针对样本的不平衡的状态
auc = roc_auc_score(y_test, y_predict)
print(auc)
```

3.7　Spark MLlib

↗3.7.1　Spark MLlib 简介

MLlib 是 Spark 的机器学习（Machine Learning）库，旨在简化机器学习的工程实践工作，并方便扩展到更大规模。MLlib 由一些通用的学习算法和工具组成，包括分类、回归、聚类、协同过滤、降维等，同时还包括底层的优化原语和高层的管道 API。具体来说，其主要包括以下几方面的内容。①算法工具：常用的学习算法，如分类、回归、聚类和协同过滤；②特征化公交：特征提取、转化、降维，和选择公交；③管道（PipeLine）：用于构建、评估和调整机器学习管道的工具；④持久性：保存和加载算法，模型和管道；⑤实用工具：线性代数、统计学、数据处理等工具。

Spark 机器学习库从 1.2 版本以后被分为两个包。①spark.mllib 包含基于 RDD 的原始算法 API。Spark MLlib 的历史比较长，在 1.0 以前的版本即已经包含了，提供的算法实现都是基于原始的 RDD。②spark.ml 则提供了基于 DataFrames 高层次的 API，可以用来构建机器学习管道（PipeLine）。ML Pipeline 弥补了原始 MLlib 库的不足，向用户提供了一个基于 DataFrame 的机器学习工作流式 API 套件。

使用 ML Pipeline API 可以很方便地处理数据、特征转换、正则化以及把多个机器学习算法联合起来，从而构建一个单一完整的机器学习流水线。这种方式给我们提供了更灵活的方法，更符合机器学习过程的特点，也更容易从其他语言迁移。Spark 官方推荐使用 spark.ml。如果新的算法能够适用于机器学习管道的概念，就应该将其放到 spark.ml 包中，如特征提取器和转换器。开发者需要注意的是，从 Spark 2.0 开始，基于 RDD 的 API 开始进入维护模式（即不增加任何新的特性），并预期于 3.0 版本的时候被移除出 MLlib。Spark 在机器学习方面的发展非常快，目前已经支持了主流的统计和机器学习算法。纵观所有基于分布式架构的开源机器学习库，MLlib 可以算是计算效率最高的。如表 3-5 所示，列出了目前 MLlib 支持的主要的机器学习算法。

表 3-5　目前 MLlib 支持的主要的机器学习算法

	离散数据	连续数据
监督学习	Classification、LogisticRegression(with Elastic-Net)、SVM、DecisionTree、RandomForest、GBT、NaiveBayes、MultilayerPerceptron、OneVsRest	Regression、LinearRegression(with Elastic-Net)、DecisionTree、RandomForest、GBT、AFTSurvivalRegression、IsotonicRegression
无监督学习	Clustering、KMeans、GaussianMixture、LDA、PowerIterationClustering、BisectingKMeans	Dimensionality Reduction, matrix factorization、PCA、SVD、ALS、WLS

↗3.7.2　Spark MLlib 矩阵计算

关于 Spark MLlib 在矩阵方面的简单语法以及操作，代码如下所示。

```
package breeze

import breeze.linalg.{DenseMatrix, argmax, max}

object Math {
    def main(args: Array[String]): Unit = {
        val a = DenseMatrix((1, 2, 3), (4, 5, 6))
        val b = DenseMatrix((1, 1, 1), (2, 2, 2))
        println(a + b)
        println("------------")
        //每个元素相乘
        println(a *:* b)
        println("------------")
        //每个元素相除
        println(a /:/ b)
        println("------------")
        //比较每个元素的大小
        println(a <:< b)
        println("------------")
        //是否相等
        println(a :== b)
        println("------------")
        //追加，每个元素都加 1
        println(a :+= 1)
        println("------------")
        //追乘，每个元素都乘 2
        println(a :*= 2)
        println("------------")
        val x = DenseMatrix((1, 2, 3), (4, 5, 6))
        //元素最大值
        println(max(x))
        println("------------")
        //最大值及其位置
        println(argmax(x))
    }

}
```

还可以对矩阵进行求和操作。

```
import breeze.linalg.{DenseMatrix, accumulate, sum, trace}

object Sum {
    def main(args: Array[String]): Unit = {
        val a = DenseMatrix((1, 2, 3), (4, 5, 6))
        println(sum(a))
        println("-----------")
        //对第 2 列求和
        println(sum(a(::, 1)))
        println("-----------")
        //对第 1 行求和
        println(sum(a(0, ::)))
        println("-----------")
        //对角线求和，必须是正方形矩阵
        val b = DenseMatrix((1, 2, 3), (4, 5, 6), (7, 8, 9))
        println(trace(b))
    }

}
```

⤪3.7.3　**Spark MLlib** 实现分类算法

分类算法属于监督式学习，它能用类标签已知的样本建立一个分类函数或分类模型，并能应用分类模型把数据库中类标签未知的数据进行归类。分类在数据挖掘中是一项重要的任务，目前在商业上应用最多，常见的应用场景有流失预测、精确营销、客户获取、个性偏好等。MLlib 目前支持的分类算法有：逻辑回归、支持向量机、朴素贝叶斯和决策树。

接下来使用一个案例来展示分类算法。首先导入训练集，然后在训练集上执行训练算法，最后在所得模型上进行预测并计算训练误差。

```scala
import org.apache.spark.SparkContext
import org.apache.spark.mllib.classification.SVMWithSGD
import org.apache.spark.mllib.regression.LabeledPoint

// 加载和解析数据文件
val data = sc.textFile("data/mllib/sample_svm_data.txt")
val parsedData = data.map { line =>
  val parts = line.split(' ')
  LabeledPoint(parts(0).toDouble, parts.tail.map(x => x.toDouble).toArray)
}

// 设置迭代次数并进行训练
val numIterations = 20
val model = SVMWithSGD.train(parsedData, numIterations)

// 统计分类错误的样本比例
val labelAndPreds = parsedData.map { point =>
val prediction = model.predict(point.features)
(point.label, prediction)
}
val trainErr = labelAndPreds.filter(r => r._1 != r._2).count.toDouble / parsedData.count
println("Training Error = " + trainErr)
```

⤪3.7.4　**Spark MLlib** 实现回归算法

回归算法属于监督式学习，每个个体都有一个与之相关联的实数标签，并且我们希望在给出用于表示这些实体的数值特征后，所预测出的标签值可以尽可能接近实际值。MLlib 目前支持的回归算法有：线性回归、岭回归、Lasso 和决策树。

用一个案例来展示回归算法。导入训练集，将其解析为带标签点的 RDD，使用 LinearRegressionWithSGD 算法建立一个简单的线性模型来预测标签的值，最后计算均方差，以此评估预测值与实际值的吻合度。

```scala
import org.apache.spark.mllib.regression.LinearRegressionWithSGD
import org.apache.spark.mllib.regression.LabeledPoint

// 加载和解析数据文件
val data = sc.textFile("data/mllib/ridge-data/lpsa.data")
val parsedData = data.map { line =>
  val parts = line.split(',')
  LabeledPoint(parts(0).toDouble, parts(1).split(' ').map(x => x.toDouble).toArray)
}

//设置迭代次数并进行训练
val numIterations = 20
val model = LinearRegressionWithSGD.train(parsedData, numIterations)

// 统计回归错误的样本比例
val valuesAndPreds = parsedData.map { point =>
val prediction = model.predict(point.features)
(point.label, prediction)
}
```

```
val MSE = valuesAndPreds.map{ case(v, p) => math.pow((v - p), 2)}.reduce(_ + _)/valuesAndPreds.count
println("training Mean Squared Error = " + MSE)
```

↗3.7.5 Spark MLlib 实现聚类算法

聚类算法属于非监督式学习，通常被用于探索性的分析，它依据的是"物以类聚"的原理。该算法会将本身没有类别的样本聚集成不同的组，这样的一组数据对象的集合称为"簇"，并且对每一个这样的簇进行描述。它的目的是使得属于同一簇的样本之间彼此相似，而不同簇的样本应该足够不相似，常见的典型应用场景有：客户细分、客户研究、市场细分、价值评估等。MLlib 目前支持广泛使用的 K-Means 聚类算法。

以案例展示聚类算法。导入训练数据集，使用 K-Means 对象来将数据聚类到两个类簇当中，所需的类簇个数会被传递到算法中，然后计算数据集的均方差总和(WSSSE)，可以通过增加类簇的个数来减小误差。实际上，最优的类簇数通常是 1，因为这一点通常是 WSSSE 图中的 "低谷点"。

```
import org.apache.spark.mllib.clustering.KMeans

// 加载和解析数据文件
val data = sc.textFile("data/mllib/kmeans_data.txt")
val parsedData = data.map(_.split(' ').map(_.toDouble))
// 设置迭代次数、类簇的个数
val numIterations = 20
val numClusters = 2

// 进行训练
val clusters = KMeans.train(parsedData, numClusters, numIterations)

// 统计聚类错误的样本比例
val WSSSE = clusters.computeCost(parsedData)
println("Within Set Sum of Squared Errors = " + WSSSE)
```

3.8 聚类任务

在无监督学习（unsupervised learning）中，训练样本的标记信息是未知的，目标是通过对无标记训练样本的学习来揭示数据的内在性质和规律，最常用的就是"聚类"（clustering）。聚类试图将数据集中的样本划分为若干个不相交的子集，每个子集称为一个"簇"。聚类过程只能自动形成簇结构，簇对应的概念语义需由使用者来把握和命名。聚类既能作为一个单独的过程，用于找寻数据内在的分布结构，也可作为分类等其他学习任务的前驱过程。

↗3.8.1 k 均值聚类算法

说到 k 均值聚类算法，首先会提到无监督学习，无监督学习的意思就是目标值未知，比如：①一家广告平台需要根据相似的人口学特征和购买习惯将全国人口分成不同的小组，以便广告客户可以通过有关联的广告接触到他们的目标客户。②Airbnb 需要将自己的房屋清单分组成不同的社区，以便用户能更轻松地查阅这些清单。③一个数据科学团队需要降低一个大型数据集的维度的数量，以便简化建模和减小文件大小。这些都是无监督学习。K-Means 算法的思想很简单，对于给定的样本集，按照样本之间的距离大小，将样本集划分为 k 个簇。让簇内的样本尽量紧密地连在一起，而让簇间的距离尽量地大。如果用数学表达式表示，假设簇划分为 $(C_1, C_2, \cdots, C_k)$，则我们的目标是最小化平方误差 $E = \sum_{i=1}^{k} \sum_{x \in C_i} \| x - \mu_i \|_2^2$，其中 μ_i 是簇的均值向量，有时也叫作质心，表达式为

$\mu_i = \dfrac{1}{|C_i|} \sum_{x \in C_i} x$，直接求取上式的最小值并不容易，这是一个 NP 难问题，因此只能采用启发式的迭

代方法。K-Means 算法采用的启发式方式很简单，如图 3-14 所示。

图 3-14a 表达了初始的数据集，假设 $k=2$。在图 3-14b 中，我们随机选择了这两个类所对应的类别质心，即图中的左上质心和右下质心，然后分别求样本中所有的点到这两个质心的距离，并标记每个样本的类别为与该样本距离最小的质心的类别，如图 3-14c 所示，经过计算样本和左上质心和右下质心的距离，我们得到了所有样本点的第一轮迭代后的类别。此时我们对当前标记为左上和右下的点分别求其新的质心，如图 3-14d 所示，新的左上质心和右下质心的位置已经发生了变动。图 3-14e 和图 3-14f 重复了我们在图 3-14c 和图 3-14d 的过程，即将所有点的类别标记为距离最近的质心的类别并求新的质心。最终得到的两个类别如图 3-14f 所示。当然在实际 K-Means 算法中，我们一般会多次运行图 3-14c 和图 3-14d，才能达到最终的比较优的类别，也就是如果计算得出的新质心与原质心一样，那么结束，否则重新对于其他每个点计算到 k 个质心的距离，未知的点选择最近的一个聚类质心作为标记类别，接着对着标记的聚类质心之后，重新计算出每个聚类的新质心（求坐标的平均值），一直迭代寻找，直到新质心与原质心一样为止。

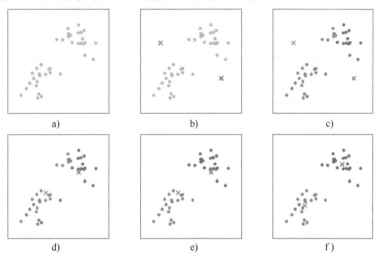

a)　　　　　b)　　　　　c)

d)　　　　　e)　　　　　f)

● 图 3-14　K-Means 算法的启发式

关于 K-Means 有对应的 API：sklearn.cluster.KMeans(n_cluster=8,init='k-means++')。其中 n_cluster 表示开始的聚类中心数量；init 表示初始化方法，默认为 k-means++，labels_ 表示默认标记的类型，可以和真实值比较。接下来使用 K-Means 的 API 实现一个案例：K-Means 对 Instacart Market 用户的聚类。其实现的流程，首先是对数据进行降维，然后实现预估器流程，最后查看结果的同时进行模型评估，代码如下。

```
#1. 获取数据
#2. 合并表
#3. 找到 user_id 和 aisle 之间的关系
#4. PCA 降维

import pandas as pd

#1. 获取数据
order_products = pd.read_csv("./instacart/order_products__prior.csv")
products = pd.read_csv("./instacart/products.csv")
orders = pd.read_csv("./instacart/orders.csv")
aisles = pd.read_csv("./instacart/aisles.csv")

#2. 合并表
#order_products__prior.csv:订单与商品信息
#字段：order_id,product_id,add_to_cart_order, reordered
#products.csv:商品信息
```

v3-20

```
#字段: product_id,product_name,aisle_id,department_id
#orders.csv:用户的订单信息
#字段: order_id,user_id,eval_set,order_number,...
#aisles.csv:商品所属具体物品类别
#字段: aisle_id,aisle_id
#合并 aisles 和 products aisle 和 product_id

tab1 = pd.merge(aisles, products, on=["aisle_id","aisle_id"])
tab2 = pd.merge(tab1,order_products,on=["product_id","product_id"])
tab3 = pd.merge(tab2,orders,on=["order_id","order_id"])

#3. 找到 user_id 和 aisle 之间的关系
table = pd.crosstab(tab3["user_id"],tab3["aisle"])
data = table[:10000]

#4. PCA 降维
from sklearn.decomposition import PCA

#1)实例化一个转换器类
transfer = PCA(n_components=0.95)

#2)调用 fit_transform
data_new = transfer.fit_transform(data)

#预估器流程
from sklearn.cluster import KMeans
estimator = KMeans(n_clusters=3)
estimator.fit(data_new)
y_predict = estimator.predict(data_new)
```

K-Means 性能评估的指标是轮廓系数，其公式为 $SC_i = \dfrac{b_i - a_i}{\max(b_i, a_i)}$，其中的每个点 i 为已聚类数据中的样本，b_i 为点 i 到其他簇中所有样本的距离最小值，a_i 为点 i 到本身簇的距离平均值。最终计算出所有的样本点的轮廓系数平均值，如图 3-15 所示。

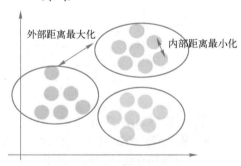

图 3-15 中如果 b_i 远远大于 a_i，即外部距离很大，内部距离很小的时候，是最好的一个情况，这时候轮廓系数为 1。如果 b_i 远远小于 a_i，这时候轮廓系数为 -1。轮廓系数也有 API：sklearn.metrics.silhouette_score (X,labels)，其中 X 为特征值，labels 表示被聚类标记的目标值。代码如下。

● 图 3-15　轮廓系数分析

```
#1. 获取数据
#2. 合并表
#3. 找到 user_id 和 aisle 之间的关系
#4. PCA 降维

import pandas as pd

#1. 获取数据
order_products = pd.read_csv("./instacart/order_products__prior.csv")
products = pd.read_csv("./instacart/products.csv")
orders = pd.read_csv("./instacart/orders.csv")
aisles = pd.read_csv("./instacart/aisles.csv")

#2. 合并表
#order_products__prior.csv:订单与商品信息
#字段: order_id,product_id,add_to_cart_order, reordered
#products.csv:商品信息
#字段: product_id,product_name,aisle_id,department_id
#orders.csv:用户的订单信息
```

v3-21

```
#字段: order_id,user_id,eval_set,order_number,...
#aisles.csv:商品所属具体物品类别
#字段: aisle_id,aisle_id
#合并 aisles 和 products aisle 和 product_id

tab1 = pd.merge(aisles, products, on=["aisle_id","aisle_id"])
tab2 = pd.merge(tab1,order_products,on=["product_id","product_id"])
tab3 = pd.merge(tab2,orders,on=["order_id","order_id"])

#3. 找到 user_id 和 aisle 之间的关系
table = pd.crosstab(tab3["user_id"],tab3["aisle"])
data = table[:10000]

#4.  PCA 降维
from sklearn.decomposition import PCA

#1)实例化一个转换器类
transfer = PCA(n_components=0.95)

#2)调用 fit_transform
data_new = transfer.fit_transform(data)

#预估器流程
from sklearn.cluster import KMeans
estimator = KMeans(n_clusters=3)
estimator.fit(data_new)
y_predict = estimator.predict(data_new)

#模型评估-轮廓系数
from sklearn.metrics import silhouette_score
silhouette_score(data_new, y_predict)
```

K-Means 采用迭代式算法，直观易懂并且非常实用，但是使用多次聚类容易收敛到局部最优解。K-Means 算法适合用在没有目标值，并且只需先做聚类，然后就可以做分类的场景中。

↗3.8.2 高斯混合聚类

先通过一个小例子来了解高斯混合聚类。数据集如图 3-16 所示。

v3-22

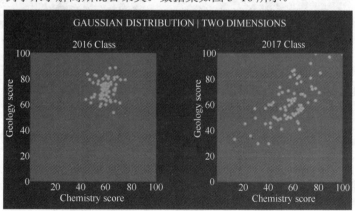

● 图 3-16 数据集分布

若把两个数据集混合起来，要怎么分开呢？图中有明显重叠的部分，因此不能使用 K-Means 均值聚类进行分类，如图 3-17 所示。

首先。我们确定了要将混合数据分成两个高斯模型，随机选取两个均值和方差作为初始值，如图 3-18 所示。

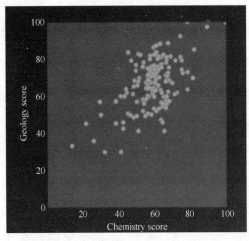

● 图 3-17 分类中间结果图形

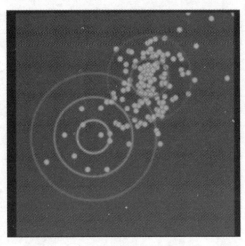

● 图 3-18 初始值划分

然后，我们分别分析每个点的高斯模型的隶属度，如图 3-19 所示。

某一个点更应该属于哪个圈呢？分析完之后，我们得到的结论是：点的颜色越深，说明其对相应颜色高斯模型的隶属度越高，如图 3-20 所示。

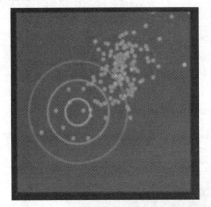

● 图 3-19 分析每个点的高斯模型的隶属度

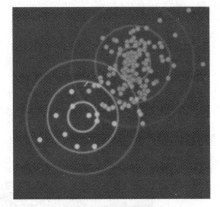

● 图 3-20 隶属度解释图

隶属度会对模型本身的均值和方差造成影响，于是我们得到了一次迭代后的两个高斯模型，可以发现右上方的圈基本没动，左下方的圈向右上方移动了一点，如图 3-21 所示。

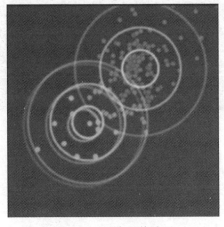

● 图 3-21 中间结果图

但是观察最开始的数据，我们的目的是找到最初的两个数据集，如图 3-22 所示。

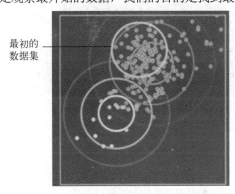
最初的
数据集

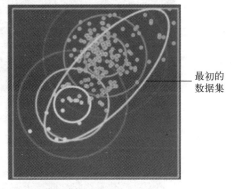
最初的
数据集

● 图 3-22　中间结果图（初始值为随机值）

显然，这次高斯聚类并不成功，这是由于我们给了它不好的初始值（随机值），所以我们重新做一次，打算来手动输入初始值，那初始值该怎么设定呢？我们先用 k 均值的方法来选定两个中心值，再把这两个中心值作为手动输入值，结果如图 3-23 所示。

我们发现还是没达到预期的效果，因此下一步不再使用简单的圆高斯模型，而是使用协方差矩阵，这样可以使圆形变成椭圆形，如图 3-24 所示。

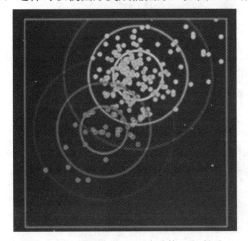

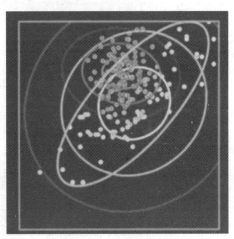

● 图 3-23　中间结果图（手动输入初始值）　　　　　● 图 3-24　使用模型图

到这里我们只是直观上对高斯模型有个了解。

还有一些疑问，比如：图中的圈都代表什么呢？以一次期中考试的学生成绩分布为例，很明显数据是服从高斯分布（正态分布）的，如图 3-25 所示。

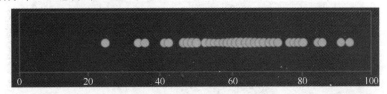

● 图 3-25　考试成绩分布图

画成柱状图，如图 3-26 所示。

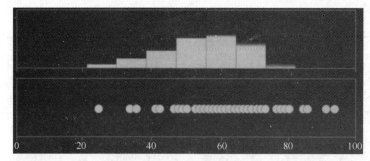

● 图 3-26 考试成绩的柱状图

经过计算均值和方差，我们能够描绘出考试成绩的高斯曲线，如图 3-27 所示。

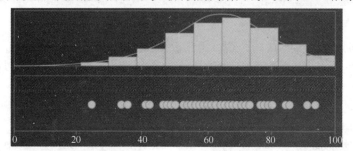

● 图 3-27 考试成绩的高斯曲线

首先是均值，也就是平均成绩，在这个例子中，μ代表均值，它的值为 66，如图 3-28 所示。

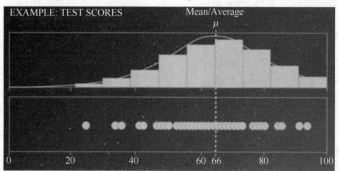

● 图 3-28 中间结果展示（均值）

其次是标准差，在这个例子中，σ代表标准差，它的值为 15，如图 3-29 所示。

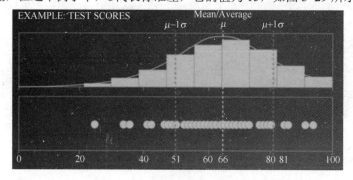

● 图 3-29 中间结果展示（标准差）

我们发现$\mu-1\sigma$和$\mu+1\sigma$之间，这段区域占总数的 68%，这是高斯分布的属性，如图 3-30 所示。

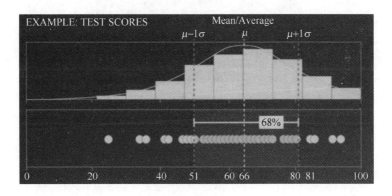

● 图 3-30　高斯分布属性 1

而$\mu-2\sigma$和$\mu+2\sigma$之间，这段区域占总数的 95%，如图 3-31 所示。

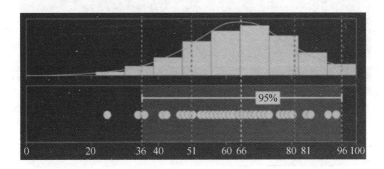

● 图 3-31　高斯分布属性 2

$\mu-3\sigma$和$\mu+3\sigma$之间，这段区域占总数的 99%，如图 3-32 所示。而根据图 3-33 中的分布可以知道，最小的圈里面包含了 68%的数据，第二小的圈里包含了 95%的数据，最大的圈里包含了 99% 数据。

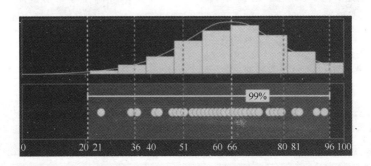

● 图 3-32　高斯分布属性 3

知道了圈代表什么，还有一个问题，高斯混合模型的含义是什么？

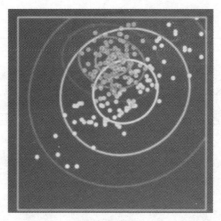

● 图 3-33 结果分布图

假设这里有一个班级的两门课成绩，分别是物理和生物，数轴是以 20 为单位的，我们发现这次生物题比较简单，全班分数都挺高，而物理题比较难，全班成绩都低，如图 3-34 所示。

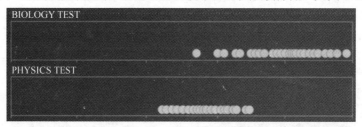

● 图 3-34 分数分布图

我们把数据绘制成柱状图，通过柱状图可以发现这些数据都服从高斯分布，尽管均值和方差不同，但都是高斯分布，如图 3-35 所示。

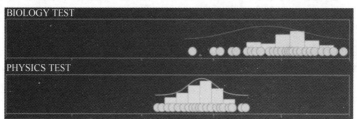

● 图 3-35 分数的柱状图

假如就是这个数据集，我们想对它做高斯混合聚类处理，数据叠加到一起如图 3-36 所示。它是一个模型，但并不是高斯分布模型，因为它是两个子集和合并。

● 图 3-36 高斯混合聚类处理图

且合并后的数据是两个没有标签的高斯分布，如图 3-37 所示。

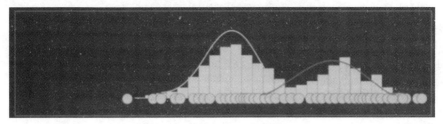

● 图 3-37　没有标签的高斯分布

经过计算机的高斯混合聚类，得到的结果，如图 3-38 所示。

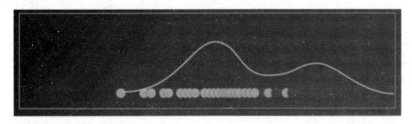

● 图 3-38　高斯混合聚类图

到这里我们知道了，高斯混合分布本身并不是高斯模型，而是两个高斯模型的混合物，哪个点更可能属于哪一个高斯模型，它就会被分到哪一个类中，这就是高斯混合模型的最简单的例子。如图 3-39 所示。

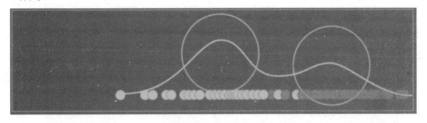

● 图 3-39　高斯混合模型

综上所述，高斯混合模型（GMM）是一种概率式的聚类方法，它假定将 k 个混合多元高斯分布组合成的混合分布作为所有的数据样本 x，即 $P(x) = \sum_{i=1}^{k} a_i \cdot P(x \mid \mu_i, \Sigma_i)$，其中，$P(\boldsymbol{x} \mid \mu_i, \Sigma_i)$ 为服从高斯分布的 n 维随机向量 $\boldsymbol{x}$ 的概率密度函数：$P(\boldsymbol{x}) = \dfrac{1}{(2\pi)^{\frac{n}{2}} \mid \boldsymbol{\Sigma} \mid^{\frac{1}{2}}} \mathrm{e}^{-\frac{1}{2}(x-\mu)^{\mathrm{T}} \Sigma^{-1}(x-\mu)}$，Python 代码实现如下。

```
# 高斯分布的概率密度函数
def prob(x, mu, sigma):
    n = np.shape(x)[1]
    expOn = float(-0.5 * (x - mu) * (sigma.I) * ((x - mu).T))
    divBy = pow(2 * np.pi, n / 2) * pow(np.linalg.det(sigma), 0.5)  # np.linalg.det 计算矩阵的行列式
    return pow(np.e, expOn) / divBy
```

上式中，$\boldsymbol{\mu}$ 是 n 维均值向量，$\boldsymbol{\Sigma}$ 是 $n \times n$ 的协方差矩阵，因此 μ_i 与 Σ_i 是第 i 个高斯混合成分的参数，而 $a_i > 0$ 为相应的"混合系数"，$\sum_{i=1}^{k} a_i = 1$，那么，利用 GMM 进行聚类的过程是利用 GMM

生成数据样本的"逆过程",即给定聚类簇数 k,通过给定的数据集,以某一种参数估计的方法,推导出每一个混合成分的参数:均值向量 $\boldsymbol{\mu}$、协方差矩阵 $\boldsymbol{\Sigma}$ 和混合函数 a。每一个多元高斯分布成分即对应于聚类后的一个簇。高斯混合模型在训练时使用了极大似然估计法,最大化以下对数似然函数 $L = \log \prod_{j=1}^{m} P(x) = \sum_{j=1}^{m} \log \sum_{i=1}^{k} (a_{\xi} \cdot P(\boldsymbol{x} \mid \mu_i, \Sigma_{\xi}))$。显然,该优化式无法直接通过解析方式求解,常采用 EM 算法进行迭代优化求解。

关于高斯混合模型的实现步骤:①初始化高斯混合成分的个数 k,假设高斯混合分布模型参数 a(高斯混合系数)、μ(均值)和协方差矩阵 $\boldsymbol{\Sigma}$。②分别计算每个样本点的后验概率(该样本点属于每一个高斯模型的概率)。③迭代 a、μ、$\boldsymbol{\Sigma}$。④重复步骤②直到收敛。

第 3 部分

推荐系统进阶篇

第4章 基于点击率预估、RBM 的推荐

主要内容

- 传统推荐算法的局限和应用
- 集成学习
- XgBoost
- GBDT
- Bagging 与随机森林
- 基于 RBM 的推荐算法

4.1 传统推荐算法的局限和应用

传统的推荐算法包括但不局限于关联规则、基于内容的推荐算法、协同过滤推荐算法（以及各种协同过滤的优化）、基于标签的推荐算法。

↗4.1.1 传统推荐算法的局限

这里只讨论在工业界中的应用问题。

1. 海量数据

例如，协同过滤算法能够容易地为几千甚至几万名用户提供推荐，但是电子商务网站往往要对上千万的用户提供推荐，这时候协同过滤算法就很难提供服务了。

推荐系统算法能利用最新的信息及时地为用户产生相对准确的用户兴趣度预测，或者进行内容推荐。但是面对日益增多的用户，急剧增加的数据量，算法的扩展性问题成为制约推荐系统实施的重要因素。

与基于模型的算法相比，全局数值算法虽然节约了为建立模型所花费的训练时间，但是其用于识别"最近邻居"算法的计算量会随着用户和物品的增加而急剧增大。

对于以"亿"为单位来计算的用户和物品，通常的算法会遇到严重的扩展性问题。对于采用了协同过滤技术的推荐系统，该问题会直接影响其实时性。推荐系统的实时性越好、精确度越高，该系统才越会被用户所接受。

2. 稀疏性

伴随着海量数据的一个问题便是数据的稀疏性。

在电子商务网站中，活跃用户所占的比例很小，大部分用户都是非活跃用户，非活跃用户购买或点击的商品数目也很少。因此，在使用协同过滤算法构建矩阵时，矩阵会非常稀疏；使用基于内容的推荐算法为用户构建的偏好矩阵也是非常稀疏的。这样，一方面难以找到最邻近的用户集，或者难以准确地得到用户行为偏好；另一方面，计算的过程会消耗大量的资源。

3. 实时性

实时性是评判一个推荐系统能否及时捕捉用户兴趣变化的重要指标。推荐系统的实时性主要包括两个方面：①推荐系统能实时地更新推荐列表以满足用户新的行为变化；②推荐系统能把新加入系统的物品推荐给用户。

而传统的协调过滤算法每次都需要计算所有用户和物品的数据，难以在"秒"级内捕捉到用户的实时兴趣变化。

↗4.1.2　传统推荐算法的应用

如果用户对系统的实时性要求不高，那么像协同过滤这样的传统推荐算法是可以满足需求的，毕竟它的开发和搭建系统的成本低，这时就没有必要构建复杂的推荐系统。

在京东或淘宝这样的电商系统中，用户和物品的数据量都是以"亿"为量级来计量的，传统的推荐算法难以满足需求，但可以作为一些辅助算法应用到整个推荐系统中。

一个简易的推荐系统，它的核心是"数据召回"和"模型排序"。协同过滤则将这两部分合二为一，它们通过用户或物品进行关联，进而为用户推荐物品。

协同过滤算法虽然无法实现海量数据情况下的物品推荐，但可以作为数据召回部分的基础模型，为推荐系统服务。数据召回使用了多种机器学习算法，例如：

① "相似召回"，可以通过协同过滤算法召回部分商品。

② "标签召回"，可以将标签作为媒介召回商品。

③ "关联规则"，可以通过 Apriori 算法和 fp-growth 算法来挖掘频繁项集。

④ "热门数据"，可以通过地域和热度分析召回部分商品。

"数据召回"是"模型排序"的前提，只有在保证准确的数据被召回的前提下，才能保证给用户推荐的商品是真正符合用户兴趣的。

↗4.1.3　点击率预估在推荐系统中的应用

点击率评估（CTR）最早应用于搜索广告中。时至今日，点击率评估的应用场景从最开始的搜索广告扩展到了如展示广告、信息流广告等，而且在推荐系统的场景中也得到了广泛应用。

"点击率评估"在广告或推荐系统场景中的应用是一致的。广告的"点击率评估"计算的是用户点击广告的可能性，而在推荐系统中，被用来预测用户的兴趣，如果用户对一个商品感兴趣便会去点击。这也是近些年点击率评估在推荐系统中被广泛应用的原因。

目前，在 CTR 领域应用较多的算法包含 LR、GBDT（将在 4.2.2 节讲解）、XgBoost（将在 4.2.1 节讲解）、FM、FFM、神经网络算法等，这些算法也被应用到推荐系统中。其中，GBDT 是一种非线性算法，基于集成学习中的 Boosting 思想，每次迭代都在减少残差的梯度方向并新建立一棵决策树，迭代多少次就会生成多少棵决策树。

GBDT 算法的思想使其具有天然优势，即可以发现多种有区分性的特征和特征组合，决策树的路径可以直接作为 LR 的输入特征使用，省去了人工寻找特征和特征组合的步骤。

（4.2）　集成学习（Ensemble Learning）

集成学习简单理解就是指采用多个分类器对数据集进行预测，从而提高整体分类器的泛化能力。集成学习有两个流派，一个是 Boosting 派系，它的特点是各个弱学习器之间存在依赖关系。另一种是 Bagging 流派，它的特点是各个弱学习器之间没有依赖关系，可以并行拟合。

↗4.2.1 GBDT

v4-1

GBDT 的全称是 Gradient Boosting Decision Tree，译为梯度提升决策树，是一种迭代的决策树算法，该算法由多棵决策树组成，所有树的结论累加起来作为最终答案。它在被提出之初就被认为是泛化能力较强的算法。近些年更因为被用于搜索排序的机器学习模型而引起大家关注。GBDT 由三部分构成：Bagging、Boosting、Stacking。Boosting 是一组可将弱学习器提升为强学习器的算法，属于集成学习（ensemble learning）的范畴，它的模型建立要考虑先后顺序，后一个模型的功能是对前一个模型分类错误的结果赋予更大的权重，而 Stacking 则是将前一个模型的输出作为后一个模型的输入。Boosting 方法基于这样一种思想：对于一个复杂任务来说，将多个专家的判断进行适当整合所得出的判断，这样做要比其中任何一个专家单独的判断要好。通俗地说，就是"三个臭皮匠顶个诸葛亮"的道理。基于梯度提升算法的学习器称为 GBM（Gradient Boosting Machine）。理论上，GBM 可以选择各种不同的学习算法作为基学习器。GBDT 实际上是 GBM 的一种情况。为什么梯度提升方法倾向于选择决策树作为基学习器呢？（也就是 GB 为什么要和 DT 结合，形成 GBDT）？决策树可以被认为是 if-then 规则的集合，易于理解，可解释性强，预测速度快。同时，决策树算法相比于其他的算法需要更少的特征工程，比如，可以不用做特征标准化，可以很好地处理字段缺失的数据，也可以不用关心特征间是否相互依赖等。决策树能够自动组合多个特征。不过，单独使用决策树算法时，容易导致过拟合。但通过各种方法，抑制决策树的复杂性，降低单棵决策树的拟合能力，再通过梯度提升的方法集成多个决策树，最终能够很好地解决过拟合的问题。由此可见，梯度提升方法和决策树学习算法可以互补，是一对完美的搭档。抑制单棵决策树的复杂度的方法有很多，比如，限制树的最大深度、限制叶子节点的最少样本数量、限制节点分裂时的最少样本数量、吸收 Bagging⊖的思想对训练样本采样（subsample），在学习单棵决策树时只使用一部分训练样本、借鉴随机森林的思路在学习单棵决策树时只采样一部分特征、在目标函数中添加正则项惩罚复杂的树结构等。

一棵生成好的决策树，假设其叶子节点个数为 T，该决策树是由所有叶子节点对应的值组成的向量 $w \in \mathbf{R}^T$，以及一个把特征向量映射到叶子节点索引的函数 $q:\mathbf{R}^d \rightarrow \{1,2,\cdots,T\}$ 组成的。因此，决策树可以定义为 $f_t(x)=w_{q(x)}$。决策树的复杂度可以由正则项 $\Omega(f_t) = \gamma T + \frac{1}{2}\gamma \sum_{j=1}^{T} w_j^2$ 来定义，即决策树模型的复杂度由生成的树的叶子节点数量和叶子节点对应的值向量的 L_2 范数决定。定义集合 $I_j=\{I|q(x_i)=j\}$ 为所有被划分到叶子节点 j 的训练样本的集合。可以根据树的叶子节点重新组织为 T 个独立的二次函数的和。

$$obj^{(t)} \approx \sum_{i=1}^{n}\left[g_i f_t(x_i) + \frac{1}{2}h_i f_t^2(x_i) \right] + \Omega(f_t) = \sum_{i=1}^{n}\left[g_i w_{q(x_i)} + \frac{1}{2}h_i w_{t(x_i)}^2 \right] + \gamma T + \frac{1}{2}\lambda \sum_{j=1}^{T} w_j^2$$

$$= \sum_{j=1}^{T}\left[\left(\sum_{i \in I_j} g_i\right) w_j + \frac{1}{2}\left(\sum_{i \in I_j} g_i\right) w_j + \frac{1}{2}\left(\sum_{i \in I_j} h_i + \lambda\right) w_j^2 \right] + \gamma T$$

定义 $G_j = \sum_{i \in I_j} g_i$，$H_j = \sum_{i \in I_j} h_i$ 则等式可以化简为

$$Obj^{(t)} = \sum_{j=1}^{T}\left[G_i W_j + \frac{1}{2}(H_i + \lambda)w_j^2 \right] + \gamma T$$

假设树的结构是固定的，即函数 $q(x)$ 确定，令函数 $Obj^{(t)}$ 的一阶导数等于 0，则叶子节点 j 对应的值为 $w_j^* = -\frac{G_j}{H_j + \lambda}$。此时，目标函数的值为 $Obj = -\frac{1}{2}\sum_{j=1}^{T}\frac{G_j^2}{H_j + \lambda} + \gamma T$。

⊖ 从同一样本、同一指标集里抽样，每次抽样都生成一棵简单树，可以并行建立。

综上所述，单棵决策树的学习过程可以大致描述为：①枚举所有可能的树结构 q；②上式为每个 q 计算其对应的分数 Obj，分数越小说明对应的树结构越好；③根据上一步的结果，找到最佳的树结构，用上式为树的每个叶子节点计算预测值。然而，可能的树结构数量是无穷的，所以实际上我们不可能枚举所有情况。

通常情况下，我们采用贪心策略来生成决策树的每个节点。

① 从深度为 0 的树开始，对每个叶节点枚举所有的可用特征。

② 针对每个特征，把属于该节点的训练样本根据该特征值升序排列，通过线性扫描的方式来决定该特征的最佳分裂点，并记录该特征的最大收益（采用最佳分裂点时的收益）。

③ 选择收益最大的特征作为分裂特征，用该特征的最佳分裂点作为分裂位置，使该节点生长出左右两个新的叶节点，并为每个新节点关联对应的样本集。

④ 回到第①步，递归执行，直到满足特定条件为止。

根据第二步，样本排序的时间复杂度为 $O(n\log n)$，假设共用 K 个特征，那么生成一棵深度为 K 的树的时间复杂度为 $O(Kn\log n)$。要改善时间复杂度，可以进行进一步优化操作，比如可以缓存每个特征的排序结果等。每次分裂的收益，应该怎么计算呢？假设当前节点记为 C，分裂之后左孩子节点记为 L，右孩子节点记为 R，则该分裂获得的收益为当前节点的目标函数值减去左、右两个孩子节点的目标函数值之和，即 $Gain=Obj_C-Obj_L-Obj_R$，根据之前化简之后的公式可得 $Gain=\dfrac{1}{2}\left[\dfrac{G_L^2}{H_L+\lambda}+\dfrac{G_R^2}{H_R+\lambda}-\dfrac{(G_L+G_R)^2}{H_L+H_R+\lambda}\right]-\gamma$，其中，$-\gamma$ 表示因为增加了树的复杂性所带来的惩罚。

最后，GBDT 的学习算法可总结为：①算法每次迭代生成一棵新的决策树；②在每次迭代开始之前，计算损失函数在每个训练样本点的一阶导数和二阶导数；③通过贪心策略生成新的决策树；④把新生成的决策树添加到模型中，得到 $\hat{y}_i^t=\hat{y}_i^{t-1}+f_t(x_i)$。通常在第④步中，把模型更新公式替换为 $\hat{y}_i^t=\hat{y}_i^{t-1}+\varepsilon f_t(x_i)$，其中 ε 为步长或者学习率。增加 ε 因子是为了避免模型过拟合。

↗4.2.2　XgBoost

v4-2

XgBoost 是在 GBDT、RGF 等算法的基础上改进而来的，其性能优异，已经在各大建模竞赛中广泛使用。XgBoost 是一种提升算法，它的模型思想是，在当前的模型当中，怎么样再加进来一个模型，使得组合之后的效果比之前的模型更好。

接下来，了解该算法的建模。给定一个数据集，该数据集中有 n 个样例，每个样例有 m 个 feature 和 1 个 output，用集合表达如下：$D=\{(x_i,y_i)\mid x_i\in \mathbf{R}^m, y_i\in\mathbf{R}, i\in\mathbf{N}_+\}$，基于该数据集做预测时我们首先需要建立合适的预测模型，对于分类和回归问题常用的解决方法就是将训练任务转化成优化问题的求解，XgBoost 算法也不例外。XgBoost 算法使用 k 个决策树模型依据输入 x_i 来输出结果，将这 k 个输出结果求和后得到 $\hat{y}_i$，用公式表达如下：$\hat{y}_i=\phi(X_i)=\sum_{k=1}^{K}f_k(X_i), f_k\in F$，其中，$F$ 是回归树集合，常见的回归树有 CART 等；f_k 代表第 k 个回归树的输入与输出的函数关系，每个 f_k 与第 k 个回归树的结构和叶子节点权重 w 相对应。XgBoost 模型为了学习每一个 f_k 函数，建立了带正则化项的目标函数，优化的方向是最小化该目标函数：$L(\phi)=\sum l(y_i,\hat{y}_i)+\sum_k \Omega(f_k)$，其中，$l$ 是可微的凸函数，代表预测值与实际值之间的差距；$\Omega(f_k)\Omega(f)=\gamma T+\dfrac{1}{2}\lambda\|w\|^2$ 是每一个模型的复杂度的惩罚项，该惩罚项用来平滑模型最终学习到的权重，以防止过拟合和限制叶子节点总数，因为该惩罚项不仅包含了 L_2 正则化项，还包含了对叶子节点数的惩罚。根据 Boosting 算法，对于前面的公

式进行迭代得到 $\hat{y}_i = \phi(X_i) = \sum_{k=1}^{K} f_k(X_i), f_k \in F$ 考虑到迭代次数 t，该公式可以写成如下形式

$\hat{y}_i^{(k)} = \phi^{(k)}(X_i) = \sum_{k=1}^{t} f_k(X_i), f_k \in F$，第 0 次迭代，初始化 $\hat{y}_i^{(0)} = 0$，循环迭代，第 t 次迭代：

$\hat{y}_i^{(t)} = \sum_{k=1}^{t} f_k(X_i) = \hat{y}_i^{(t-1)} + f_t(X_i)$，将该公式代入上一步公式中，可以进一步改进目标函数，在第 t 次迭

代的目标函数：$L(\phi)^{(t)} = \sum l(y_i^{(t)}, \hat{y}_i^{(t-1)} + f_t(X_i)) + \Omega(f_t)$，其中，$\Omega(f) = \gamma T + \frac{1}{2}\lambda\|w\|^2$。值得一提

的是，早期的 GBDT 算法就是 Boosting 算法，它是由多个回归树（CART）组合起来进行预测的模型。但 GBDT 算法还是有一些不足的地方，比如：①每一次迭代中的唯一目标就是学习出一棵决策树，从而将单棵树的学习与整个森林的学习分隔开，没有很好地利用决策树本身的性质。新增的决策树只改变了本身的参数而没有改变老树的参数，实际上相当于只做了一个局部的搜索；②为了避免训练出来过拟合的模型，GBDT 算法需要控制学习步长 s，这可能会造成需要无穷多棵决策树才能很好地完成拟合的情况。接下来再来看一下上面说到的目标函数，由于二阶导数能够更快地优化目标函数，将损失函数分解为二阶泰勒级数使目标函数变成了如下形式 $L(\phi)^{(t)} \cong \sum\left[l(y_i^{(t)}, \hat{y}_i^{(t-1)} + g_i f_t(X_i) + \frac{1}{2}h_i f_t^2(x_i)\right] + \Omega(f_t)$，其中，$\Omega(f) = \gamma T + \frac{1}{2}\lambda\|w\|^2$，$g_i = \partial_{\hat{y}}(t-1)l(y_i, \hat{y}^{(t-1)}), h_i = \partial_{\hat{y}}^2(t-1)l(y_i, \hat{y}^{(t-1)})$。已知当 Δx 足够小时，有以下近似等式成立 $f(x+\Delta x) \cong f(x) + f'(x)\Delta x + f''(x)\Delta x^2$，将目标函数的常数项移除，优化方向没有改变，定义 I_j 为分支节点到叶子节点 j 的样本数据集合，因此第 t 次迭代的目标函数简化为如下形式 $L^{(t)}(q) = -\frac{1}{2}\sum_{j=1}^{T}\frac{(\sum_{i\in I_j} g_i)^2}{\sum_{i\in I_j} h_i + \lambda} + \gamma T$。在实践中，我们不可能遍历所有可能结构的决策树 $q(x)$，所以可采

用贪心算法在叶子上迭代地添加分支节点以扩展决策树。假设一个叶子结点被分裂为左、右两个子节点，这两个子节点的样本集 I_L、I_R 和父节点的样本集 I 满足如下关系 $I = I_L \cup I_R$。然后用分裂点的损失减少量 L_{split} 评价一个分割点的优劣，损失减少量 L_{split} 的计算公式如下

$L_{split} = \frac{1}{2}\left[\frac{(\sum_{i\in I_L} g_i)^2}{\sum_{i\in I_L} h_i + \lambda} + \frac{(\sum_{i\in I_R} g_i)^2}{\sum_{i\in I_R} h_i + \lambda} - \frac{(\sum_{i\in I} g_i)^2}{\sum_{i\in I} h_i + \lambda}\right] - \gamma$，然后，把父节点中每一个样本都作为分裂点计算一

次，找到使损失减少量最大的那个分裂点，这个点就是样本集的最佳分裂点。

那么 GBDT 和 XgBoost 有什么区别呢？原理上，GBDT 只是一个思想，没有源码的实现，而 XgBoost 是 GBDT 的实例化。GBDT 是机器学习算法，XgBoost 是该算法的工程实现。在使用 CART 作基分类器时，XgBoost 显式地加入了正则项来控制模型的复杂度，有利于防止过拟合，提高模型泛化能力（GBDT 的每一棵树都是 CART 树）。GBDT 在模型训练时只使用了代价函数的一阶导数信息，而 XgBoost 则进行二阶泰勒展开，同时使用一阶和二阶导数。传统 GBDT 在每轮迭代时使用全部的数据，XgBoost 则采用了与随机森林相似的策略，支持对数据进行采样。传统 GBDT 采用 CART 作为基分类器，利用基尼系数分裂节点，XgBoost 有特定的方法分裂。

↗4.2.3 Bagging 与随机森林

Bagging 也叫作 bootstrap aggregating，是在原始数据集选择 S 次后，得到 S 个新数据集的一种技术，是一种有放回抽样。Bagging 能提升机器学习算法的稳定性和准确性，它可以减少模型的方差，从而避免过拟合。使用 Bagging 之后，不管是 KNN 还是决策树，准确率都会得到一些提升，但是如果相同的代码多运

v4-3

行几次，有可能最后的准确率还会降低。如果是非常复杂的数据，一般来说，使用了 Bagging 算法的准确率会比不用更高。Bagging 通常应用在决策树方法中，其实它可以应用到任何其他机器学习算法中。

首先来看一下 Bagging 算法的过程。假设有一个大小为 n 的训练集 D，Bagging 会从 D 中进行有放回的均匀抽样，假设用 Bagging 生成了 m 个新的训练集 D_i，每个 D_i 训练集的大小为 j。由于采用有放回的抽样方式，那么在 D_i 中的样本有可能是重复的。如果 $j=n$，这种取样称为 bootstrap 取样。现在，可以用上面的 m 个训练集来拟合 m 个模型，然后结合这些模型进行预测。Bagging 可以改良不稳定算法的性能，比如：人工神经网络、CART 等，下面来看一个简单的小例子。

假设有一个训练集 D，它的大小为 7，若要用 Bagging 生成 3 个新的训练集 D_i，每个训练集的大小为 7，结果如表 4-1 所示。

表 4-1　训练集

样本索引	Bagging(D_1)	Bagging(D_2)	Bagging(D_3)
1	2	7	3
2	2	3	4
3	1	2	3
4	3	1	3
5	5	1	6
6	2	5	1
7	6	4	1

使用最新生成的 3 个训练集来拟合模型。决策树是一种很流行的机器学习算法。这种算法的性能在特征值的缩放和各种转换的情况下依然保持不变，即使在包含不相关特征的前提下，它依然有很强的鲁棒性。然而，决策树很容易过拟合训练集。它有低的偏差和很高的方差，因此它的准确性不怎么好。Bagging 是早期的集成方法（ensemble method），它可以基于有放回的重新采样重复地构建多个决策树，然后集成这些决策树模型进行投票，从而得到更准确的结果。稍后会介绍决策森林算法，它可以比 Bagging 更好地解决决策树过拟合的问题。这些方法虽然会增加一些模型的偏差同时会丢失一些可解释性，但是它们通常会使模型具有更好的性能。接下来，使用 sklearn 算法实现 Bagging 来拟合 Wine 数据集。

```
import pandas as pd
df_wine = pd.read_csv('http://archive.ics.uci.edu/ml/machine-learning-databases/wine/wine.data', header=None)
df_wine.columns = ['Class label', 'Alcohol', 'Malic acid', 'Ash', 'Alcalinity of ash', 'Magnesium', 'Total phenols', 'Flavanoids',
'Nonflavanoid phenols', 'Proanthocyanins', 'Color intensity', 'Hue', 'OD280/OD315 of diluted wines', 'Proline']
df_wine = df_wine[df_wine['Class label'] != 1] # 数据集中有 3 个类别，这里我们只其中的 2 个类别
y = df_wine['Class label'].values
X = df_wine[['Alcohol', 'Hue']].values # 为了可视化的目的，我们只选择 2 个特征

from sklearn.preprocessing import LabelEncoder
from sklearn.cross_validation import train_test_split
le = LabelEncoder()
y = le.fit_transform(y) # 把 label 转换为 0 和 1
X_train, X_test, y_train, y_test = train_test_split(X, y, test_size=0.40,  random_state=1) # 拆分训练集的 40%作为测试集

from sklearn.tree import DecisionTreeClassifier
from sklearn.ensemble import BaggingClassifier
tree = DecisionTreeClassifier(criterion='entropy', max_depth=None)
# 生成 500 个决策树，详细的参数建议参考官方文档
bag = BaggingClassifier(base_estimator=tree, n_estimators=500, max_samples=1.0, max_features=1.0, bootstrap=True,
bootstrap_features=False, n_jobs=1, random_state=1)

# 度量单个决策树的准确性
from sklearn.metrics import accuracy_score
tree = tree.fit(X_train, y_train)
```

```
y_train_pred = tree.predict(X_train)
y_test_pred = tree.predict(X_test)
tree_train = accuracy_score(y_train, y_train_pred)
tree_test = accuracy_score(y_test, y_test_pred)
print('Decision tree train/test accuracies %.3f/%.3f' % (tree_train, tree_test))
# Output: Decision tree train/test accuracies 1.000/0.854

# 度量 Bagging 分类器的准确性
bag = bag.fit(X_train, y_train)
y_train_pred = bag.predict(X_train)
y_test_pred = bag.predict(X_test)
bag_train = accuracy_score(y_train, y_train_pred)
bag_test = accuracy_score(y_test, y_test_pred)
print('Bagging train/test accuracies %.3f/%.3f' % (bag_train, bag_test))
# Output: Bagging train/test accuracies 1.000/0.896
```

从上面的输出可以看出，Bagging 分类器的效果的确要比单个决策树（Decision Tree）的效果好。下面打印出这两个分类器的决策边界，看看它们之间的不同，代码如下。

```
x_min = X_train[:, 0].min() - 1
x_max = X_train[:, 0].max() + 1
y_min = X_train[:, 1].min() - 1
y_max = X_train[:, 1].max() + 1
xx, yy = np.meshgrid(np.arange(x_min, x_max, 0.1), np.arange(y_min, y_max, 0.1))
f, axarr = plt.subplots(nrows=1, ncols=2, sharex='col', sharey='row', figsize=(8, 3))

for idx, clf, tt in zip([0, 1], [tree, bag], ['Decision Tree', 'Bagging']):
    clf.fit(X_train, y_train)
    Z = clf.predict(np.c_[xx.ravel(), yy.ravel()])
    Z = Z.reshape(xx.shape)
    axarr[idx].contourf(xx, yy, Z, alpha=0.3)
    axarr[idx].scatter(X_train[y_train==0, 0], X_train[y_train==0, 1], c='blue', marker='^')
    axarr[idx].scatter(X_train[y_train==1, 0], X_train[y_train==1, 1], c='red', marker='o')
    axarr[idx].set_title(tt)
plt.show()
```

结果如图 4-1 所示。

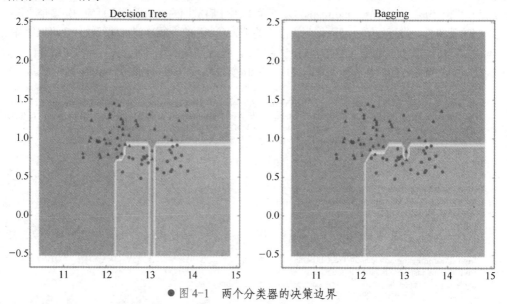

● 图 4-1　两个分类器的决策边界

根据图 4-1 可以看出，Bagging 分类器的决策边界更加平滑。

3.2 节中提到，决策树在过拟合的时候，可以使用随机森林算法进行改进，这里用到的思想就是集成学习方法[⊖]。

　　随机森林与 Bagging 方法的唯一区别是，随机森林在生成决策树的时候，采用随机选择的特征。这么做的原因是，如果训练集中的几个特征对输出的结果有很强的预测性，那么这些特征会被每个决策树所应用，这样会使树之间具有相关性，也无法减小模型的方差。而且随机森林是一个包含多个决策树的分类器，其输出的类别是由个别树输出的类别的众数确定的。随机森林的原理是"随机"（特征值随机[⊖]、训练集随机，可以保持每一棵树的独立性），训练集随机：bootstrap，随机有放回抽样，比如训练集有 N 个样本，M 个抽样，那么训练集随机就是从 N 个样本中随机有放回的抽样 N 次。如果不进行随机抽样，那么训练每棵树的数据都是一样的，这样随机森林就发挥不了作用了。而如果不采用有放回的抽样，那么每棵树的训练样本都是不同的，都是没有交集的，这样每棵树都是"有偏的"，都是绝对"片面的"，也就是说每棵树训练出来都是有很大的差异的，而随机森林最后的分类由多棵树（弱分类器）的投票表决。随机森林通常可以总结为以下 4 个步骤：①从原始训练集中进行 bootstrap 抽样；②用步骤①中的 bootstrap 样本生成决策树，随机选择特征子集，用该特征子集来拆分树的节点；③重复①和②两步；④集成所有生成的决策树并进行预测。在步骤②中，训练单个决策树的时候并没有用全部的特征，只用了特征的子集。假设全部的特征大小为 m，那么采用 $\sqrt{m}$ 个特征子集是一个很好的选择。随机森林并不像决策树一样有很好的解释性，这是它的一个缺点。但是，随机森林更准确，同时我们也并不需要修剪随机森林。对于随机森林来说，我们只需要选择一个参数，生成决策树的个数。通常情况下，决策树的个数越多，性能越好，但是，计算开销也相应增大了。

　　对于随机森林在 sklearn 中有现成的 API。

　　sklearn.ensemble.RandomForestClassifier(n_estimators=10,criterion='gini',max_depth=None,bootstrap=True,random_state=None,min_samples_split=2)，其中 n_estimators 表示 integer、optional(default=10)，即森林里的树木数量；criterion 表示基尼系数；max_depth 表示树的最大深度；max_features='auto'表示每棵决策树的最大特征数量；bootstrap 表示是否在构建时使用放回抽样；min_samples_split 表示节点划分最少样本数；min_samples_leaf 表示叶子节点的最小样本数。接下来使用随机森林的 API 实现一个案例：随机森林对泰坦尼克号上乘客的生存概率进行预测，代码如下。

v4-4

```python
import pandas as pd
from sklearn.feature_extraction import DictVectorizer
from sklearn.model_selection import train_test_split
from sklearn.tree import DecisionTreeClassifier, export_graphviz
from sklearn.ensemble import RandomForestClassifier
from sklearn.model_selection import GridSearchCV
# 作图的库需要安装 python-graphviz
import graphviz

# 网络数据获取可能需要一定时间
titanic = pd.read_csv("http://biostat.mc.vanderbilt.edu/wiki/pub/Main/DataSets/titanic.txt")

# 特征和标签抽取
X = titanic[["pclass", "age", "sex"]]
y = titanic["survived"]
print(X)

# 缺失值处理
X["age"].fillna(X["age"].mean(), inplace=True)
```

⊖　通过建立几个模型组合来解决单一预测问题。它的工作原理是生成多个分类器或模型，各自独立地学习和做出预测。这些预测会结合成组合预测，最后选出这些分类器的众数，因此该方法优于任何一个单分类所做的预测。

⊖　从 M 特征中随机抽取 m 个特征，其中 $M \gg m$，这样做可以起到降维的效果，每一棵树的特征比较少，运行速度相对较快。虽然特征值变少了，但是会生成很多棵决策树，从而使正确的结果脱颖而出。

```
# 拆分训练集、测试集
X_train, X_test, y_train, y_test = train_test_split(X, y, train_size=0.75)

# 编码
dict = DictVectorizer(sparse=False)
X_train = dict.fit_transform(X_train.to_dict(orient="records"))
X_test = dict.transform(X_test.to_dict(orient="records"))
print(dict.get_feature_names())
print(X_train)

estimator = RandomForestClassifier()
#加入网格搜索与交叉验证
#参数准备
param_dict = {"n_estimators":[120,200,300,500,800,1200],
              "max_depth":[5,8,15,25,30]}

estimator = GridSearchCV(estimator,param_grid=param_dict,cv=3)
estimator.fit(x_train, y_train)

y_predict = estimator.predict(x_test)
print("y_predict:\n", y_predict)
print("直接比对真实值和预测值:\n", y_test == y_predict)

#计算准确率
score = estimator.score(x_test, y_test)
print("准确率为:\n", score)

#最佳参数: best_params_
print("最佳参数: \n", estimator.best_params_)
#最佳结果: best_score_
print("最佳结果:\n", estimator.best_score_)
#最佳估计器: best_estimator_
print("最佳估计器: \n", estimator.best_estimator_)
#交叉验证结果: cv_results_
print("交叉验证结果:\n", estimator.cv_results_)
```

随机森林分类器具有极好的准确率,并且能够有效地运行在大数据集上,处理具有高维特征的输入样本,而且不需要降维,同时随机森林能够评估各个特征在分类问题上的重要性。

4.3 实例:基于 RBM 的推荐算法

2006 年,Netflix 公司为了提升推荐效果,悬赏百万美元组织了一场竞赛,让大家穷尽所能,使其推荐算法的效果提升 10%以上。在竞赛的后半程,受限玻尔兹曼机(Restricted Boltzmann Machine,RBM)异军突起。当时以 SVD++为核心的各种模型几乎已经陷入了僵局,很多人在此基础上加了 PLSA、LDA、神经元网络算法、马尔可夫链、决策树等,但效果提升并不明显,各个参赛队伍基本上进入到了比拼技巧与融合模型数据的阶段。后来 RBM 的出现,把整个竞赛推进到了一个新的台阶。最终在 2009 年,"鸡尾酒"团队将上百个模型进行融合,以 10.05%的提升效果获得了此次竞赛的终极大奖。但是 Netflix 后来的线上系统并没有采用如此复杂的算法,而是仅仅应用了其中最核心的两个算法,受限玻尔兹曼机和奇异值分解(SVD)。

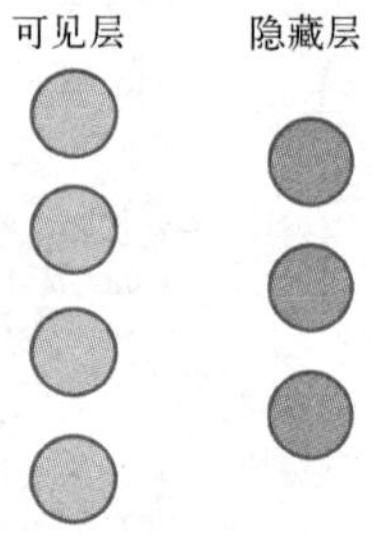

RBM 是一种用随机神经网络来解释的概率图模型,主要用于协同过滤、降维、分类、回归、特征学习和主题建模。RBM 包括两层,第一个层称为可见层,第二个层称为隐藏层,如图 4-2 所示。

● 图 4-2 RBM 的两层结构

图 4-2 中,每个圆圈称为一个节点,代表一个与神经元相似的单元,而运算就在这些节点中进行。每一个神经元都是二值单元,也就是说每一个神经元的取值只能等于 0 或 1。节点之间的连接

具有层内无连接，层间全连接的特点。RBM 和 BM 的不同之处就在于，BM 允许层内节点连接，而 RBM 不允许。这就是受限玻尔兹曼机中"受限"二字的本意。每一个节点对输入数据进行处理，同时随机地决定是否继续传输输入数据，这里的"随机"是指，改变输入数据的系数这一行为是随机初始化的。每个可见层的节点表示有待学习数据集合中，一个物品的一个低层次特征。

　　接下来看一下单个输入 x 是如何通过这个两层网络的，如图 4-3 所示。在隐藏层的节点中，x 和一个权重 w 相乘，再和所谓的偏差 b 相加。这两步的结果输入到一个激活函数中，进而得到节点的输出，也就是对于给定输入 x，最终通过节点后的信号强度。如果用公式表示的话，即：激活函数 f((权重 $w*$输入 x)+偏差 b)=输入 a，Sigmoid 函数是神经网络中常用的激活函数之一，其定义为 $Sigmoid(x) = \dfrac{1}{1+e^{-x}}$。接下来看看多个输入节点是如何整合到隐藏节点中的，如图 4-4 所示。每个输入 x 分别与各自的权重 w 相乘，再将结果求和后，与偏差 b 相加，得到结果后，输入到激活函数中，最后得到节点的输出值 a。

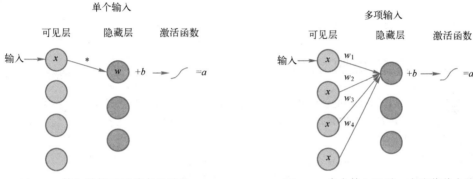

● 图 4-3　输入数据通过节点的过程　　　　　● 图 4-4　多个输入通过一个隐藏节点的过程

　　由于可见层的所有节点的输入都会被传送到隐藏层中的每个节点，所以 RBM 可以被定义成一种对称二分图，如图 4-5 所示。当多个输入通过多个隐藏节点时，在隐藏层的每个节点中，都会有 x 和权重 w 相乘。假设有 4 个输入 x，而每个输入 x 有三个权重，最终就有 12 个权重，从而可以形成一个行数等于输入节点数、列数等于输出节点数的权重矩阵。隐藏层的每个节点接收 4 个可见层的输入与各自权重相乘后的输入值，乘积之和与偏差值 b 相加，再经过激活运算后得到隐藏层每个节点的输出 a。

　　再进一步，如果想构建一个两层的深度神经网络，如图 4-6 所示，则将第 1 个隐藏层的输出作为第 2 个隐藏层的输入，然后再通过不定数量的隐藏层，最终就可以到达分类层。

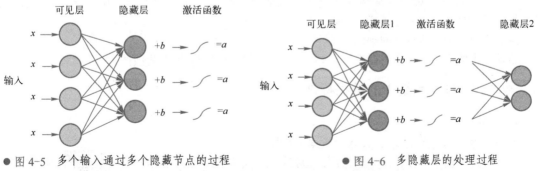

● 图 4-5　多个输入通过多个隐藏节点的过程　　　　　● 图 4-6　多隐藏层的处理过程

第 5 章　基于标签的推荐

主要内容
- 基于标签系统的应用
- 数据标注与关键词提取
- 基于标签的推荐系统
- 使用标签推荐算法实现艺术家的推荐

5.1　基于标签系统的应用

在一些网站中,标签系统的传统用法是用户会为自己感兴趣的对象打上一些标签。这些社会化标签可看作资源的分类工具,也是用户个人偏好的反映,因此社会化标签为推荐系统获得用户偏好提供了一个新的数据来源。

之所以说"传统",是因为这些标签是用户主观意愿的表达,是主动行为。

但是,有些电商网站也会对用户或商品进行一些客观的打标,如对一个经常网购数码产品的用户打上一个"数码达人"的标签,以便后续给该用户推荐数码类产品。

人们熟知的标签系统主要包括 Last.fm、Delicious、豆瓣、网易云音乐。

5.2　数据标注与关键词提取

随着互联网技术的发展,只根据用户的主观意愿去打标签显然是不够的,所以衍生出许多对用户或物品的客观标签,例如,对于手机、显示器、相机等商品,在电商网站中会给它们打上"数码"的标签。对于经常网购洗发水、洗面奶、纸巾等商品的用户,在电商网站中会给他们打上"常购生活用品的客户"的标签。

这其实也是用户或物品的画像内容。

目前,生成用户或物品的标签,主要涉及数据标注和关键词提取两项技术。

5.2.1　推荐系统中的数据标注

1. 数据标注介绍

数据标注即利用人工或 AI 技术对数据进行标注。

标注有许多类型,如,①分类标注:即打标签,常用在图像、文本中。一般是指,从既定的标签中选择与数据对应的标签,得到的结果是一个封闭的集合。②框框标注:常用在图像识别中,如一张从环形公路的照片中框出所有的车辆。③区域标注:常见于自动驾驶中,如从一张图中标出公路对应的区域。④其他标注:除了上述常见的标注类型外,还有许多个性化需求。如自动摘要、用户或商品的标签。

数据标注的一般步骤为：①确定标注标准：设置标注样例和模板。对于模棱两可的数据，制定统一的处理方式。②确定标注形式：标注形式一般由算法人员确定。例如，在垃圾问题的识别中，垃圾问题标注为 1，正常问题标注为 0。③确定标注方法：可以使用人工标注，也可以针对不同的标注类型采用相应的工具进行标注。

2．数据标注与标签的对应关系

标签用来描述物品或用户的属性，是一类事物的抽象集合，可以是颜色、大小、高低、美观程度、价格等。

数据标注则是一个动作，是为了得到一些标签或图像上的特定区域。

在新闻类网站中，标签用于对新闻进行分类管理，如军事、娱乐、科技等。这里的分类其实就是简单文本标注。当新获取一篇文章时，门户网站的编辑或文章的作者会为文章确定类别归属。只有正确归属才能保证文章出现在合适的类别下，文章的曝光度和点击次数才有保证。假设现有一篇娱乐类文章出现在了军事这个类别下，那么这篇娱乐文章被点击的概率就很小了。

又如，对于音乐类网站中的音乐进行标注，为了在不进行复杂音频分析的情况下获得音乐的内容信息，可以由专业音乐人对音乐进行标注，而标注结果就可以作为音乐的标签。

如果将歌曲《父亲》标注为"情感"类别，则对《父亲》这首歌曲进行打标的过程被称为数据标注，而标注的结果"情感"被称为标签。

3．数据标注在推荐系统中的应用

数据标注在推荐系统中的应用是很多的，包括数据前期的过滤和使用过程中的特征表示等。

推荐用户的主体是用户和事物。在一些电商网站中，常常会有一些刷单用户、恶意评价用户等，这些用户常被称为"垃圾"用户。那么在采集训练模型所用数据时，应过滤掉该部分数据集。过滤掉"垃圾"用户的有效办法就是进行用户身份标注，具体做法如下：①从海量用户中过滤得到可疑用户，即去除掉那些明显无可疑行为的用户，可从浏览商品、购买商品、App 内活跃度等方面进行考虑。②指定判别是否是"垃圾"用户的特征因素，如注册时间、活跃天数、下单次数、浏览次数、评论次数等。③进行人工判断，并标注 "垃圾"用户。④积累数据，生成训练数据，使用算法对用户身份进行标注。

↗5.2.2　推荐系统中的关键词提取

关键词是指能够反映文本语料主题的词语或短语。在不同的业务场景中，词语和短语具有不同的意义。例如，①从电商网站商品标题中提取标签时，词语所传达的意义比较突出。②从新闻类网站中生成新闻摘要时，短语所传达的意义比较突出。

这里所介绍的关键提取和数据标注同样都是一个动作，都是为了得到一些标签或属性特征。关键词提取从最终的结果反馈上来看可以分为两类。①关键词分配：给定一个指定的词库，选取和文本关联度最大的几个词作为该文本的关键词。②关键词提取：对于没有指定的词库，从文本中抽取具有代表性的词作为该文本的关键词。

不管通过哪种方式，关键词都是对短文本所传达的含义的概述，都直接反映了短文本所传达的属性或特征。

关键词提取在推荐系统中的应用也十分广泛，主要用于用户物品召回和特征属性构造。关键词提取也可以应用到新闻类系统的推荐中，如一个新闻标题为《互联网巨头疯抢翻译 3000 亿市场，未来将是 AI 翻译的天下？》，从中可以提取出关键词：互联网、翻译、AI，由此就可以根据用户浏览新闻的偏好进行推荐。

5.2.3 标签的分类

在推荐系统中，不管是数据标注还是关键词提取，其目的都是为了得到用户或物品的标签。但是在不同的场景下，标签的具体内容是不定的。例如，同样是分类标注，新闻的类别里可以有军事、科技等，但音乐的类别里就很少会涉及军事或科技了。

对于社会化标签在标识项目方面的功能，Golder 和 Huberman 将其归纳为以下 7 种：

① 标识对象的内容。此类标签一般为名词，如"IBM""音乐""房产销售"等。

② 标识对象的类别。如标识对象为"文章""日志""书籍"等。

③ 标识对象的创建者或所有者。如博客文章的作者署名、论文的作者署名等。

④ 标识对象的品质和特征。如"有趣""幽默"等。

⑤ 用户参考用到的标签。如"myPhoto""myFavorite"等。

⑥ 分类提炼用到的标签。用数字化标签对现有分类进一步细化，如一个人收藏的技术博客，按照难度等级分为"1""2""3""4"等。

⑦ 用于任务组织的标签。如"to read""IT blog"等。

当然以上 7 种类别标签只是一个通用框架，在每一个具体的场景下会有不同的划分。

5.3 基于标签的推荐系统

标签是用户描述、整理、分享网络内容的一种新的形式，同时也反映出用户自身的兴趣和态度。标签为创建用户兴趣模型提供了一种全新的途径。

本节将展开介绍基于标签的用户如何进行兴趣建模。

5.3.1 标签评分算法

用户对标签的认同度可以使用二元关系表示，如"喜欢"或"不喜欢"；也可以使用"连续数值"表示喜好程度。

二元表示方法简单明了，但精确度不够，当无法对标签喜好程度进行排序时。这里选用"连续数值"来表达用户对标签的喜好程度。

为了计算用户对标签的喜好程度，需要将用户对物品的评分传递给这个物品所拥有的标签，传递的分值为物品与标签的相关度。

如图 5-1 所示，用户 u 对艺术家 A 的评分为 5 星，对艺术家 B 的评分为 3 星，对艺术家 C 的评分为 4 星。

艺术家 A 与标签 1、2、3 的相关度分别为 0.6、0.8、0.4，艺术家 B 与标签 1、2、3 的相关度分别为 0.3、0.6、0.9，艺术家 C 与标签 1、2、3 的相关度分别为 0.5、0.7、0.6。

用户（u）对标签（t）的喜好程度计算公式为

$$\text{rate}(u,t) = \frac{\sum_{i \in I_u} \text{rate}(u,i) * \text{rel}(i,t)}{\sum_{i \in I_u} \text{rel}(i,t)}。$$

式中，$\text{rate}(u,t)$ 表示用户 u 对标签 t 的喜好程度；$\text{rate}(u,i)$ 表示用户 u 对艺术家 i 的评分；$\text{rel}(i,t)$ 表示艺术家 i 与标签 t 的相关度。

计算出用户 u 对标签 1 的喜好程度为

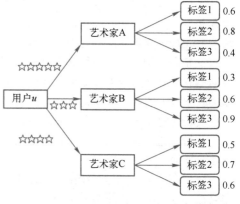

● 图 5-1 用户 u 对艺术家 i 的评分和艺术家与标签 t 的相关度

$$（5×0.6+3×0.3+4×0.5）/（0.6+0.3+0.5）=4.21$$

同理，可以计算出用户 u 对标签 2 的喜好程度为 4.10，对标签 3 的喜好程度为 3.74。

5.3.2　标签评分算法改进

这里使用 TF-IDF 算法来计算每个标签的权重，用该权重来表达用户对标签的依赖程度。

每个用户标记的标签对应的 TF 值的计算公式为

$$TF(u,t)=\frac{n(u,t)}{\sum_{t_i \in T} n(u,t_i)}，$$

式中，$n(u,t_i)$ 表示用户 u 使用标签 t_i 标记的次数；分母部分表示用户 u 使用所有标签标记的次数和；$TF(u,t)$ 表示用户 u 使用标签 t 标记的频率，即用户 u 对标签 t 的依赖程度。

在使用社会化标签的网站中存在"马太效应"，即热门标签由于被展示的次数较多而变得越来越热门，而冷门标签也会越来越冷门。大多数用户标注的标签都集中在一个很小的集合内，而大量长尾标签则较少有用户使用。

事实上，较冷门的标签才能更好地体现用户的个性和特点。为了抑制这种现象，更好地体现用户的个性化，这里使用逆向文件频率（IDF）来对那些热门标签进行数值惩罚。

每个用户标记的标签对应的 IDF 值的计算公式为

$$IDF(u,t)=\lg \frac{\sum_{u_i \in U}\sum_{t_j \in T} n(u_i,t_j)}{\sum_{u_i \in U}(u_i,t)+1}，$$

式中，分子表示所有用户对所有标签的标记计数和；分母表示所有用户对标签 t 的标记计数和；$IDF(u,t)$ 表示 t 的热门程度，即一个标签被不同用户使用的概率。

对于一个标签而言，如果使用过它的用户数量很少，但某一个用户经常使用它，说明这个用户与这个标签的关系很紧密。

综合上式，推算出依赖度为 $TF\text{-}IDF(u,t)=TF(u,t)*IDF(u,t)$，兴趣度为 $Pre(u,t)=rate(u,t)*TF\text{-}IDF(u,t)$。

5.3.3　标签基因

标签基因是 GroupLens 研究组的一个项目。

在社会化标签系统中，每个物品都可以被看作是与其相关的标签的集合，$rel(i,t)$ 以从 0（完全不相关）到 1（完全正相关）的连续值衡量一个标签与一个物品的符合程度。

例如图 5-1 中，rel(艺术家 A，标签 1)=0.6，rel(艺术家 A，标签 2)=0.8，rel(艺术家 A，标签 3)=0.4。

采用标签基因可以为每个艺术家 i 计算出一个标签向量 $rel(i)$，其元素是 i 与 T 中所有标签的相关度。这里，$rel(i)$ 相当于以标签为基因，描绘出了不同物品的基因图谱。形式化的表达为 $rel(i)=[rel(i,t_1),rel(i,t_2),\cdots,rel(i,t_p)]，\forall t_k \in T$。

例如，图 5-1 中，艺术家 A 的标签基因为：rel(艺术家 A)=[0.6,0.8,0.4]。

选用标签基因来表示标签与物品的关系，有以下三个原因：

① 它提供了从 0 到 1 的连续数值；
② 关系矩阵是稠密的，它定义了每个标签 $t \in T$ 与每个物品 $i \in I$ 的相关度；
③ 它是基于真实数据构建的。

5.3.4　用户兴趣建模

根据训练数据，可以构建所有商品的标签基因矩阵 T_i 和用户最终对标签的兴趣度 T_u，则用户

对商品的可能喜好程度为 $T(u,i) = T_u * T_i^T$，

式中，T_u：用户 u 对所有标签的兴趣度矩阵（1 行 m 列，m 为标签个数）；T_i^T：所有商品的标签基因矩阵 T_i 的转置矩阵（m 行 n 列，m 为标签个数，n 为商品个数）；$T(u,i)$：用户 u 对所有商品的喜好程度矩阵（1 行 n 列，n 为商品个数）。

最终从计算结果中选取前 K 个推荐给用户。

5.4 实例：使用标签推荐算法实现艺术家的推荐

↗5.4.1 了解实现思路

利用标签推荐算法来实现一个艺术家推荐系统，即根据用户已经标记过的标签，进行标签兴趣建模，进而为用户推荐喜好标签下最相关的艺术家及作品。

这里使用 Last.fm 数据集中的数据作为基础数据。该实例的具体实现思路如下，

① 加载并准备数据。

② 计算每个用户对应的标签基因。

③ 计算用户最终对每个标签的兴趣度。

④ 进行艺术家推荐并评估效果。

↗5.4.2 准备数据

在本实例中，所有的数据都使用 Python 中的数据结构——"字典"进行保存。这样做的好处是，在使用数据集时，加载速度快，避免了数据遍历带来的时间延迟。

获取用户对艺术家的评分，代码如下。

```
# 获取用户对艺术家的评分信息
def getUserRate(self):
    userRateDict = dict()
    fr = open(self.user_rate_file, "r", encoding="utf-8")
    for line in fr.readlines():
        if not line.startswith("userID"):
            userID, artistID, weight = line.split("\t")
            userRateDict.setdefault(int(userID), {})
            # 对听歌次数进行适当比例的缩放，避免计算结果过大
            userRateDict[int(userID)][int(artistID)] = float(weight) / 10000
    return userRateDict
```

获取每个用户打标的标签和每个标签被所有用户打标的次数，代码如下。

```
# 获取每个用户打标的标签和每个标签被所有用户打标的次数
def getUserTagNum(self):
    userTagDict = dict()
    tagUserDict = dict()
    for line in open(self.user_tag_file, "r", encoding="utf-8"):
        if not line.startswith("userID"):
            userID, artistID, tagID = line.strip().split("\t")[:3]
            # 统计每个标签被打标的次数
            if int(tagID) in tagUserDict.keys():
                tagUserDict[int(tagID)] += 1
            else:
                tagUserDict[int(tagID)] = 1
            # 统计每个用户对每个标签的打标次数
            userTagDict.setdefault(int(userID), {})
            if int(tagID) in userTagDict[int(userID)].keys():
                userTagDict[int(userID)][int(tagID)] += 1
            else:
```

```
                userTagDict[int(userID)][int(tagID)] = 1
        return userTagDict, tagUserDict
```

↗5.4.3　选择算法

使用标签推荐算法实现对用户的艺术家推荐。具体的算法描述在 5.3 节中已有详细讲解。

↗5.4.4　模型训练

首先计算出用户对标签的最终兴趣度和每个艺术家对应的标签基因，然后对用户进行艺术家推荐。
获取艺术家对应的标签基因，代码如下。

```
# 获取艺术家对应的标签基因,这里的相关度全部为 1
    # 由于艺术家和标签过多，存储到一个矩阵中，维度太大，这里优化存储结构
    # 如果艺术家有对应的标签则记录，相关度为 1，否则不为 1
    def getArtistsTags(self):
        artistsTagsDict = dict()
        for line in open(self.user_tag_file, "r", encoding="utf-8"):
            if not line.startswith("userID"):
                artistID, tagID = line.split("\t")[1:3]
                artistsTagsDict.setdefault(int(artistID), {})
                artistsTagsDict[int(artistID)][int(tagID)] = 1
        return artistsTagsDict
```

获取用户对标签的最终兴趣度，代码如下。

```
# 获取用户对标签的最终兴趣度
    def getUserTagPre(self):
        userTagPre = dict()
        userTagCount = dict()
        # Num 为用户打标总条数
        Num = len(open(self.user_tag_file, "r", encoding="utf-8").readlines())
        for line in open(self.user_tag_file, "r", encoding="utf-8").readlines():
            if not line.startswith("userID"):
                userID, artistID, tagID = line.split("\t")[:3]
                userTagPre.setdefault(int(userID), {})
                userTagCount.setdefault(int(userID), {})
                rate_ui = (
                    self.userRateDict[int(userID)][int(artistID)]
                    if int(artistID) in self.userRateDict[int(userID)].keys()
                    else 0
                )
                if int(tagID) not in userTagPre[int(userID)].keys():
                    userTagPre[int(userID)][int(tagID)] = (
                        rate_ui * self.artistsTagsDict[int(artistID)][int(tagID)]
                    )
                    userTagCount[int(userID)][int(tagID)] = 1
                else:
                    userTagPre[int(userID)][int(tagID)] += (
                        rate_ui * self.artistsTagsDict[int(artistID)][int(tagID)]
                    )
                    userTagCount[int(userID)][int(tagID)] += 1

        for userID in userTagPre.keys():
            for tagID in userTagPre[userID].keys():
                tf_ut = self.userTagDict[int(userID)][int(tagID)] / sum(
                    self.userTagDict[int(userID)].values()
                )
                idf_ut = math.log(Num * 1.0 / (self.tagUserDict[int(tagID)] + 1))
                userTagPre[userID][tagID] = (
                    userTagPre[userID][tagID]/userTagCount[userID][tagID] * tf_ut * idf_ut
                )
        return userTagPre
```

对用户进行艺术家推荐，代码如下。

```
# 对用户进行艺术家推荐
def recommendForUser(self, user, K, flag=True):
    userArtistPreDict = dict()
    # 得到用户没有打标过的艺术家
    for artist in self.artistsAll:
        if int(artist) in self.artistsTagsDict.keys():
            # 计算用户对艺术的喜好程度
            for tag in self.userTagPre[int(user)].keys():
                rate_ut = self.userTagPre[int(user)][int(tag)]
                rel_it = (
                    0
                    if tag not in self.artistsTagsDict[int(artist)].keys()
                    else self.artistsTagsDict[int(artist)][tag]
                )
                if artist in userArtistPreDict.keys():
                    userArtistPreDict[int(artist)] += rate_ut * rel_it
                else:
                    userArtistPreDict[int(artist)] = rate_ut * rel_it
    newUserArtistPreDict = dict()
    if flag:
        # 对推荐结果进行过滤，过滤掉用户已经听过的艺术家
        for artist in userArtistPreDict.keys():
            if artist not in self.userRateDict[int(user)].keys():
                newUserArtistPreDict[artist] = userArtistPreDict[int(artist)]
        return sorted(
            newUserArtistPreDict.items(), key=lambda k: k[1], reverse=True
        )[:K]
    else:
        # 表示是用来进行效果评估
        return sorted(
            userArtistPreDict.items(), key=lambda k: k[1], reverse=True
        )[:K]
```

新建 RecBasedTag 类并初始化数据，代码如下。

```
class RecBasedTag:
    # 由于从文件读取为字符串，所以统一格式为整数，方便后续计算
    def __init__(self):
        # 用户听过的艺术家的次数文件，该数据集是 last·fm 数据集，通过网络下载即可，放入对应的文件夹
        self.user_rate_file = "../data/lastfm-2k/user_artists.dat"
        # 用户打标签信息，该数据集是 las·tfm 数据集，通过网络下载即可，放入对应的文件夹
        self.user_tag_file = "../data/lastfm-2k/user_taggedartists.dat"

        # 获取所有艺术家的 ID
        self.artistsAll = list(
            pd.read_table("../data/lastfm-2k/artists.dat", delimiter="\t")["id"].values
        )
        # 用户对艺术家的评分
        self.userRateDict = self.getUserRate()
        # 艺术家与标签的相关度
        self.artistsTagsDict = self.getArtistsTags()
        # 用户对每个标签打标的次数统计和每个标签被所有用户打标的次数统计
        self.userTagDict, self.tagUserDict = self.getUserTagNum()
        # 用户最终对每个标签的喜好程度
        self.userTagPre = self.getUserTagPre()
if __name__ == "__main__":
    rbt = RecBasedTag()
    print(rbt.recommendForUser("2", K=20))
    print(rbt.evaluate("2"))
```

↗5.4.5 效果评估

这里利用重合度进行推荐效果的评估，即最终为用户推荐的 K 个艺术家与用户本身听过的艺术

家交叉人数所占的比例。其实现代码如下。

```
# 效果评估 重合度
def evaluate(self, user):
    K = len(self.userRateDict[int(user)])
    recResult = self.recommendForUser(user, K=K, flag=False)
    count = 0
    for (artist, pre) in recResult:
        if artist in self.userRateDict[int(user)]:
            count += 1
    return count * 1.0 / K
```

v5-1

在主函数中增加 print(rbt.evaluate("2"))，运行代码后返回的计算结果为 0.22。

第6章 推荐算法

主要内容

- 协同过滤 CF
- 基于内容的推荐算法
- 基于模型的推荐算法
- 基于流行度的推荐算法
- 混合算法
- 基于图的模型
- 基于社交网络的推荐
- Slope-one 推荐算法
- 基于 DNN 的推荐算法
- 基于 TF 实现稀疏自编码在推荐中的应用
- 联邦推荐算法
- 分布式推荐

v6-1

 6.1 基于内容的推荐算法

基于内容的推荐是最早被使用的推荐算法，至今仍然被广泛使用，且使用效果良好，如今日头条的推荐系统有很大比例是基于内容的推荐算法。所谓基于内容的推荐算法（Content-Based Recommendations，CB），是基于标的物相关信息、用户相关信息及用户对标的物的操作行为来构建推荐算法模型，为用户提供推荐服务。这里的标的物相关信息，可以是对标的物文字描述的 metadata 信息、标签、用户评论、人工标注的信息等。用户相关信息是指，人口统计学信息（如年龄、性别、偏好、地域、收入等）。用户对标的物的操作行为可以是评论、收藏、点赞、观看、浏览、点击、加购物车、购买等。基于内容的推荐算法一般只依赖于用户自身的行为来对用户提供推荐服务，不涉及其他用户的行为。

广义的标的物相关信息不限于文本信息，图片、语音、视频等都可以作为内容推荐的信息来源，但处理这些信息的算法难度大、处理的时间长且存储成本也相对更高。

基于内容的推荐算法的基本原理是根据用户的历史行为，获得用户的兴趣偏好，从而为用户推荐跟他的兴趣偏好相似的标的物。要做基于内容的个性化推荐，一般需要三个步骤。①内容表征：为每个 item 抽取出一些特征来表示此 item。②特征学习：利用一个用户过去喜欢的 item 的特征数据，来学习此用户的喜好特征，根据历史，聚合计算用户的标签偏好的最简单计数，并加权平均。③生成推荐列表：通过比较上一步得到的用户特征与候选 item 的特征，为此用户推荐一组相关性最大的 item，使用余弦相似度算法，计算与用户标签向量最相似的 Top N 物品列表。

内容表征首先要从文章内容中抽取出代表它们的属性。常用的方法就是利用出现在一篇文章中的词来代表这篇文章，而每个词对应的权重往往使用加权计算法来计算。利用这种方法，一篇抽象的文章就可以使用一个具体的向量来表示了。应用中的 item 会有一些属性对它进行描述。这些属性通常可以分为结构化的属性与非结构化的属性两种。结构化的属性就是这个属性的意义比较明确，其取值限定在某个范围；而非结构化的属性其意义往往不太明确，取值也没有范围，无法直接使用。比如，在社交网站上，item 代表人，一个 item 会有结构化属性，如身高、学历、籍贯等，也会有非结构化属性，如 item 写的个人签名，发布的文章等。对于结构化数据，可以拿来就用；但对于非结构化数据（如文章），往往要先把它转化为结构化数据后才能在模型里使用。真实场景中碰到最多的非结构化数据可能就是文章了。那么，如何将非结构化的文章结构化呢？我们要表征的所有文章集合为 $D=\{d_1,d_2,\cdots,d_N\}$，而所有文章中出现的词的集合为 $T=\{t_1,t_2,\cdots,t_N\}$。也就是说，我们有 N 篇要处理的文章，而这些文章里包含了 n 个不同的词。最终要使用一个向量来表示一篇文章，比如第 j 篇文章被表示为 $d_j=\{w_{1j},w_{2j},\cdots,w_{nj}\}$，其中 w_{ij} 表示第 i 个词在文章 j 中的权重，值越大表示权重越大。所以，为了表示第 j 篇文章，关键在于如何计算 d_j 各分量的值。全部 i 个词在文章 j 中对应的权重可以通过 TF-IDF（一种用于信息检索与数据挖掘的常用加权技术）计算获得。通过以上的方法，我们得到了每个 item 特征的表示。

特征学习指的是假设用户已经对一些 item 做出了喜好判断。那么，接下来要做的就是通过用户过去的这些喜好判断，为他形成一个模型。通过这个模型，就可以判断用户是否会喜欢一个新的 item。所以，我们要解决的是一个有监督的分类问题，此时可以采用一些机器学习的分类算法，可以是 KNN、决策树、朴素贝叶斯算法等。KNN 算法表示对于一个新的 item，KNN 算法首先去寻找该用户已经评判过并且与此新 item 最相似的 k 个 item。然后依据该用户对这 k 个 item 的喜好程度来判断其对此新 item 的喜好程度。该方法的关键在于如何通过 item 的属性向量计算 item 之间的相似度。对于结构化数据，相似度计算可以使用欧氏距离，而如果使用向量空间模型来表示 item，则相似度计算可以使用 cosine（余弦相似度）表示。决策树算法表示当 item 的属性较少而且是结构化属性时，决策树会是个很好的选择。这种情况下决策树可以产生简单直观、容易让人理解的决策结果。但是如果 item 的属性较多，且都来源于非结构化数据，例如文章，那么决策树的效果可能不不满足需求。朴素贝叶斯算法经常被用来做文本分类，假设在给定一篇文章的类别后，其中每个词出现的概率相互独立。由于朴素贝叶斯算法的代码实现比较简单，所以先尝试用它来解决分类问题。我们当前的问题中包括两个类别，用户喜欢的 item，以及他不喜欢的 item。在给定一个 item 的类别后，其各个属性的取值概率互相独立。我们可以利用该用户的历史喜好数据进行训练，之后再用训练好的贝叶斯分类器对给定的 item 做分类。

生成推荐列表，表示如果特征学习中我们使用了分类模型，那么只要把模型预测的用户最可能感兴趣的 n 个 item 作为推荐返回给用户即可。

基于内容的推荐算法也存在一些缺点，第一个缺点是，无法挖掘用户的潜在兴趣，该算法只依赖于用户过去对某些 item 的喜好，它产生的推荐也都会和用户过去喜欢的 item 相似。如果一个用户以前只看与科技有关的文章，那么推荐算法只会给他推荐更多与科技相关的文章，它不会知道用户可能还喜欢政治类的文章。第二个缺点是，无法为新用户产生推荐，也就是人们常说的冷启动问题。新用户没有喜好历史，自然无法获得他的特征，所以也就无法为他产生推荐内容了，这时候可能需要人工打标签来解决。

(6.2) 基于用户行为特征的推荐算法

推荐算法中首先要介绍的是协同过滤算法了（Collaborative Filtering，CF），CF 算法汇总的是所有的<user,item>行为对，推荐方式类似朋友推荐，比如，用户 A 和用户 B 都喜欢的东西相似（item 相似），数据显示用户 B 喜欢某样东西，但是用户 A 还没有喜欢，那么此时就将用户 B 喜欢的 item

推荐给用户 A。还有一种协同推荐（User-Based CF），即对比数据（item），发现 item A 和 item B 类似（即被相似的 user 喜欢），就把某 user 的所有喜欢的 item 的类似 item 过滤出来作为候选推荐给该 user。该算法有很多优点：①经常能推荐出一些意想不到的结果；②实现有效长尾 item；③只依赖用户行为，无需对内容进行深入了解，适用范围广。相反地，该算法也有一些缺点：①运行开始时需要大量的行为数据，即需要大量冷启动数据；②很难给出合理的推荐解释。

v6-2

↗6.2.1　**User-Based CF 详解及优化**

基于用户的协同过滤（User-Based Collaborative Filtering）算法（以下简称 User CF）是一种协同过滤算法，是基于用户相似度的推荐算法，当其中一个用户购买过物品 A，另一个用户也购买过物品 A 时，就可以判断两个用户有一定的相似度，因此当其中一个用户继续购买物品 B 时，就会给另一个用户也推荐物品 B。但是当第一个用户有 1000 条历史记录，而第二个用户只有 3 条历史记录，这时候第一个用户的数据就没有第二个用户有说服力，因此对于该算法的优化，就是需要去掉这些有很多历史行为记录的数据，即 User CF-IIF 算法。该算法最终会输出 itemid 以及相应的 score。

User CF 算法的实现原理：

① 找到和需要分析的某个用户相似的用户集合。

② 找到这个集合中用户感兴趣的，且用户没有听说过的物品推荐给该用户。

首先，计算每两个用户的相似度。$N(u)$ 表示用户 u 的历史行为记录中的正反馈的商品集合，$N(v)$ 表示用户 v 的历史行为记录中的正反馈的商品集合。

余弦相似度的计算公式为

$$W_{uv} = \frac{|N(u) \cap N(v)|}{\sqrt{|N(u)||N(v)|}}$$

上式中的用户兴趣相似度计算过于粗略，因为只有买过相同的冷门物品才能表示两个用户兴趣相似。故有改进版本的计算相似度

$$W_{uv} = \frac{\sum_{i \in N(u) \cap N(v)} \frac{1}{\log 1 + |N(i)|}}{\sqrt{|N(u)||N(v)|}}$$

其中，$N(u)$ 表示与用户 u 产生过历史记录的物品列表；$N(i)$ 表示与物品 i 产生过历史记录的用户列表。在分析用户 u 和用户 v 的共现矩阵中可用公式 $\frac{1}{\log 1 + |N(i)|}$ 进行计算，我们需要排除的是热门物品对用户之间的相似度的影响。

为了计算相似度，我们首先需要建立物品到用户的倒排索引表，一个物品可能有多个用户与其产生过行为记录数据。$C[u][v]=k$ 表示用户 u 和用户 v 同时在 k 个物品的用户列表中，但是这里面 $C[u][v]$ 不能为 0，为 0 则计算就没有意义。

得到用户之间的相似度之后，以下公式可以计算出用户 u 对物品 i 的喜爱程度，$p(u,i) = \sum_{v \in S(u,k) \cap N(i)} w_{uv} r_{vi}$，其中 $S(u,k)$ 表示和用户 u 最相似的前 k 个用户。$N(i)$ 表示和商品 i 有过历史行为记录的用户行为列表。W_{uv} 表示用户 u 和用户 v 的用户相似度。r_{vi} 表示用户 v 对物品 i 的感兴趣程度。

但是 User CF 算法的时间复杂度是 $O(u^2)$，因为需要计算每一对用户之间的相似度。事实上，很多用户相互之间并没有对同样的物品产生过行为，所以当分子为 0 的时候没有必要再去计算分母，此时可以优化算法，即首先计算出 $N(u)$ 且 $N(v)!=0$ 的用户对 (u,v)，然后计算分母以得到两个用户的相似度。该方法需要两步，第一步是建立物品到用户的倒查表 T，表示该物品被哪些用户产生过行为；第二步是根据倒查表 T，建立用户相似度矩阵 W。在 T 中，对于每一个物品 i，设其对应

的用户为 j,k，在 W 中，更新相应的元素值，$w[j][k]=w[j][k]+1$，$w[k][j]=w[k][j]+1$，以此类推，扫描完倒排表 T 中的所有物品后，就可以得到最终的用户相似度矩阵 W，这里的 W 是余弦相似度中的分子部分，然后将 W 除以分母便可以得到最终的用户兴趣相似度，如图 6-1 所示。

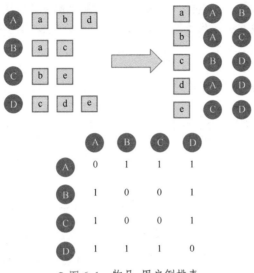

● 图 6-1　物品-用户倒排表

得到用户相似度之后，给用户推荐和他兴趣最相似的 k 个用户喜欢的物品。公式为 $p(u,i) = \sum\limits_{v \in S(u,k) \cap N(i)} w_{uv} r_{vi}$，其中，$p(u,i)$ 表示用户 u 对物品 i 的感兴趣程度，$S(u,k)$ 表示和用户 u 兴趣最接近的 k 个用户，$N(i)$ 表示对物品 i 有过行为的用户集合，w_{uv} 表示用户 u 和用户 v 的兴趣相似度，R_{vi} 表示用户 v 对物品 i 的兴趣。根据 User CF 算法，可以算出用户 A 对物品 c、e 的兴趣。

在此基础上，还可以对算法进行改进，两个用户对冷门物品采取过同样的行为更能说明他们兴趣的相似度。比如两个用户都买过某本练习册，并不能说明两个人的兴趣相似，而如果两个人都买过计算机类的练习册则可以认为他们的兴趣相似。公式如下 $w_{uv} = \dfrac{\sum\limits_{i \in N(u) \cap N(v)} \dfrac{1}{\log 1 + |N(i)|}}{\sqrt{|N(u)\|N(v)|}}$，可以看到如果大多数人对一个物品产生过行为，则这样的信息参考价值不大，权重相应变小。

对于一个新用户，采用 User CF 很难找到邻居用户，并且还存在一个很大的问题就是对于一个物品，所有最近的邻居都在其上没有多少打分。对于这些问题，有一些基础的解决方案：①相似度计算最好使用皮尔逊相似度。②考虑共同打分物品的数目。③对打分进行归一化处理。④设置一个相似度阈值。

但是 User CF 在工业界的使用不是很广泛，主要有 3 个原因：①稀疏问题。（客户数与商品数的量级相差非常大，而用户购买的物数也相对小，所以倒排表非常稀疏，这对计算和存储都是挑战）②数百万的用户计算（协同过滤是基于统计进行计算的，需要计算两两之间的相似度，对于数百万的用户，需要计算的相似度就很多，计算量特别大）。③人是善变的（一个人可能今天喜欢一样物品，明天就不喜欢了）。因此对于 CF 来说，ItemCF 是使用比较广泛的一个算法。

↗6.2.2　Item-Based CF 详解及优化

基于物品的协同过滤（Item-Based Collaborative Filtering）算法（以下简称 Item CF）的基本原理与基于用户的类似，只是使用所有用户对物品的偏好，发现物品和物品之间的相似度，然后根据用户的历史偏好信息，将类似的物品推荐给用户。Item CF 和基于内容的推荐（在 6.1 节已经讲解）其实都是基于物品

v6-3

相似度预测推荐，只是相似度计算的方法不一样，前者是从用户历史的偏好推断，而后者是基于物品本身的属性特征信息来推断，主要利用的是用户评价过的物品的内容特征，而 CF 方法还可以利用其他用户评分过的物品内容。基于物品的协同过滤算法是目前业界应用最多的算法。无论是 Amazon，还是 Netflix、Hulu、YouTube，其推荐算法的基础都是该算法。本节将从基础的算法开始介绍，然后提出算法的改进方法，并通过实际数据集评测该算法。基于用户的协同过滤算法在一些网站（如 Digg）中得到了应用，但该算法有一些缺点。首先，随着网站的用户数量越来越大，计算用户兴趣相似度矩阵将越来越困难，其运算的时间复杂度和空间复杂度与用户数的增长近似于平方关系。其次，基于用户的协同过滤很难对推荐结果进行解释。因此，著名的电子商务公司 Amazon 提出了另一个算法——基于物品的协同过滤算法。Item CF 可以给用户推荐那些和他们之前喜欢的物品相似的物品。比如，该算法会因为你购买过《数据挖掘导论》而给你推荐《机器学习》。不过，Item CF 算法并不利用物品的内容属性来计算物品之间的相似度，它主要通过分析用户的行为记录来计算物品之间的相似度。该算法认为，物品 A 和物品 B 具有很大的相似度是因为喜欢物品 A 的用户大都也喜欢物品 B。

基于物品的协同过滤算法主要分为两步：①计算物品之间的相似度。②根据物品的相似度和用户的历史行为给用户生成推荐列表。物品的相似度为 $W_{ij} = \dfrac{|N(i) \cap N(j)|}{|N(i)|}$，其中分母表示喜欢物品 i 的用户数，分子表示同时喜欢物品 i 和物品 j 的用户数。因此，该公式可以理解为，喜欢物品 i 的用户中有多少比例的用户也喜欢物品 j。但是这里存在一些问题，如果物品 j 很热门，很多人都喜欢，那么 W_{ij} 就会很大，接近于 1。因此，该公式会造成任何物品都会和热门的物品有很大的相似度，这对于致力于挖掘长尾信息的推荐系统来说显然不是一个好的特性。为了避免推荐出热门的物品，可以用公式 $W_{ij} = \dfrac{|N(i) \cap N(j)|}{\sqrt{|N(i)||N(j)|}}$，这个公式惩罚了物品 j 的权重，因此减轻了热门物品会和很多物品相似的可能性。从上面的定义可以看到，在协同过滤中，两个物品产生相似度是因为它们共同被很多用户喜欢，也就是说，每个用户都可以通过他们的历史兴趣列表给物品"贡献"相似度。这里面蕴涵着一个假设，就是每个用户的兴趣都局限在某几个方面，因此，如果两个物品属于一个用户的兴趣列表，那么这两个物品可能就属于有限的几个领域，而如果两个物品属于很多用户的兴趣列表，那么它们就可能属于同一个领域，因而有很大的相似度。和 User CF 算法类似，用 Item CF 算法计算物品相似度时也可以首先建立"用户–物品倒排表"（即对每个用户建立一个包含他喜欢的物品的列表），然后对于每个用户，将他的物品列表中的物品两两在共现矩阵 C 中加 1。

CF 算法可以解决 CB 算法的一些局限。①物品内容不完全或者难以获得时，依然可以通过其他用户的反馈给出推荐。②CF 算法基于用户之间对物品的评价质量，避免了 CB 算法仅依赖内容可能造成的对物品质量判断的干扰。③CF 算法推荐不受内容限制，只要其他类似用户给出了对不同物品的兴趣，CF 算法就可以给用户推荐出内容差异很大的物品（但有某种内在联系）。

基于协同过滤的推荐机制不需要对物品或者用户进行严格的建模，而且不要求对物品特征的描述是机器可理解的，所以这种方法也是领域无关的。而且协同过滤计算出来的推荐是开放的，可以共用他人的经验，从而很好地支持用户发现潜在的兴趣偏好。但是由于 CF 算法的核心是基于历史数据的，所以对新物品和新用户都有"冷启动"的问题，并且推荐的效果依赖于用户历史偏好的多少和准确性，在大部分的实现中，用户历史偏好是用稀疏矩阵进行存储的，而稀疏矩阵上的计算存在明显的问题，如少部分人的错误偏好，可能会对推荐的准确度有很大的影响。

↗6.2.3 融合 Match 中协同过滤思想的深度排序模型

近年来，有人提出了几种模型来从诸如点击和购买之类的行为数据中提取用户兴趣，这对于推荐系统非常重要，因为在推荐系统中用户没有明确表示他们的兴趣。为了表示用户的兴趣，需要考虑用户交互与目标项之间的相关性，其中最具代表性的就是阿里提出的 DIN2 模型。但是，这种模型主要侧重于用户表示，而忽略了 user 与 item 的关联，这种关联直接衡量了 user 对 item 的个性化偏好。

v6-4

6.3 基于模型的推荐算法

基于模型的推荐是一个典型的机器学习问题，它可以将已有的用户喜好信息作为训练样本，训练出一个可以预测用户喜好的模型，以便再进入系统时，可以基于此模型来计算推荐。这种方法的问题在于如何将用户实时或者近期的喜好信息反馈给训练好的模型，从而提高推荐的准确度。基于模型的基本思想主要分为三种：①用户具有一定的特征，决定着他的偏好选择。②物品具有一定的特征，影响着用户是否需选择它。③用户之所以选择某一个商品，是因为用户特征与物品特征相互匹配。基于模型的协同过滤推荐（Model-Based CF）是采用机器学习或数据挖掘等算法，基于样本的用户偏好信息，训练一个推荐模型，然后根据实时的用户的喜好信息来预测新物品的得分，从而计算推荐。基于这种思想，模型的建立相当于从行为数据中提取特征，给用户和物品同时打上"标签"；这和基于人口统计学的用户标签、基于内容方法的物品标签的本质是一样的，都是特征的提取和匹配，有显性特征时（如用户标签、物品分类标签）可以直接匹配做出推荐；没有显性特征时，可以根据已有的偏好数据，去发掘出隐藏的特征，这需要用到隐语义模型（LFM）。

隐语义模型是近年来推荐系统领域较为热门的话题，它主要是通过隐含特征将用户与物品联系起来，把用户和物品转化成隐语义，从数据出发，进行个性化推荐，将用户和物品通过中介隐含因子联系起来，隐含因子让计算机学习更容易。用隐语义模型来进行协同过滤有两个目标：①揭示隐藏的特征，这些特征能够解释为什么给出对应的预测评分。②这类特征可能是无法直接用语言解释描述的。现从简单例子出发来介绍隐语义模型的基本思想。假设用户 A 喜欢《数据挖掘导论》，用户 B 喜欢《三个火枪手》，现在小编要向用户 A 和用户 B 推荐其他书籍。通过 User CF（基于用户的协同过滤）找到与用户偏好相似的用户，将相似用户偏好的书籍推荐给他们；通过 Item CF（基于物品的协同过滤）找到与用户当前偏好书籍相似的其他书籍，推荐给他们。其实还有一种思路，就是根据用户的当前偏好信息，得到用户的兴趣偏好，将与该类兴趣对应的物品推荐给当前用户。比如，用户 A 喜欢的《数据挖掘导论》属于计算机类的书籍，那我们可以将其他的计算机类书籍推荐给用户 A；用户 B 喜欢的是文学类书籍，可将《巴黎圣母院》这类文学作品推荐给用户 B。这就是隐语义模型，依据"兴趣"这一隐含特征将用户与物品进行连接，需要说明的是，此处的"兴趣"其实是对物品类型的一个分类而已。我们从数学角度来理解隐语义模型。如图 6-2 所示，R 矩阵是用户对物品的偏好信息（R_{ij} 表示的是 user i 对 item j 的兴趣度），P 矩阵是用户对各物品类别的一个偏好信息（P_{ij} 表示的是 user i 对 class j 的兴趣度），Q 矩阵是各物品所归属的的物品类别的信息（Q_{ij} 表示的是 item j 在 class i 中的权重）。隐语义模型就是要将矩阵 R 分解为矩阵 P 和矩阵 Q 的乘积，即通过矩阵中的物品类别（class）将用户 user 和物品 item 联系起来。实际上我们需要根据用户当前的物品偏好信息 R 进行计算，从而得到对应的矩阵 P 和矩阵 Q。

	item 1	item 2	item 3	item 4
user 1	R_{11}	R_{12}	R_{13}	R_{14}
user 2	R_{21}	R_{22}	R_{23}	R_{24}
user 3	R_{31}	R_{32}	R_{33}	R_{34}

R

=

	class 1	class 2	class 3
user 1	P_{11}	P_{12}	P_{13}
user 2	P_{21}	P_{22}	P_{23}
user 3	P_{31}	P_{32}	P_{33}

P

×

	item 1	item 2	item 3	item 4
class 1	Q_{11}	Q_{12}	Q_{13}	Q_{14}
class 2	Q_{21}	Q_{22}	Q_{23}	Q_{24}
class 3	Q_{31}	Q_{32}	Q_{33}	Q_{34}

Q

● 图 6-2　矩阵计算

隐语义模型是根据该公式来计算用户 U 对物品 I 的兴趣度 $R_{UI} = \boldsymbol{P}_U \boldsymbol{Q}_I = \sum_{k=1}^{k} p_{u,k} q_{k,I}$，其中，隐语义模型会把物品分成 K 个类型，$p(u,k)$ 表示用户 u 对于第 k 个分类的喜爱程度（$1 < k \leqslant K$），$q(k,i)$ 表示物品 i 属于第 k 个分类的权重（$1 < k \leqslant K$）。那么如何计算矩阵 $\boldsymbol{P}$ 和矩阵 $\boldsymbol{Q}$ 中的参数值。一般做法就是最优化损失函数来求参数。损失函数如下所示：$C = \sum_{(U,I) \in K} (R_{UI} - \hat{R}_{UI})^2 = \sum_{(U,I) \in K} (R_{UI} - \sum_{k=1}^{K} \boldsymbol{P}_{U,k} \boldsymbol{Q}_{k,I})^2$ $+ \lambda \| \boldsymbol{P}_U \|^2 + \lambda \| \boldsymbol{Q}_I \|^2$，式中的 $\lambda \| \boldsymbol{P}_U \|^2 + \lambda \| \boldsymbol{Q}_I \|^2$，是用来防止过拟合的正则化项，$\lambda$ 需要根据具体的应用场景反复试验得到。损失函数的意义是用户 u 对物品 i 的真实喜爱程度与推算出来的喜爱程度的均方根误差，通俗来说，就是真实的喜爱程度与推算的喜爱程度的误差，要使模型最合理就需要使这个误差达到最小值。公式中最后两项是惩罚因子，用来防止分类数取得过大而使误差减少的不合理做法的发生，参数 λ 是一个常数，需要根据经验和业务知识进行反复尝试才能决定。

对于隐语义模型负样本的选择，需要考虑每个用户，要保证它们的正负样本的平衡，需要将那些热门的，但用户却没有对其产生行为的物品考虑在负样本中，对于用户-物品集 $k\{(u,i)\}$，若 (u,i) 是正样本，则 $r_{ui}=1$，若是负样本，则 $r_{ui}=0$。使用隐语义进行训练的过程中，对于参数，也有一些需要注意的地方：①隐特征的个数 F，通常 $F=100$。②学习速率 α，不能过大。③正则化参数 λ，不能过大。④正样本、负样本比例。

协同过滤和隐语义模型哪一个比较好呢？①协同过滤基于统计，隐语义基于模型。②空间复杂度上，隐语义模型较小。③隐语义实时推荐依旧难以实现，目前采用离线计算较多。④隐语义模型不易解释。

 6.4 基于流行度的推荐算法

流行度推荐算法根据大众的流行指标（最高评分、最多购买、最多下载、最多观看等）进行推荐。关于用户对图书的评价矩阵如图 6-3 所示。

	Book1	Book2	Book3	Book4	Book5	Book6
User1	4	3			5	
User2	5		4		4	
User3	4		5	3	4	
User4		3				5
User5		4				4
User6			2	4		5

● 图 6-3 用户对图书的评价矩阵

在为具体用户推荐之前，我们需要计算出每个商品的流行度指标，对任意一本图书，我们以 User1，User2，User3，User4，User5，User6 对其评分的平均值作为流行度指标。则各书的流行度指标为，Book1=4.33，Book2=3.33，Book3=3.67，Book4=3.5，Book5=4.33，Book6=4.67。即可得出 avg(Book6)>avg(Book5)=avg(Book1)>avg(Book3)>avg(Book4)>avg(Book2)。由此有了流行指标的排序，便可以对用户进行推荐了。以对 User1 进行推荐为例，将 User1 已经购买过的图书（Book1，Book2，Book5）从流行度指标有序列表中剔除，就得到了对 User1 的实际推荐列表，

avg(Book6)>avg(Book3)>avg(Book4)，即流行度推荐算法将依次为 User1 推荐 Book6，Book3，Book4。流行度推荐算法仅依赖使用惯用数据（有的系统可能会依赖商品目录等内容数据），其优点是容易实现、没有用户的冷启动问题；缺点是需要对产品进行统一标准化惯用数据、存在新商品的冷启动问题、推荐结果缺乏个性化。

6.5 混合算法

混合推荐算法就是利用两种或者两种以上的推荐算法的组合，来克服单个算法存在的问题，从而更好地提升推荐的效果。在推荐系统发展史上，最典型的利用混合推荐算法提升推荐效果的例子，莫过于 Netflix 在 2006 年启动的奖金为 100 万美元的 Netflix Prize 竞赛，这场竞赛的冠军是在 3 年后由三个团队合并的新团队 Bellkor's Pragmatic Chaos（这个名字其实是由三个领先团队组合起来的；第一个是来自 AT&T 统计研究部的 BellKor，第二个是来自加拿大蒙特利尔的 Pragmatic Theory，第三个是来自于奥地利的 BigChaos）利用原来各自团队算法的优势，将各自的算法整合起来（利用 GBDT 模型组合超过 500 个算法模型）而获得，这种整合的方法就是一种混合推荐算法。

在学习混合推荐算法的价值之前，我们需要先了解当前主流推荐算法存在的问题，才能利用混合推荐算法更好地避免这些问题。根据多种算法混合方式的不同，一般可以分为如下 7 种混合范式，其中每种范式都有两到三种具体的实现方案。

第一种是特征组合混合，特征组合利用多个推荐算法的特征数据来作为原始输入，利用其中一个算法作为主算法，最终生成推荐结果。以协同过滤和基于内容的推荐为例，可以利用协同过滤算法为每个样本赋予一个特征，然后基于内容的推荐利用这些特征及内容相关特征来构建基于内容的推荐算法。比如，可以基于矩阵分解获得每个标的物的特征向量，基于内容的推荐，利用标的物之间的 metadata 来计算相似度，同时也整合前面基于矩阵分解获得的特征向量之间的相似性。将协同过滤与基于内容的推荐进行特征组合，能够让推荐系统利用协同数据，而不必完全依赖它，因此降低了系统对某个标的物有操作行为的用户数量的敏感度，也就是说，即使某个标的物没有太多用户行为，也可以很好地将该标的物推荐出去。由于特征组合方法非常简单，所以将协同过滤和基于内容的推荐进行组合是较为常用的方案。

第二种是特征增强混合，特征增强混合是另一种单体混合算法，不同于特征组合只是简单地结合或者预处理不同的数据输入，特征增强会利用更加复杂的处理和变换，它可能有两个算法，第一个算法可能事先预处理第二个算法依赖的数据，生成中间可用的特征或者数据（中间态），再供第二个算法使用，最终生成推荐结果。比如，做视频相似推荐时，先用 item2vec 进行视频嵌入学习，学习视频的表示向量，最后用 kmeans 聚类来对视频聚类，最终将每个视频所在类的其他视频作为该视频的关联推荐，这也算是一种特征增强的混合推荐算法。

第三种是掺杂混合，它将多个推荐算法的结果混合起来，最终推荐给某个用户，见下面公式，其中，k 是第 k 个推荐算法。$rec_{mixed}(u) = \bigcap_{k=1}^{u} rec_k(u)$，该公式只是给出了为用户推荐的标的物列表，不同的算法可能会推荐一样的结果，所以需要去重。另外，这些标的物需要先排序再最终展示给用户。一般，不同算法的排序逻辑不一样，直接按照不同算法的得分进行粗暴排序往往存在问题。可以将不同算法预测的得分统一到可比较的范围（如可以先将每个算法的得分归一化到 0~1 之间），再根据归一化后的得分大小来排序。

第四种是加权混合，加权方法利用多个推荐算法的推荐结果，通过加权来获得每个推荐候选标的物的加权得分，对比得分大小，最终来排序。具体某个用户 u 对标的物 i 的加权得分计算如下：

$rec_{weighted}(u,i) = \sum_{k=1}^{n} \beta_k \times rec_k(u,i)$，这里同样要保证不同的推荐算法输出的得分要在同一个范围内，否则加权是没有意义的。

第五种是分支混合，分支混合根据某个判别规则来决定在某种情况发生时，利用某个推荐算法的推荐结果。具体的公式可以用下式简单表示。存在 $k=1,\cdots,n$，使得 $rec_{switching}(u,i) = rec_k(u,i)$，分支条件可以是与用户状态相关的，也可以是跟上下文相关的。

第六种是级联混合，在级联方式中，一个算法的推荐结果作为输出给到下一个算法作为输入之一，下一个算法只会调整上一个算法的推荐结果的排序或者剔除部分结果，而不会新增推荐标的物。如果用数学语言来描述，级联混合就是满足下面两个条件的混合推荐，其中 n 是级联的算法个数，$n \geqslant 2, rec_k(u)$ 是第 k 个推荐算法的推荐结果。$rec_{cascade}(u) = rec_n(u)$，其中，$k \geqslant 2, rec_k(u) \subseteq rec_{k-1}(u)$。注意：对于排在级联混合第一个算法后面的算法的输入，除了前面一个算法的输出外，可能还会用其他的数据来训练推荐算法模型，级联的目的是优化上一个算法的排序结果或者剔除其中不合适的推荐，通过级联会减少最终推荐结果的数量。

第七种是元级别混合，在元级别混合中，一个推荐算法构建的模型会被流水线后面的算法使用，用于生成推荐结果，下面的公式很好地说明了这种情况：$rec_{meta\text{-}level}(u) = rec_n(u, model_{rec_{n-1}})$ 由于这种混合直接将模型作为另一个算法的输入，类似函数式编程中将函数作为另一个函数的输入，所以比较复杂，在现实业务场景中一般取 $n=2$，即只做两层的混合。

上文讲解了多个推荐算法混合的各种可行情况，那么在真实的推荐业务场景中，混合推荐算法使用得多吗？一般会怎么进行不同推荐算法和策略的混合呢？我们通过一个工业级推荐系统来解答这几个问题。在工业级推荐系统中，一般将整个推荐流程分为召回、排序、策略调控 3 个阶段。召回阶段的目的是，通过利用不同的推荐算法将用户可能喜欢的标的物从海量标的物库（千万级或者上亿级）中筛选出一个足够小的子集。这其中的每一种召回策略可以看成是一个推荐算法，不同召回算法的结果是通过掺杂混合的方式进行合并的，混合后的推荐结果将作为数据输入给后续的排序推荐算法阶段进行进一步精细化处理。在排序阶段，对召回阶段的多种召回算法混合后的推荐结果进行精细排序，因此从召回到排序这两个阶段的 pipeline 就是前面提到的级联混合推荐策略。在策略调控阶段，会根据业务规则及运营需求，对排序阶段的推荐结果进行调整，可能会调整顺序，插入需要强运营的标的物或插入广告等，这一阶段的处理是比较偏业务的。不同行业和运营策略所做的处理也会很不一样，这一块可能会更多偏规则。从排序到策略调控这两个阶段的 pipeline 没有被前面提到的几种混合推荐算法覆盖，算是在真实业务场景下对上述混合推荐算法的一种补充和完善。从上面一般的工业级推荐系统的 3 阶段 pipeline 架构可以知道，推荐过程是大量使用混合推荐中的一些策略和方法的，并对这些方法进行了拓展和完善。真实的工业级推荐系统是非常复杂的，不同行业和产品形态的推荐系统，其实现方式差别较大。

6.6　基于图的模型

用户行为很容易用二分图表示。基于邻域的模型可以看成基于图的模型的简单形式，因此很多研究人员把基于邻域的模型也称为基于图的模型。

↗6.6.1　用户行为数据的二分图表示

令 $G(V,E)$ 表示用户-物品二分图，其中 $V = V_U \cup V_I$，由用户顶点集合 V_U 和物品顶点集合 V_I 组成；对于每一个二元组 (u,i)，图中都有一套对应的边，其中 $v_u \in V_U$ 是用户 u 对应的顶点，$v_i \in V_I$ 是物品 i 对应的顶点。图 6-4 表示一个用户-物品二分图，两个节点之间的边代表用户对物品的行为：

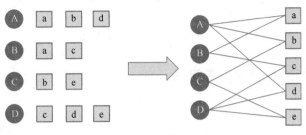

● 图 6-4　用户-物品二分图

↗6.6.2　基于图的推荐算法

度量用户顶点与用户没有直接相连的物品节点在图上的相关性，相关性越高的物品在推荐列表中的权重就越高。①影响相关性的因素：a. 两个顶点之间的路径数；b. 两个顶点之间路径的长度；c. 两个顶点之间的路径经过的顶点。②高相关性节点的特征：a. 两个顶点之间有很多路径相连；b. 连接两个顶点之间的路径长度都比较短；c. 连接两个顶点之间的路径不会经过出度比较大的顶点。③基于随机游走的 PersonalRank 算法。假设要给用户 u 进行个性化推荐，可以从用户 u 对应的节点开始在用户-物品二分图上进行随机游走。游走到任何一个节点时，首先根据概率 α 决定是继续游走，还是停止这次游走，并从节点开始重新游走。如果决定继续游走，那么就从当前节点指向的节点中按照均匀分布随机选择一个节点作为下次游走经过的节点。按照这种方式，经过很多次随机游走后，每个物品节点被访问到的概率会收敛到一个数，最终的推荐列表中，物品的权重就是物

品节点的访问概率。抽象成公式为 $PR(v) = \begin{cases} \alpha \sum\limits_{v' \in in(v)} \dfrac{PR(v')}{|out(v)'|} & (v \neq v_u) \\ (1-\alpha) + \alpha \sum\limits_{v' \in in(v)} \dfrac{PR(v')}{|out(v)'|} & (v = v_u) \end{cases}$ ，虽然 PersonalRank 算

法可以通过随机游走获得比较好的理论解释，但该算法在时间复杂度上有明显的缺点。它为每个用户进行推荐时，都需要在整个用户-物品二分图进行迭代。④可以通过减少迭代次数在收敛之前就停止（影响精度）或从矩阵论出发重新设计算法来解决③中的问题。⑤通过矩阵论解决复杂度过高的问题。

6.7　基于社交网络的推荐

↗6.7.1　基于邻域的社会化推荐算法

如果给定一个社交网络和一份用户行为数据集。其中社交网络定义了用户之间的好友关系，而用户行为数据集定义了不同用户的历史行为和兴趣数据。可通过算法给用户推荐好友喜欢的物品集合。即用户 u 对物品 i 的兴趣 p_{ui} 可以通过如下公式计算 $p_{ui} = \sum\limits_{v \in out(u)} \gamma_{vi}$ ，其中 $out(u)$ 是用户 u 的好友集合，如果用户 v 喜欢物品 i，则 $\gamma_{vi} = 1$，否则 $\gamma_{vi} = 0$。不过，即使都是用户 u 的好友，不同的好友和用户 u 的熟悉程度与兴趣相似度也是不同的。因此，在推荐算法中，考虑好友和用户的熟悉程度以及兴趣相似度 $p_{ut} = \sum\limits_{v \in out(u)} w_{uv} \lambda_{vi}$ ，式中的 w_{uv} 由两部分构成，一部分是用户 u 和用户 v 的熟悉程度，另一部分是用户 u 和用户 v 的兴趣相似度。用户 u 和用户 v 的熟悉程度描述了用户 u 和用户 v 在现实社会中的熟悉程度。熟悉度可以根据用户之间的共同好友比例

来度量 $familiarity(u,v) = \dfrac{out(u) \cap out(v)}{out(u) \cup out(v)}$，除了熟悉程度，还需要考虑用户之间的兴趣相似度：

$similiarity(u,v) = \dfrac{N(u) \cap N(v)}{N(u) \cup N(v)}$，其中，$N(u)$ 是用户 u 喜欢的物品集合。

↗6.7.2　基于图的社会化推荐算法

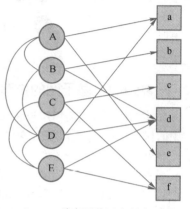

社交网站中存在两种关系，一种是用户对物品的兴趣关系，另一种是用户之间的社交网络关系。接下来主要讨论如何将这两种关系建立到图模型中，从而实现对用户的个性化推荐。用户的社交网络可以表示为社交网络图，用户对物品的行为可以表示为用户物品二分图，而这两种图可以结合成一个图。图 6-5 是一个结合了社交网络图和用户-物品二分图的图例。该图中有用户顶点（圆圈）和物品顶点（方块）两种顶点。如果用户 u 对物品 i 产生过行为，那么两个节点之间就有边相连。比如，该图中用户 A 对物品 a、e 产生过行为。如果用户 u 和用户 v 是好友，那么也会有一条边连接这两个用户，比如，该图中用户 A 就和用户 B、D 是好友。

● 图 6-5　社交网络图和用户-物品二分图的结合

在定义完图中的顶点和边后，需要定义边的权重。其中用户和用户之间边的权重可以定义为用户之间相似度的 α 倍（包括熟悉程度和兴趣相似度），而用户和物品之间的权重可以定义为用户对物品喜欢程度的 β 倍。α 和 β 需要根据应用的需求确定。如果希望用户好友的行为对推荐结果产生比较大的影响，那么就可以选择比较大的 α。如果希望用户的历史行为对推荐结果产生比较大的影响，就可以选择比较大的 β。在定义完图中的顶点、边和边的权重后，我们就可以利用 PersonalRank 图排序算法给每个用户生成推荐结果。在社交网络中，除了常见的用户和用户之间直接的社交网络关系（friendship），还有一种关系，即两个用户属于同一个社群（membership）。如果要在前面提到的基于邻域的社会化推荐算法中考虑 membership 的社交关系，可以利用两个用户加入的社区重合度来计算用户相似度，然后给用户推荐和他的喜好相似的用户喜欢的物品。但是，如果利用图模型，我们就很容易同时对 friendship 和 membership 建模。

(6.8)　Slope-one 推荐算法

Slope-One 是一种很好理解的推荐算法，它也因此而备受关注。其基本想法来自简单的一元线性模型 $w = f(v) = v + b$。已知一组训练点 (v_i, w_i)，其中 $i = 1,2,\cdots,n$。利用此线性模型最小化预测误差的平方和，我们可以获得 $b = \dfrac{\sum\limits_i (w_i - v_i)}{n}$，利用上式获得了 b 的取值后，对于新的数据点 v_{new}，我们可以利用 $w_{\text{new}} = b + v_{\text{new}}$ 来对其预测。直观上，我们可以把上面求 b 的公式理解为 w_i 和 v_i 差值的平均值。我们定义 item i 相对于 item j 的平均偏差 $dev_{j,i} = \sum\limits_{u \in S_{j,i}(\chi)} \dfrac{u_j - u_i}{card(S_{j,i}(\chi))}$，其中 $S_{j,i}()$ 表示同时对 item i 和 item j 给予了评分的用户集合，而 $card()$ 表示集合包含的元素数量。我们可以使用 $dev_{j,i} + u_i$ 获得用户 u 对 item j 的预测值。对所有这种可能的预测求平均，可以得到 $P(u)_j = \dfrac{1}{card(R_j)} \sum\limits_{i \in R_j} (dev_{j,i} + u_i)$，其中 R_j 表示所有用户 u 已经给予评分且满足条件（$i \neq j$ 且 $S_{j,i}()$ 非

空）的 item 集合。对于足够稠密的数据集，可以使用近似 $\overline{u} = \sum_{i \in S(u)} \dfrac{u_i}{card(S(u))} \cong \sum_{i \in R_j} \dfrac{u_i}{card(R_j)}$，还可以将此预测公式简化为 $P^{S1}(u)_j = \overline{u} + \dfrac{1}{card(R_j)} \sum_{i \in R_j} dev_{j,i}$。

6.9 基于 DNN 的推荐算法介绍

同时具备记忆能力和泛化能力是推荐系统和通用搜索排序问题共有的一大挑战。记忆能力可以解释为学习那些经常共同出现的特征，发现历史数据中存在的共现性。泛化能力则基于迁移相关性，探索之前几乎没有出现过的新特征组合。

比如 YouTube 在 2006 年提出的 Wide&Deep 模型，如图 6-6 所示。

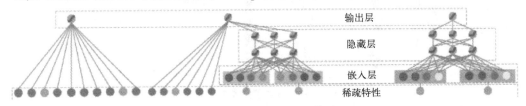

● 图 6-6　Wide&Deep 模型

整个推荐系统可分为召回和排序两个阶段，召回阶段一般通过 i2i、u2i、u2u、user profile 等方式"粗糙"地召回候选物品，召回阶段的数量是百万级别的，排序阶段则是对召回阶段的数据使用更精细的特征，计算 user-item 的排序分，并将该分数作为最终输出推荐结果的依据。

1. 召回阶段

把推荐问题建模成一个"超大规模多分类"问题，即在时刻 t，为用户 U 在视频库 V 中精准地预测出视频 i 的类别，用数学公式表示为 $P(w_t = i | U, C) = \dfrac{e^{v_i, u}}{\sum_{j \in V} e^{v_j, u}}$，此式为一个 softmax 多分类器，向量 $u \in \pmb{R}^N$ 是 <user,context> 信息的高维嵌入，而向量 $v_j \in \pmb{R}^N$ 则是视频 j 的嵌入向量。所以 DNN 的目标就是，在用户信息和上下文信息作为输入的条件下，学习用户的嵌入向量 u。

在这种超大规模分类问题上，至少要有几百万个类别，实际训练采用的是 Negative Sample（负采样），或是 word2vec 方法中提到的 SkipGram 方法。

整个模型包含三个隐藏层的 DNN 结构，如图 6-7 所示。输入为用户浏览历史、搜索历史、人口统计学信息和其余上下文信息组合成的输入向量，输出分为线上和离线训练两个部分。

离线训练阶段，输出层为 softmax 层，输出为公式所表达的概率。线上则是直接利用 user 向量查询相关商品，在最重要的性能问题方面，则利用类似局部敏感哈希的算法提供最相关的 N 个视频。

类似于 word2vec 算法，每个视频都会被嵌入到固定维度的向量中，用户不同行为下的视频，通过加权平均等方式汇总得到固定维度的向量作为链接神经网络（DNN）输入。

在有监督学习的情况下，最重要的是选择标签，因为标签决定了模型的训练目标，而模型和特征是为了逼近标签。

训练时的小技巧：①使用更广的数据源，即不局限于推荐场景的数据，也可以包括搜索的数据，等等。②为每个用户生成固定数量的训练样本，即平等地对待每一个用户，避免不活跃的用户被少数活跃用户代表，能明显提升线上效果。③抛弃序列信息，即对过去用户有查询行为的嵌入向量进行加权平均。④不对称的共同浏览问题，即指用户在浏览视频的时候，往往都是序列式的。

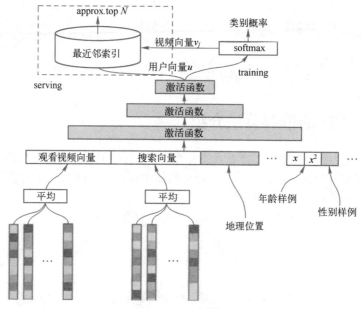

● 图 6-7　模型包含三个隐藏层的 DNN 结构

2. 排序阶段

在指定排序标签的时候，单纯的点击率（CTR）是有迷惑性的，比如某些靠关键词或者图片吸引用户进行高点击的视频和文章的跳出率是很高的，因此设定标签的时候要与期望的 KPI 一致，同时通过线上的 A/B 测试进行调整。

v6-5

特征工程中最难的是如何建模用户时序行为，并且将这些行为和要排序的 item 进行关联。

特征工程的小技巧：①考虑用户在类别下的行为汇总，比如度量用户对视频的喜欢程度，可以考虑用户与视频在所在频道间的关系。②数量特征和时间特征，这两类特征具有很强的泛化能力。除了这两类正向的特征。用户在某些类别的浏览但不点击的行为，即负反馈信号同样非常重要。③把召回阶段的信息传播到排序阶段也同样能够取得很好的提升效果。④用 DNN 处理连续特征，将稀疏的高基数空间的离散特征嵌入到稠密的向量中。⑤ID 编码类特征并不需要对全部的 ID 进行嵌入编码，只需要对 top N 的物品进行嵌入编码即可，其余置为 0。⑥同维度不同特征采用的相同 ID 的标签是共享的，这样可以大大加速训练过程，但要注意的是输入层要进行分别填充。⑦DNN 对输入特征的尺度和分布都是非常敏感的，除了树模型，大多数机器学习算法都是这样，一般会对特征进行归一化处理，从而加速模型收敛过程，一种推荐的归一化方法是累计分位点。⑧特征构造时会将归一化后的 $\bar{x}$ 的平方根 $\sqrt{\bar{x}^2}$ 和平方 $\bar{x}^2$ 作为网络输入，使得期望网络更容易地学到特征的次线性和超线性函数。

接下来使用 DNN 排序模型对电影数据进行推荐，主要分为四步：①读取电影数据集、包括（用户信息、电影信息、评分行为信息）。②搭建双塔模型并训练，用到 keras 函数嵌入、点积等技术。③模型应用 1，保存模型用于在线预估。④模型应用 2，导出嵌入向量用于召回。

6.10　基于 TF 实现稀疏自编码和在推荐中的应用

一个大型推荐系统，物品的数量级为千万，用户的数量级为亿。使用稀疏编码进行数据降维后，用户或者物品均可用一组低维基向量表征，因此便于存储计算，且可供在线层实时调用。

在推荐实践中，我们主要使用稀疏编码的方法，输入用户点击、收藏、购买数据，训练出物品及用户的特征向量，具体构造自编码网络的方法如下。

输入层：每层物品的输入向量为$(u_1, u_2, \cdots, u_n)$，其中 u_i 表示用户 i 是否点击、收藏、购买这个物品。输入矩阵为$(m+1)*n$ 维，m 为用户数量，n 为物品数量。

输出层：和输入层一致。

隐藏层：强制指定神经元的数量为 $k+1$ 个，此时隐藏层其实就是物品的低维特征向量，矩阵为$(k+1)*n$ 维，其中 $k+1$ 为特征维数，n 为物品数量。

使用 Tensorflow 实现稀疏自编码的代码如下。

引入需要的 package：

```
import numpy as np
import sklearn.preprocessing as prep
import tensorflow as tf
from tensorflow.examples.tutorials.mnist import input_data
```

定义一个 Xavier 初始化器：

```
# 定义一个 Xavier 初始化器，让权重不大不小，正好合适
def xavier_init(fan_in, fan_out, constant=1):
    low = -constant * np.sqrt(6.0 / (fan_in + fan_out))
    high = constant * np.sqrt(6.0 / (fan_in + fan_out))
    weight = tf.random_uniform( (fan_in, fan_out), minval=low, maxval=high, dtype=tf.float32)
    return weight
```

构建融合高斯噪声的稀疏自编码：

```
class AdditiveGaussianNoiseAutoEncoder(object):
    # 构造函数
    def __init__(self, n_input, n_hidden, transfer_function = tf.nn.softplus, optiminzer = tf.train.AdamOptimizer(), scale = 0.1):
        # 输入变量数
        self.n_input = n_input
        # 隐藏层节点数
        self.n_hidden = n_hidden
        # 隐藏层激活函数
        self.transfer_func = transfer_function
        # 优化器，默认使用 Adma
        self.optimizer = optiminzer
        # 高斯噪声系数，默认使用 0.1
        self.scale = tf.placeholder(tf.float32)
        self.training_scale = scale
        # 初始化神经网络参数
        network_weights = self._initialize_weights()
        # 获取神经网络参数
        self.weights = network_weights
        # 初始化输入的数据，数据的维度为 n_input 列，行数未知
        self.x = tf.placeholder(tf.float32, [None, self.n_input])
        # 计算隐藏层值，输入数据为融入噪声的数据，然后与 w1 权重相乘，再加上偏置
        self.hidden = self.transfer_func(
            tf.add(
                tf.matmul(
                    self.x + scale * tf.random_normal((self.n_input,)), self.weights["w1"]
                ),
                self.weights["b1"]
            )
        )
        # 计算预测结果值，将隐藏层的输出结果与 w2 相乘，再加上偏置
        self.reconstruction = tf.add(
            tf.matmul(
                self.hidden, self.weights["w2"]
            ),
            self.weights["b2"]
        )
        # 计算平方损失函数（Squared Error） subtract：计算差值
        self.cost = 0.5 * tf.reduce_mean(
            tf.pow(
                tf.subtract(
                    self.reconstruction, self.x
```

```
            ),
              2.0
            )
        )
        # 定义优化方法，这里默认使用的是 Adma 函数
        self.optimizer = optiminzer.minimize(self.cost)
        init = tf.global_variables_initializer()
        self.sess = tf.Session()
        self.sess.run(init)

    # 权值初始化函数
    def _initialize_weights(self):
        all_weights = dict()
        all_weights["w1"] = tf.Variable( xavier_init(self.n_input, self.n_hidden) )
        all_weights["b1"] = tf.Variable( tf.zeros([self.n_hidden], dtype = tf.float32) )
        all_weights["w2"] = tf.Variable( tf.zeros([self.n_hidden, self.n_input], dtype = tf.float32) )
        all_weights["b2"] = tf.Variable( tf.zeros([self.n_input], dtype = tf.float32) )
        return all_weights

    # 计算损失函数和优化器
    def partial_fit(self, X):
        cost, opt = self.sess.run(
            (self.cost, self.optimizer),
            feed_dict= {self.x: X, self.scale: self.training_scale}
        )
        return cost

    # 计算损失函数
    def calc_total_cost(self, X):
        return self.sess.run(
            self.cost, feed_dict= {self.x: X, self.scale: self.training_scale}
        )

    # 输出自编码器隐含层的输出结果，用来提取高阶特征，是三层（输入层、隐藏层、输出层）的前半部分
    def transform(self, X):
        return self.sess.run(
            self.hidden, feed_dict= {self.x: X, self.scale: self.training_scale}
        )

    # 将隐藏层的输出作为结果，复原数据，是整体拆分的后半部分
    def generate(self, hidden = None):
        if hidden is None:
            hidden = np.random.normal(size= self.weights["b1"])
        return self.sess.run(
            self.reconstruction, feed_dict= {self.hidden: hidden}
        )

    # 构建整个流程，包括 transform 和 generate
    def reconstruct(self, X):
        return self.sess.run(
            self.reconstruction, feed_dict={self.x: X, self.scale: self.training_scale}
        )

    # 获取权重 w1
    def getWeights(self):
        return self.sess.run(self.weights['w1'])

    # 获取偏值 b1
    def getBiases(self):
        return self.sess.run(self.weights['b1'])
```

定义模型训练类：

```
class ModelTrain:
    def __init__(self, training_epochs = 20, batch_size = 128, display_step = 1):
        self.mnist = self.load_data()
        # 格式化训练集和测试集
        self.x_train, self.x_test = self.standard_scale(self.mnist.train.images, self.mnist.test.images)
        # 总的训练样本数
        self.n_samples = int(self.mnist.train.num_examples)
        # 训练次数
```

```
            self.training_epochs = training_epochs
            # 每次训练的批大小
            self.batch_size = batch_size
            # 设置每隔多少轮显示一次 loss 值
            self.display_step = display_step

    # 加载数据集，数据集为手写数字识别数据，直接通过网络下载即可
    def load_data(self):
        return input_data.read_data_sets("../MNIST_data", one_hot=True)

    # 数据标准化处理函数
    def standard_scale(self, x_train, x_test):
        # StandardScaler: z = (x - u) / s (u 表示均值，s 表示标准差)
        preprocessor = prep.StandardScaler().fit(x_train)
        x_train = preprocessor.transform(x_train)
        x_test = preprocessor.transform(x_test)
        return x_train, x_test

    # 最大限度不重复地获取数据
    def get_random_block_from_data(self, data, batch_size):
        start_index = np.random.randint(0, len(data) - batch_size)
        return data[start_index:(start_index + batch_size)]
```

主函数调用进行模型训练：

```
if __name__ == "__main__":
    autoencoder = AdditiveGaussianNoiseAutoEncoder(
        n_input=784,
        n_hidden= 200,
        transfer_function=tf.nn.softplus,
        optiminzer= tf.train.AdamOptimizer(learning_rate=0.01),
        scale= 0.01
    )
    modeltrain = ModelTrain(training_epochs= 20, batch_size= 128, display_step= 1)
    for epoch in range(modeltrain.training_epochs):
        avg_cost = 0
        # 一共计算多少次数据集
        total_bacth = int(modeltrain.n_samples / modeltrain.batch_size)
        for i in range(total_bacth):
            batch_x = modeltrain.get_random_block_from_data(modeltrain.x_train, modeltrain.batch_size)
            cost = autoencoder.partial_fit(batch_x)
            avg_cost += cost / modeltrain.n_samples * modeltrain.batch_size
        if epoch % modeltrain.display_step == 0:
            print("Epoch:", '%04d' % (epoch + 1), "cost=", "{:.9f}".format(avg_cost))

    print("Total cost: " + str(autoencoder.calc_total_cost(modeltrain.x_test)))
```

v6-6

6.11　联邦推荐算法及应用

联邦推荐算法主要分为两大类：纵向联邦推荐（有大量相同的用户，但是 item 不同，因此也叫 user-based 联邦推荐系统），横向联邦推荐（有大量系统的物品，但是用户不同，也叫 item-based 联邦推荐系统）。

这里介绍纵向联邦推荐，如图 6-8 所示。

在这个场景中，书籍和电影这两种推荐系统有共同的用户，但是 item 不同。一些研究指出：将这两种推荐系统进行联合，可以提高推荐效果，因为这两种推荐系统的用户偏好是一样的。

以矩阵分解为例，在数据不出本地的情况下，如何构建推荐系统？在单方的情况下，用户的评分矩阵可以分解为两个低维矩阵的乘积，即矩阵 P（表示 user profile）和矩阵 Q（表示 item profile）。这两个矩阵的乘积可以很好地拟合历史数据，同时可以填充矩阵中的空白值，并利用这些值进行推荐。在多方的情况下，可以把两者的矩阵分解合并在一起。其中，两方的 user profile 是共

享的，item profile 是各自独有的。为了让两方可以及时地获得最新的 user profile，可以引入第三方服务器，由它来维护 P 矩阵，并实时分发给 A 方和 B 方。

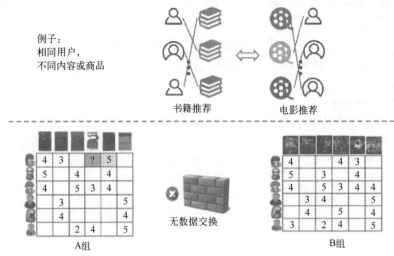

● 图 6-8　纵向联邦推荐

纵向联邦矩阵分解的训练过程如图 6-9 所示。

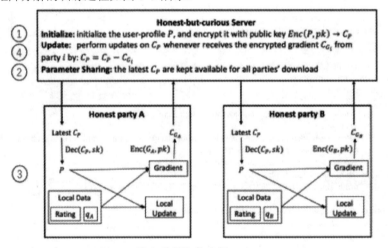

● 图 6-9　纵向联邦矩阵分解[Chai et al.2019]

①服务器初始化并加密 user profile，参与的两方各自初始化 item profile。②服务器分发加密的 user profile 给 A 和 B。③A、B 两方解密 user profile，并基于本地数据计算损失函数，更新各自的 item profile，然后两方分别计算 user profile 的梯度并加密传输给服务器。④服务器汇集 user profile 梯度并更新 user profile 矩阵。按照上述步骤逐次迭代，直到模型收敛。

下面举一个纵向联邦推进的案例，在这个案例中，参与各方有相同的用户，但用户特征不一样。这个场景也是很常见的，一个推荐系统和另外一个数据提供方通过合作来提高推荐效果，如图 6-10 所示。

在这个场景中，需要做特征交叉。其中因子分解机是处理交叉特征的常用算法。联邦因子分解机分别计算各参与方内部的交叉特征，以及跨参与方的部分交叉结果，并引入第三方在加密环境下汇总结果、协助传递梯度信息和更新模型。比如，将性别和电影类型进行交叉，可以挖掘出男性在战争电影和爱情电影、女性在战争电影和爱情电影中的不同偏好程度。通过图 6-10 中例子的特征交叉，可以知道不同地区的人对不同体育项目的偏好。

● 图 6-10　纵向联邦推荐应用场景

联邦因子的分解机如图 6-11 所示。

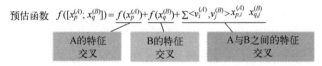

● 图 6-11　联邦因子分解机[Zheng et al.2019]

在数据可以自由传输的情况下，是很容易处理的。但是联邦场景下，如何进行交叉呢？联邦因子分解机的目标函数经优化后，由三部分组成：在 A 方和 B 方各自内部进行特征交叉，以及在 A 方和 B 方之间的特征交叉。我们分别在 A 方和 B 方做一部分计算，然后再合并起来，数据不出本地。同样地，通过引入第三方服务器，在加密的状态下，在 A 方和 B 方之间传递模型参数和特征交叉求和的中间结果。

关于联邦因子分解机的训练过程如图 6-12 所示。

①A 方和 B 方分别初始化各自的模型。②B 方基于自己的特征计算部分预估值和部分损失函数，并加密发送给 A 方。③A 方基于自己的特征，计算部分预估值，并结合 B 方的预估值，计算最终的损失函数和梯度，然后将 B 方需要的梯度和损失函数发送回 B 方。④A 方和 B 方在完成梯度计算以后，分别将梯度进行加密并掩码，然后发送给第三方服务器。⑤第三方服务器解密并汇总梯度后发送给 A 方和 B 方。⑥A 方和 B 方去除自己的掩码并更新自有模型。

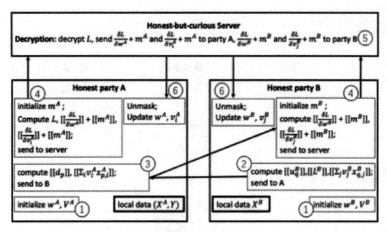

● 图 6-12 联邦因子分解机训练过程[Zheng et al.2019]

第 7 章 推荐系统冷启动及召回方法

主要内容

- 冷启动问题简介
- 选择合适的物品启动用户的兴趣
- 利用物品的内容信息
- Multi-View DNN 模型解决用户冷启动

v7-1

7.1 冷启动问题简介

推荐系统需要使用用户的历史行为记录和兴趣来预测用户未来的行为和兴趣,但是对于许多个性化推荐系统网站来说,如何在没有大量用户数据的情况下设计个性化推荐系统,并且让用户对推荐系统满意,从而愿意使用该推荐系统,这就是冷启动的问题。冷启动问题主要分为 3 类:①用户冷启动。用户冷启动主要解决如何给新用户做个性化推荐的问题。当新用户使用系统时,我们没有关于他的任何数据,包括历史行为数据,所以也无法根据他的历史行为预测其兴趣,从而无法借此给他做个性化推荐。②物品冷启动。物品冷启动主要解决如何将新的物品推荐给可能对它感兴趣的用户这一问题。③系统冷启动。系统冷启动主要解决如何在一个新开发的网站上设计个性化推荐系统,从而在网站刚发布时就让用户体验到个性化推荐服务。

7.2 选择合适的物品启动用户的兴趣

解决用户冷启动问题的其中一个方法是在新用户第一次访问推荐系统时,不立即给用户展示推荐结果,而是给用户提供一些物品,让用户反馈他们对这些物品的兴趣,然后根据用户反馈,给该用户个性化推荐。对于这些通过让用户对物品进行评分来收集用户兴趣,从而对用户进行冷启动的系统,它们需要解决的首要问题就是如何选择物品让用户进行反馈。一般来说,能够用来启动用户兴趣的物品需要具有以下三个特点。①比较热门:如果要让一个用户对某一个物品进行反馈,就需要让用户知道该物品是什么,以电影为例,如果一开始让用户进行反馈的电影都是很冷门的,用户都没有看过,或者都没听过该电影的名字,也就无法对它们做出准确的反馈。②具有代表性和区分性:启动用户兴趣的物品不能是大众的,因为这样的物品不能区分出用户的兴趣,以电影为例,用一部票房很高的电影做启动物品,几乎所有用户都会喜欢这部电影,因而无法区分用户个性化的兴趣。③启动物品集合需要有多样性:在冷启动时,用户感兴趣的物品可能非常多,为了匹配多样的兴趣,我们需要提供具有很高覆盖率的启动物品集合,这些物品能覆盖几乎所有主流的用户兴趣。

首先,给定一群用户,通过这群用户对物品评分的方差来度量这群用户兴趣的一致程度。如果方差很大,说明这一群用户的兴趣不太一致,反之则说明这群用户的兴趣比较一致。一个物品的区分度可表示为 $D(i) = \sigma_{u \in N^+(i)} + \sigma_{u \in N^-(i)} + \sigma_{u \in \bar{N}(i)}$。其中,$N^+(i)$ 是喜欢物品 i 的用户集合;$N^-(i)$ 是不喜欢

物品 i 的用户集合；$\bar{N}(i)$ 是没有对物品 i 评分的用户集合；$\sigma_{u \in N^+(i)}$ 是喜欢物品 i 的用户对其他物品评分的方差；$\sigma_{u \in N^-(i)}$ 是不喜欢物品 i 的用户对其他物品评分的方差；$\sigma_{u \in \bar{N}(i)}$ 是没有对物品 i 评分的用户对其他物品评分的方差。对于物品 i，可将用户分成 3 类：喜欢物品 i 的用户、不喜欢物品 i 的用户、不知道物品 i 的用户。如果这 3 类用户集合内的用户对其他的物品兴趣很不一致，说明物品 i 具有较高的区分度。首先，从所有用户中找到具有最高区分度的物品 i，然后将用户分成 3 类，在每类用户中再找到最具区分度的物品，再将每一类用户又各自分为 3 类，以此类推，最终可以通过对一系列物品的看法将用户进行分类。

7.3 利用物品的内容信息

物品冷启动在新闻网站等时效性很强的网站中非常重要，因为这些网站中时刻都有新加入的物品，而且每个物品必须能够在第一时间展现给用户，否则经过一段时间后，物品的价值就大大降低。解决这一问题最简单的方法是将新的物品随机展示给用户，但这样显然不太个性化，因此可以考虑利用物品的内容信息，将新物品先投放给曾经喜欢过和它内容相似的物品的用户。

物品的内容信息多种多样，不同类型的物品有不同的内容信息。通过物品的内容信息来计算物品的相似度。一般来说，物品的内容可以通过向量空间模型表示，该模型会将物品表示成一个关键词向量。如果物品的内容是一些诸如导演、演员等实体的话，可以直接将这些实体作为关键词。但如果内容的形式是文本，则需要引入一些理解自然语言的技术来抽取关键词。对于中文内容，首先要对文本进行分词，将字流变成词流，然后从词流中检测出命名实体，这些实体和一些其他重要的词将组成关键词集合，最后对关键词进行排名，计算每个关键词的权重，从而生成关键词向量。将物品 d 的内容表示成一个关键词向量如下：$d_i=\{(e_1,w_1),(e_2,w_2),\cdots\}$，其中，每一个元组表示关键词和关键词对应的权重。如果物品是文本，可以用信息检索领域著名的 TF-IDF 公式计算词的权重 $w_i = \dfrac{TF(e_\xi)}{\log DF_{e_i}}$。如果物品是电影，可以根据演员在剧中的重要程度赋予他们权重，在给定物品内容的关键词向量后，物品的内容相似度可以通过向量之间的余弦相似度计算 $W_{ij} = \dfrac{d_i d_j}{\sqrt{|d_i \| d_j|}}$，得到物品的相似度之后，可以利用 ItemCF 算法的思想，为用户推荐和他历史上喜欢的物品内容相似的物品。

7.4 Multi-View DNN 模型解决用户冷启动

Multi-View DNN 联合了多个域的丰富特征，使用 Multi-View DNN 模型构建推荐系统，相比于其他算法，包括 App、新闻、电影和电视在内，老用户提升 49%，新用户提升 110%，并且可以轻松涵盖大量用户，很好地解决了冷启动问题。但其使用前提是同一个主体公司下有很多 App，不同 App 之间的用户数据是可以互相使用的，从其设计思路上讲就很容易地将该算法的使用限定在了为数不多的公司里。

MV-DSSM 的 5 点贡献：①使用丰富的用户特征，建立了一个多用途的用户推荐系统。②针对于内容的推荐，提出了一种深度学习方法。并学习不同的技术，来扩展推荐系统。③结合不同领域的数据，提出了通过 Multi-View DNN 模型建立推荐系统。④Multi-View DNN 模型可以解决用户冷启动问题。⑤在 4 个真实的大规模数据集中，通过严格的实验证明了所提出的推荐系统的有效性。

第 4 部分
推荐系统强化篇

第 8 章　基于上下文的推荐

主要内容
- 基于时间特征的推荐
- 在 UserCF 算法中增加时间衰减函数
- 在 ItemCF 算法中增加时间衰减函数
- 时间效应介绍及分析
- 推荐系统的实时性
- 协同过滤中的时间因子

8.1　基于时间特征的推荐

上下文信息中最重要的是时间特征，它对用户的兴趣有很大的影响。本节将会围绕时间效应和推荐系统的实时性展开介绍。

8.1.1　时间效应介绍

时间效应在日常生活中随处可见。例如，随着年龄的增长，人们的穿衣风格会改变，钟爱的课外读物也会改变；季节不同，人们的穿着会改变，果蔬供给也会改变等。

在推荐系统中，时间效应可以定义为：用户的偏好兴趣、偏好的物品的生命周期等会随着时间的变化而发生变化。

时间效应对推荐系统的效果有着直接的影响，其对用户兴趣的影响主要表现在以下几个方面。

（1）偏好迁移

偏好迁移是指，由于用户自身原因，随着时间的变化其偏好、兴趣发生了改变。例如，人们在不同年龄所热爱的事物不一样，用户 A 小时候喜欢吃糖果，长大了却不再喜欢吃糖果了；用户 B 在上高中时喜欢读一些小说类的读物，可在念了大学之后，便开始阅读一些和专业课相关的读物。

用户的偏好直接影响着推荐的结果集，所以推荐系统需要实时关注用户的兴趣变化。例如，用户在某个时刻点击或关注了某个商品，那么在下一刻，用户已经点击或者关注的相关商品就应该出现在推荐结果集中。但是，推荐系统还要注意挖掘用户的短期偏好和长期偏好，这时就需要根据用户过去一段时间内的行为习惯进行兴趣建模。

（2）生命周期

生命周期即事物合理存在的时间周期。例如，某个热门新闻，在新闻刚发布时，受关注的程度很高，各大媒体网站都会进行报道，但随着时间的推移，该新闻的热度逐渐减小，最后慢慢被人遗忘，这个过程就是该热门新闻的生命周期。

（3）季节效应

季节效应是指，事物的流行度与季节是强相关的，反映的是时间本身对用户偏好、兴趣的影响。例如，人们在夏天穿短袖，在冬天穿羽绒服，在夏天喝冰啤酒，在冬天吃火锅等。

在不同季节，人们对衣食住行的选择都会发生变化。在推荐系统中要实时捕捉到季节的变化，进而给用户推荐符合季节的物品。

（4）节日选择

节日选择是指，不同的节日对用户的选择会产生影响。例如，在端午节，人们会选购一些粽子送给亲朋好友，而在中秋节则会选购一些月饼、大闸蟹。又如，美国的感恩节，人们会购买火鸡作为餐桌上的主菜。

在不同的节日，适当地给用户推送一些节日主打物品，不仅可以提高用户点击量，也可以在一定程度上发掘用户的隐含兴趣。

↗8.1.2 推荐系统的实时性

用户的兴趣是不断发生变化的，其变化体现在用户不断增加的行为中。例如，用户在电商网站中的点击、加购、分享、收藏等，或者新闻网站中的点击、评论、停留时长等。

一个实时的推荐系统应实时响应用户的新行为，让推荐结果不断发生变化，从而满足用户实时的兴趣需求。

现在几乎所有的电商网站中都引入了实时推荐，而且响应时间在"秒"之内。

↗8.1.3 协同过滤中的时间因子

在前文中介绍了基于用户和基于物品的协同过滤算法，也阐述了时间特征在推荐系统中的影响，那么本节阐述一下如何将时间特征应用到推荐算法中。

1. UserCF 中的时间特征

UserCF 的主要思想是：给用户推荐和他兴趣相似的其他用户喜欢的物品。

使用 UserCF 为用户推荐物品时，先找到与目标用户兴趣相近的用户集合，然后根据这些用户的购买行为，为用户进行物品推荐，故该算法的关键是"找到相似用户集合"。两个用户产生过行为的物品集合交集越大，则两个用户越相似。用户相似度计算公式为 $w_{uv} = \dfrac{|N(u) \cap N(v)|}{|N(u) \cup N(v)|}$，其中 $N(x)$ 表示用户 x 产生过行为的物品集合，分子表示的是用户 u 和用户 v 有交集的物品的个数。

但是由于热门物品被很多用户产生过行为，但相对于热门共有物品而言，冷门物品更能说明两个用户之间的相似度，所以在计算两个用户之间的相似度时，对热门物品加一个惩罚项，那么这里的用户相似度计算式可以修改为 $w_{uv} = \dfrac{\sum\limits_{i \in N(u) \cap N(v)} \dfrac{1}{\lg(1+N(i))}}{|N(u) \cup N(v)|}$，其中 $N(i)$ 表示对物品 i 产生过行为的所有用户的个数。

但由于离当前时间最近的行为最能表达用户当前的兴趣，所以在计算两个用户相似度时，要增加时间衰减函数，可得到 $w_{uv} = \dfrac{\sum\limits_{i \in N(u) \cap N(v)} \dfrac{1}{\lg(1+N(i))} f(|t_{ui} - t_{vi}|)}{|N(u) \cup N(v)|}$，取 $f(|t_{ui}-t_{vi}|)$ 为时间衰减函数，其形式为 $f(|t_{ui} - t_{vi}|) = \dfrac{1}{1 + \alpha |t_{ui} - t_{vi}|}$，其中 α 为时间衰减因子，t_{ui} 表示用户 u 对物品 i 产生行为的时间，t_{vi} 表示用户 v 对物品 i 产生行为的时间。

用户当前的评分受相似用户集合最近评分的影响比较大，所以在计算用户对物品的评分时还要加上时间衰减函数 $f(|t_0-t_{vi}|)$，所以最终得到的用户 u 对物品 i 的偏好程度为

$$r_{ui} = \frac{\sum_{i \in N(u) \cap N(v)} \frac{1}{\lg(1+N(i))} f(|t_{ui}-t_{vi}|)}{|N(u) \cup N(v)|} r_{vi} f(|t_0 - t_{vi}|)$$ ，取 $f(|t_0-t_{vi}|)$ 的 表 达 式 为 $f(|t_0 - t_{vi}|) =$

$\frac{1}{1+\beta|t_0 - t_{vi}|}$ ，其中 t_0 表示当前时间，t_{vi} 表示用户 v 对物品 i 产生行为的时间。

2. ItemCF 中的时间特征

ItemCF 的主要思想是：给用户推荐之前喜欢物品的相似物品。物品相似度的计算公式为

$w_{ij} = \frac{|N(i) \cap N(j)|}{\sqrt{|N(i)||N(j)|}}$ ，其中分子部分表示对物品 i 和物品 j 共同产生过行为的用户个数，分母部分表

示对物品 i 和物品 j 产生过行为的并集个数的开方。该公式中已经将 $N(i)$ 改为了 $\sqrt{|N(i)||N(j)|}$ ，即增

加了对热门物品的惩罚。

因为不活跃用户对物品相似度的贡献应该大于活跃用户对物品相似度的贡献，所以应该降低活

跃用户对相似度计算的权重，公式改进为 $w_{ij} = \frac{\sum_{u \in N(i) \cap N(j)} \frac{1}{\lg(1+N(u))}}{\sqrt{|N(i) \cup N(j)|}}$ ，其中 $N(u)$ 表示用户 u 的评分

物品集合。

距离当前时间越近的行为越能体现用户此时的兴趣，所以时间相隔近的行为相对于时间相隔远

的行为更能反映物品之间的相似度，所以在上式的基础上增加时间衰减因子函数，改进后为

$w_{ij} = \frac{\sum_{u \in N(i) \cap N(j)} \frac{1}{\lg(1+N(u))} f(|t_{ui}-t_{uj}|)}{\sqrt{|N(i) \cup N(j)|}}$ ，取 $f(|t_{ui}-t_{uj}|)$ 为时间衰减函数，其形式为 $f(|t_{ui}-t_{uj}|) =$

$\frac{1}{1+\alpha|t_{ui}-t_{uj}|}$ ，其中，t_{ui} 和 t_{uj} 分别表示用户 u 对物品 i 和物品 j 产生行为的时间。

用户当前的行为应该和用户最近的行为关系最大，所以在计算用户对物品的评分时还要加上时间衰减函

数 $f(|t_0-t_{ui}|)$ ，所以最终得到的用户 u 对物品 j 的偏好程度为 $r_{uj} = \frac{\sum_{u \in N(i) \cap N(j)} \frac{1}{\lg(1+N(u))} f(|t_{ui}-t_{uj}|)}{|N(u) \cup N(v)|}$ *

$r_{ui} f(|t_0 - t_{ui}|)$ ，取 $f(|t_0-t_{ui}|)$ 的表达式为 $f(|t_0 - t_{ui}|) = \frac{1}{1+\beta|t_0 - t_{ui}|}$ ，其中 t_0 表

示当前时间。

 8.2 **实例：增加时间衰减函数的协同过滤算法**

v8-1

在第 6 章中介绍了基于用户和基于物品的协同过滤算法，其中 6.1.1 小节和
6.1.2 小节分别实现了基于用户和基于物品的协同过滤推荐实例。本节中的实例则结合 8.1.3 小节中
的时间衰减函数来实现电影推荐，数据集使用的是 MovieLens 数据集。

↗8.2.1 在 UserCF 算法中增加时间衰减函数

在计算用户相似度时，修改 UserSimilarityBest 函数，修改后的代码如下。

```
# 计算用户之间的相似度，采用惩罚热门商品和优化算法复杂度的算法
def UserSimilarityBest(self):
    print("start calculation user's similarity...")
    if os.path.exists("data/user_sim.json"):
        print("从文件加载....")
        userSim = json.load(open("data/user_sim.json","r"))
```

```
                    else:
                        # 得到每个 item 被哪些 user 评价过
                        item_eval_by_users = dict()
                        for u, items in self.train.items():
                                for i in items.keys():
                                    item_eval_by_users.setdefault(i,set())
                                    if self.train[u][i]['rate'] > 0:
                                            item_eval_by_users[i].add(u)
                        # 构建倒排表
                        count = dict()
                        #用户评价过多少个 sku
                        user_eval_item_count = dict()
                        for i, users in item_eval_by_users.items():
                            for u in users:
                                    user_eval_item_count.setdefault(u,0)
                                    user_eval_item_count[u] += 1
                                    count.setdefault(u,{})
                                    for v in users:
                                            count[u].setdefault(v, 0)
                                            if u == v:
                                                    continue
                                            count[u][v]  +=  1  /  (1+self.alpha*abs(self.train[u][i]["time"]-self.train[v][i]["time"])/(24*60*60))*
1/math.log(1+len(users))
                        # 构建相似度矩阵
                        userSim = dict()
                        for u, related_users in count.items():
                            userSim.setdefault(u,{})
                            for v, cuv in related_users.items():
                                    if u==v:
                                            continue
                                    userSim[u].setdefault(v, 0.0)
                                    userSim[u][v] = cuv / math.sqrt(user_eval_item_count[u] * user_eval_item_count[v])
                        json.dump(userSim,open('data/user_sim','w'))
                    return userSim
```

在计算用户推荐列表时，修改 recommend 函数，修改后的代码如下。

```
        def recommend(self,user,k=8,nitems=40):
            rank=dict()
            interacted_items = self.train.get(user,{})
            for v,wuv in sorted(self.users_sim[user].items(),key=lambda x:x[1],reverse=True)[0:k]:
                    for i,rv in self.train[v].items():
                            if i in interacted_items:
                                        continue
                            rank.setdefault(i,0)
                            rank[i] += wuv*rv["rate"]*1/(1+self.beta*(self.max_data-abs(rv["time"])))
            return dict(sorted(rank.items(),key=lambda x:x[1],reverse=True)[0:nitems])
```

↗8.2.2　在 ItemCF 算法中增加时间衰减函数

在计算用户相似度时，修改 ItemSimilarityBest 函数，修改后的代码如下。

```
    # 计算物品之间的相似度
    def ItemSimilarityBest(self):
        print("start calculation item's similarity...")
        if os.path.exists("data/item_sim.json"):
            print("从文件加载....")
            itemSim = json.load(open("data/item_sim.json","r"))
        else:
            itemSim = dict()
            item_eval_by_user_count = dict()
            count = dict()
            for user, items in self.train.items():
                    for i in items.keys():
                        item_eval_by_user_count.setdefault(i,0)
                        if self.train[str(user)][i]['rate'] > 0.0:
                                item_eval_by_user_count[i] += 1
                        for j in items.keys():
```

```
                                              count.setdefault(i,{}).setdefault(j,0)
                                    if self.train[str(user)][i]["rate"] > 0.0 and self.train[str(user)][j]["rate"] > 0.0 and i != j:
                                              count[i][j] += 1 * 1/ (1+self.alpha*abs(self.train[user][i]["time"]-self.train[user][i]["time"])/
(24*60*60)
                        for i, related_items in count.items():
                               itemSim.setdefault(i,{})
                               for j, num in related_items.items():
                                    itemSim[i].setdefault(j, 0)
                                    itemSim[i][j] = num / math.sqrt(item_eval_by_user_count[i] * item_eval_by_user_count[j])
                        json.dump(itemSim,open('data/item_sim','w'))
                        return itemSim
```

在计算用户推荐列表时，修改 recommend 函数，修改后的代码如下。

```
            def recommend(self,user,k=8,nitems=40):
                  result=dict()
                  u_items = self.train.get(user,{})
                  for i,rate_time in u_items.items():
                        for j,wj in sorted(self.items_sim[i].items(),key=lambda x:x[1],reverse=True)[0:k]:
                               if j in u_items:
                                        continue
                               result.setdefault(j,0)
                               result[j] += rate_time["rate"]*wj*1/(1+self.beta*(self.max_data-abs(rate_time["time"])))
                  return dict(sorted(result.items(),key=lambda x:x[1],reverse=True)[0:nitems])
```

第9章 文本处理

主要内容

- Word2Vec
- fastText
- Gensim
- NLTK

 ## 9.1 Word2Vec

↗9.1.1 Word2Vec 简介

Word2Vec 可以把单词转换成向量。它本质上是一种单词聚类的方法，是实现单词语义推测、句子情感分析等目的的一种手段。它会选取训练后的单词向量中的任意 3 个维度，并放到坐标系中展示，此时会发现语义相似的词汇在空间坐标中的位置会十分接近，而语义无关的词之间则相距较远。通过这种性质，可以对单词和句子进行更加泛化的分析，如图 9-1 所示。

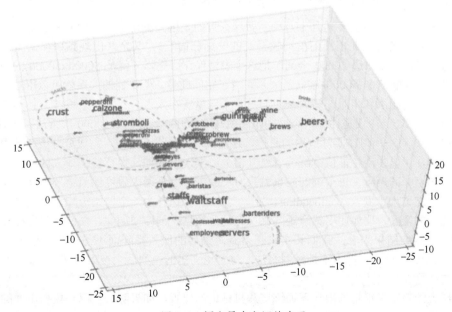

● 图 9-1 词向量在空间的表示

一些研究还发现，计算有相似关系的单词之间的位移向量也会十分相似，例如从"Man"到"Woman"之间的向量，与从"King"到"Queen"之间的向量几乎相同。这为语言和语义学的研究提供了一种新的途径，如图 9-2 所示，表示词向量与词意的关联。

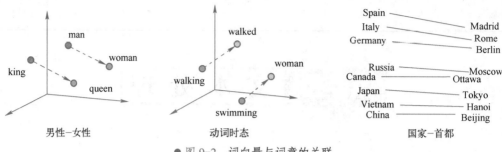

● 图 9-2　词向量与词意的关联

事实上，对于单词转换成向量，可以不通过神经网络而直接得到。假设我们有一个足够大的语料库（其中包含各种各样的句子，比如维基百科词库就是很好的语料来源），通常，语义比较接近的词，其周边经常出现的词也应该差不多，所以判断一个词和哪些词比较像，就是找到这个词周围的词和哪些词周围的词比较像。最笨（但很管用）的办法是将语料库里的所有句子扫描一遍，计算出每个单词周围出现其他单词的次数（词频表），如图 9-3 所示。

	I	Want	To	Eat	Chinese	Food	Lunch
I	**8**	**1087**	0	13	0	0	0
Want	3	0	**786**	0	6	8	6
To	3	0	10	**860**	3	0	12
Eat	0	0	2	0	19	2	**52**
Chinese	2	0	0	0	0	**120**	1
Food	**19**	0	17	0	0	0	0
Lunch	4	0	0	0	0	1	0

● 图 9-3　计算每个单词周围出现其他单词的次数（词频表）

语料库里的单词量可能多达几十万种，做这么大的表格并不现实。实际的做法是，只选出其中一部分词汇（比如统计出在语料库里词频最高的一部分词汇），其余（出现频率很低）的词都用一个特殊符号代替掉。比如选 50000 个词，把这个表格保存成矩阵，就是 50000×50000 的矩阵，矩阵的每行就是相应词的一个 50000 维向量表示。有了空间向量，两个词的关系就可以用数学关系表示了，比如，向量的距离和相对空间关系。但是这个向量实在太大，并且过于稀疏，且不考虑矩阵中的绝大多数数据都是 0，仅是计算两个词的距离就需要 50000 次减法、50000 次乘法、49999 次加法以及 1 次开方运算。所以在实际应用的时候，还需要对向量进行降维（主成分分析）处理。对方阵的主成分分析，可以使用特征值分解或者奇异值分解实现，比如，保留特征最大的 50 个分量，最终得到 50000×50 的矩阵，每个词的向量就只有 50 维，并且最大限度保留了各矩阵之间的位置关系。这个矩阵被称为"嵌入（embedding）矩阵"。但计算这样的一个原始矩阵需要大量内存。虽然还有一些优化的空间，比如使用稀疏矩阵来保存这些数据，但即便如此，在性能和内存开销上依然不够理想。从最终结果来看，我们其实只想得到降维后的嵌入矩阵而不想要生成这个原始矩阵。Google 发表的一篇论文，提出了神经网络法，这个论文里的模型后来被人们称为"Word2Vec"。这篇论文里的计算模型包括两种：连续词袋模型（Continuous Bag of Words，CBOW）和 Skip-Gram，两者在实现上的差别仅仅是调换一下训练词和目标词的位置。如果除去代码和模型里面的一些算法优化部分，可以将 Word2Vec 算法的最简单版本视为逻辑回归网络的一种变形。

以 CBOW 算法为例，它把语料库中的每个词取出来，作为该次训练的目标，然后把这个词所在位置的前后 N 个词（N 通常为 1 或者 2，数字越大学习到的模型信息量越丰富，但需要的训练时间越长）依次作为训练的输入。比如 N 值为 2，每取出一个词（作为中心词），就要使用该词的前后各 2 个词（作为环境词），分别放到网络中训练一次，一共要取 4 个环境词。以识别 50000 个词的向量为例，具体训练过程如下。①预处理数据，把所有需要进行训练的词汇编上序号，比如 1～50000。②随机初始化一个维度为 50000×50 的矩阵，作为待训练的嵌入矩阵。③每次取出一个中心词和它的其中一个环境词。④以环境词编号作为行数，从词向量矩阵里取出这一行数据（50 维向量）。⑤将这个 50 维向量作为逻辑回归网络的输入，训练目标是中心词编号相应的 One-Hot 向量。⑥在训练的反向传播时计算，不但更新逻辑回归网络的权重矩阵，还要往前多传递一级，把取出的 50 维向量的值也根据目标梯度进行更新。⑦将更新过的 50 维向量重新更新到嵌入矩阵相应的行。⑧重复以上过程，直到所有的中心词都已经被遍历一遍，此时嵌入矩阵值的计算就完成了。其中 50000×50 维的向量就是嵌入矩阵，整个训练过程就是直接对这个矩阵进行更新。Skip-Gram 的算法就是把第③步的输入词和第④步的目标词对调，它和 CBOW 算法相反，使用文中的某个词，然后预测这个词周边的词。虽然对于生成嵌入矩阵而言，两种方法的效果基本相同（统计数据表明，Skip-gram 算法在训练数据量较大时得到的词向量效果比 CBOW 算法略佳，因为 CBOW 算法涉及加法（这个加法逻辑在 9.1.4 节讲解 CBOW 算法时会提到），而 Skip-Gram 算法没有涉及加法，但在实际实验中发现，两种算法的效果实际上是差不多的，因此使用哪种方法都可以。需要指出的是，两种模型本身所蕴含的意义是不太一样的。CBOW 算法用环境词预测中心词，得到的逻辑回归网络可以用来预测类似"一句话中缺少了一个单词，这个单词最可能是什么"这样的问题。而 Skip-Gram 算法使用中心词来预测环境词，因此它可以用来预测类似"给定一个单词，它周边最可能出现哪些单词"的问题。由于神经网络计算过程的模糊性，对 Work2Vec 算法和其他同类实现的效果曾经有过一些争议，但随后就有些第三方机构提供了测试数据来支撑 Word2Vec 算法理论的可靠性。

但是所有的模型都会存在一些弊端，比如输出的部分是一个 50000 维的 One-Hot 向量，因此数据经过网络后，得到的也应该是一个 50000 维的向量，对这个输出向量进行 Softmax 计算，所需的工作量将是一个天文数字。Google 论文里真实实现的 Word2Vec 算法对模型提出了两种改进思路，即 Hierarchical Softmax 模型和 Negative Sampling 模型。Hierarchical Softmax 是用输出值的霍夫曼编码代替原本的 One-Hot 向量，用霍夫曼树替代 Softmax 的计算过程。Negative Sampling（简称 NEG）使用随机采样替代 Softmax 来计算概率，它是另一种更严谨的抽样模型 NCE 的简化版本。

↗9.1.2 词向量

词的向量表征，也称为 word embedding。词向量是自然语言处理中常见的一个操作，是搜索引擎、广告系统、推荐系统等互联网服务背后，常见的基础技术。在这些互联网服务里，我们经常要比较两个词或者两段文本之间的相关性。为了做这样的比较，我们往往先要把词表示成计算机适合处理的方式。最自然的方式是向量空间模型（vector space model）。在这种方式下，每个词被表示成一个实数向量（如 one-hot vector），其长度为字典大小，每个维度对应字典里的每个词，除了这个词对应维度上的值是 1，其他元素都是 0。One-hot vector 虽然自然，但是用处有限。比如，在互联网广告系统里，如果用户输入的是"母亲节"，而有一个广告的关键词是"康乃馨"。虽然按照常理，我们知道这两个词之间是有联系的——母亲节通常应该送给母亲一束康乃馨；但是这两个词对应的 one-hot vector 之间的距离度量，无论是欧氏距离还是余弦相似度（cosine similarity），都认为这两个词毫无相关性。得出这种与常识相悖的结论的根本原因是，每个词本身的信息量都太小。所以，仅仅给定两个词，不足以让我们准确判别它们是否相关。要想精确计算相关性，我们还需要更多的信息——从大量数据里通过机器学习方法归纳出来的知识。在机器学习领域里，各种"知识"被各种模型表示，词向量模型就是其中的一类。通过词向量模型可将一个 one-hot vector 映射到一个维度更低的实数向量（如 embedding vector），如 embedding(母亲节) = [0.3, 4.2, -1.5, ...], embedding(康乃馨) = [0.2, 5.6, -2.3, ...]。在这个向量表示中，我们希望两个语义（或用法）上相似的词对应的词向量"更像"，这样如"母亲节"和"康乃馨"的对应词向量的余弦相似度就不再为零了。当词向量训练好后，我们可以用数据可视化算法 t-SNE 画出词语特征在二维上的投影（如图 9-4 所示）。从图中可以看出，语义相关的词语（如 a、the 和 these，big 和 huge）在投影上距离很近，语意无关的词（如 say 和 business，decision 和 Japan）在投影上的距离很远。

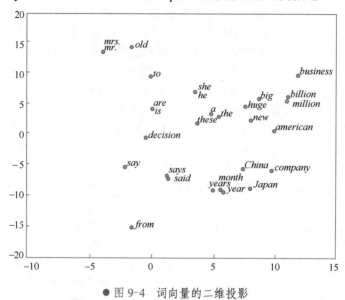

● 图 9-4　词向量的二维投影

另一方面，我们知道两个向量的余弦值在 [-1,1]的区间内，两个完全相同的向量之间的余弦值为 1，两个相互垂直的向量之间的余弦值为 0，两个方向完全相反的向量的余弦值为-1，即相关性和余弦值大小成正比。因此我们还可以计算两个词向量的余弦相似度。

```
similarity: 0.899180685161
please input two words: big huge

please input two words: from company
similarity: -0.0997506977351
```

有三个训练词向量的模型：N-Gram 模型、CBOW 模型和 Skip-Gram 模型，它们的中心思想都是通过上下文得到一个词出现的概率。对于 N-Gram 模型，我们会先介绍语言模型的概念，并在下面用飞桨（PaddlePaddle）实现它。而 CBOW 模型和 Skip-gram 模型是近年来流行的神经元词向量模型，由 Tomas Mikolov 在 Google 研发而出，虽然它们的原理很简单，但训练效果很好。

接下来实现模型，首先使用 Penn Treebank（PTB，经 Tomas Mikolov 预处理过的版本）数据集。PTB 数据集较小，训练速度快，应用于 Mikolov 的公开语言模型训练工具中，所运用的模型是 5-Gram 模型，在 PaddlePaddle 训练时，每条数据的前 4 个词用来预测第 5 个词。PaddlePaddle 提供了对应 PTB 数据集的 Python 包 Paddle.dataset.imikolov，它可以自动进行数据的下载与预处理，方便大家使用。预处理会把数据集中的每一句话前后加上开始符号<s>以及结束符号<e>。然后依据窗口大小（这里为 5），从头到尾每次向右滑动窗口并生成一条数据。如"I have a dream that one day"一句提供了 5 条数据。

```
<s> I have a dream
I have a dream that
have a dream that one
a dream that one day
dream that one day <e>
```

最后，每个输入会按其单词次序在字典里的位置转化成整数的索引序列，并作为 PaddlePaddle 的输入。本配置的模型结构如图 9-5 所示。

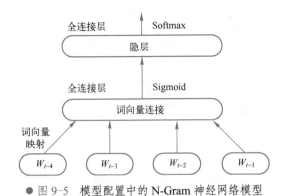

● 图 9-5　模型配置中的 N-Gram 神经网络模型

加载所需要的包。

```
import math
import paddle.v2 as paddle
```

定义参数。

```
embsize = 32 # 词向量维度
hiddensize = 256 # 隐层维度
n = 5 # 训练 5-Gram
```

定义网络结构。

```
def wordemb(inlayer):
    wordemb = paddle.layer.table_projection(
        input=inlayer,
        size=embsize,
        param_attr=paddle.attr.Param(
            name="_proj",
            initial_std=0.001,
            learning_rate=1,
            l2_rate=0,
            sparse_update=True))
    return wordemb
```

定义输入层接受的数据类型以及名称。

```
paddle.init(use_gpu=False, trainer_count=3) # 初始化 PaddlePaddle
word_dict = paddle.dataset.imikolov.build_dict()
dict_size = len(word_dict)
# 每个输入层都接受整型数据，这些数据的范围是[0, dict_size)
firstword = paddle.layer.data(
    name="firstw", type=paddle.data_type.integer_value(dict_size))
secondword = paddle.layer.data(
    name="secondw", type=paddle.data_type.integer_value(dict_size))
thirdword = paddle.layer.data(
    name="thirdw", type=paddle.data_type.integer_value(dict_size))
fourthword = paddle.layer.data(
    name="fourthw", type=paddle.data_type.integer_value(dict_size))
nextword = paddle.layer.data(
    name="fifthw", type=paddle.data_type.integer_value(dict_size))

Efirst = wordemb(firstword)
Esecond = wordemb(secondword)
Ethird = wordemb(thirdword)
Efourth = wordemb(fourthword)
```

将这 n-1 个词向量经过 concat_layer 连接成一个大向量，并将其作为历史文本特征。

```
contextemb = paddle.layer.concat(input=[Efirst, Esecond, Ethird, Efourth])
```

将历史文本特征经过一个全连接得到文本隐层特征。

```
hidden1 = paddle.layer.fc(input=contextemb,
```

```
                    size=hiddensize,
                    act=paddle.activation.Sigmoid(),
                    layer_attr=paddle.attr.Extra(drop_rate=0.5),
                    bias_attr=paddle.attr.Param(learning_rate=2),
                    param_attr=paddle.attr.Param(
                            initial_std=1. / math.sqrt(embsize * 8),
                            learning_rate=1))
```

再经过一个全连接，将文本隐层特征映射成一个$|V|$维向量，同时通过 Softmax 函数归一化得到这$|V|$个词的生成概率。

```
predictword = paddle.layer.fc(input=hidden1,
                    size=dict_size,
                    bias_attr=paddle.attr.Param(learning_rate=2),
                    act=paddle.activation.Softmax())
```

网络的损失函数为多分类交叉熵，可直接调用 classification_cost 函数获得。

```
cost = paddle.layer.classification_cost(input=predictword, label=nextword)
```

然后，指定训练相关的以下参数。①训练方法（optimizer）：代表训练过程在更新权重时采用动量优化器，这里使用 Adam 优化器。②训练速度（learning_rate）：表示迭代的速度，与网络的训练收敛速度有关。③正则化（regularization）：是防止网络过拟合的一种手段，此处采用 L2 正则化。

```
parameters = paddle.parameters.create(cost)
adagrad = paddle.optimizer.AdaGrad(
    learning_rate=3e-3,
    regularization=paddle.optimizer.L2Regularization(8e-4))
trainer = paddle.trainer.SGD(cost, parameters, adagrad)
```

下一步，我们开始训练过程。paddle.dataset.imikolov.train()和 paddle.dataset.imikolov.test()分别作为训练和测试数据集。这两个函数各自返回一个 reader——PaddlePaddle 中的 reader 是一个 Python 函数，每次调用的时候返回一个 Python generator。paddle.batch 的输入是一个 reader，输出是一个 batched reader——在 PaddlePaddle 里，一个 reader 每次产出一条训练数据，而一个 batched reader 每次产出一个 min-batch。

```
import gzip

def event_handler(event):
    if isinstance(event, paddle.event.EndIteration):
        if event.batch_id % 100 == 0:
            print "Pass %d, Batch %d, Cost %f, %s" % (
                event.pass_id, event.batch_id, event.cost, event.metrics)

    if isinstance(event, paddle.event.EndPass):
        result = trainer.test(
                    paddle.batch(
                        paddle.dataset.imikolov.test(word_dict, N), 32))
        print "Pass %d, Testing metrics %s" % (event.pass_id, result.metrics)
        with gzip.open("model_%d.tar.gz"%event.pass_id, 'w') as f:
            parameters.to_tar(f)

trainer.train(
    paddle.batch(paddle.dataset.imikolov.train(word_dict, N), 32),
    num_passes=100,
    event_handler=event_handler)
    Pass 0, Batch 0, Cost 7.870579, {'classification_error_evaluator': 1.0}, Testing metrics {'classification_error_evaluator':
0.999591588973999}
    Pass 0, Batch 100, Cost 6.136420, {'classification_error_evaluator': 0.84375}, Testing metrics {'classification_error_evaluator':
0.8328699469566345}
    Pass 0, Batch 200, Cost 5.786797, {'classification_error_evaluator': 0.8125}, Testing metrics {'classification_error_evaluator':
0.8328542709350586}
    ...
```

训练过程是完全自动的，event_handler 里打印的日志类似上述代码。经过 30 个 pass，我们得到的平均错误率为 classification_error_evaluator=0.735611。训练模型后，我们可以加载模型参数，用训练出来的词向量初始化其他模型，也可以将模型查看参数用来做后续应用。PaddlePaddle 训练出来的参数可以直接使用 parameters.get() 获取。例如，查看单词 apple 的词向量，代码如下。

```
embeddings = parameters.get("_proj").reshape(len(word_dict), embsize)

print embeddings[word_dict['apple']]
[-0.38961065 -0.02392169 -0.00093231  0.36301503  0.13538605  0.16076435
-0.0678709   0.1090285   0.42014077 -0.24119169 -0.31847557  0.20410083
 0.04910378  0.19021918 -0.0122014  -0.04099389 -0.16924137  0.1911236
-0.10917275  0.13068172 -0.23079982  0.42699069 -0.27679482 -0.01472992
 0.2069038   0.09005053 -0.3282454   0.12717034 -0.24218646  0.25304323
 0.19072419 -0.24286366]
```

获得的 embedding 为一个标准的 numpy 矩阵。我们可以对这个 numpy 矩阵进行修改，然后赋值。

```
def modify_embedding(emb):
    # Add your modification here.
    pass

modify_embedding(embeddings)
parameters.set("_proj", embeddings)
```

两个向量之间的距离可以用余弦值来表示，余弦值在[-1,1]的区间内，向量间余弦值越大，其距离越近。在 calculate_dis.py 中实现不同词语的距离度量的代码如下。

```
from scipy import spatial

emb_1 = embeddings[word_dict['world']]
emb_2 = embeddings[word_dict['would']]

print spatial.distance.cosine(emb_1, emb_2)
0.99375076448
```

v9-1

接下来实现 Skip-Gram 的测试，代码如下。

v9-2

```
# [Efficient Estimation of Word Representations in Vector Space](https://arxiv.org/pdf/1301.3781.pdf)
import tensorflow as tf
from tensorflow import keras
from utils import process_w2v_data    # this refers to utils.py in my [repo](https://github.com/
MorvanZhou/NLP-Tutorials/)
from visual import show_w2v_word_embedding    # this refers to visual.py in my [repo]
(https://github.com/MorvanZhou/NLP-Tutorials/)
corpus = [
# numbers
"5 2 4 8 6 2 3 6 4",
"4 8 5 6 9 5 5 6",
"1 1 5 2 3 3 8",
"3 6 9 6 8 7 4 6 3",
"8 9 9 6 1 4 3 4",
"1 0 2 0 2 1 3 3 3 3 3",
"9 3 3 0 1 4 7 8",
"9 9 8 5 6 7 1 2 3 0 1 0",
# alphabets, expecting that 9 is close to letters
"a t g q e h 9 u f",
"e q y u o i p s",
"q o 9 p l k j o k k o p",
"h g y i u t t a e q",
"i k d q r e 9 e a d",
"o p d g 9 s a f g a",
"i u y g h k l a s w",
"o l u y a o g f s",
"o p i u y g d a s j d l",
"u k i l o 9 l j s",
```

```
"y g i s h k j l f r f",
"i o h n 9 9 d 9 f a 9",
]
class SkipGram(keras.Model):
def __init__(self, v_dim, emb_dim):
super().__init__()
self.v_dim = v_dim
self.embeddings = keras.layers.Embedding(
input_dim=v_dim, output_dim=emb_dim,          # [n_vocab, emb_dim]
embeddings_initializer=keras.initializers.RandomNormal(0., 0.1),
)
# noise-contrastive estimation
self.nce_w = self.add_weight(
name="nce_w", shape=[v_dim, emb_dim],
initializer=keras.initializers.TruncatedNormal(0., 0.1))   # [n_vocab, emb_dim]
self.nce_b = self.add_weight(
name="nce_b", shape=(v_dim,),
initializer=keras.initializers.Constant(0.1))    # [n_vocab, ]
self.opt = keras.optimizers.Adam(0.01)
def call(self, x, training=None, mask=None):
# x.shape = [n, ]
o = self.embeddings(x)            # [n, emb_dim]
return o
# negative sampling: take one positive label and num_sampled negative labels to compute the loss
# in order to reduce the computation of full softmax
def loss(self, x, y, training=None):
embedded = self.call(x, training)
return tf.reduce_mean(
tf.nn.nce_loss(
weights=self.nce_w, biases=self.nce_b, labels=tf.expand_dims(y, axis=1),
inputs=embedded, num_sampled=5, num_classes=self.v_dim))
def step(self, x, y):
with tf.GradientTape() as tape:
loss = self.loss(x, y, True)
grads = tape.gradient(loss, self.trainable_variables)
self.opt.apply_gradients(zip(grads, self.trainable_variables))
return loss.numpy()
def train(model, data):
for t in range(2500):
bx, by = data.sample(8)
loss = model.step(bx, by)
if t % 200 == 0:
print("step: {} | loss: {}".format(t, loss))
if __name__ == "__main__":
d = process_w2v_data(corpus, skip_window=2, method="skip_gram")
m = SkipGram(d.num_word, 2)
train(m, d)
# plotting
show_w2v_word_embedding(m, d, "./visual/results/skipgram.png")
```

对于 Skip-Gram 的优化有两种方法。①二次采样：由于需要训练的例子过多，一些常用的组合会出现很多次，那么可以把这些重复的组合删除，这样可以减少训练集的数量，公式为 $P(w_i) = \left(\sqrt{\dfrac{z(w_i)}{0.001}} + 1 \right) \dfrac{0.001}{z(w_i)}$，$z$ 表示这个单词在整个数据中出现的概率，P 表示保留这个单词的概率；②负采样：一次只选取几个预测为 0 的向量进行更改，这样速度会快一些，公式为 $P(w_i) = \dfrac{f(w_i)^{\frac{3}{4}}}{\sum\limits_{j=0}^{n} f(w_j)^{\frac{3}{4}}}$。

词向量主要应用在三个方面：①把对词语理解的向量通过特定方法组合起来，就可以理解某句话了。②可以在向量空间中找寻同义词，因为同义词表达的意思相近，所以在空间中的距离往往也非常近。③词语的距离换算。

9.1.3 分层优化语言模型

Word2Vec 算法里面应用了一种被称为分层优化的模型，它的复杂度是 $O(|V|)$，尝试将 $O(|V|)$复杂度降至 $O(\log|V|)$。原式为 $\hat{P}(w_t | w_{t-1}, \cdots, w_{t-n+1}) = \dfrac{e^{y_{w_t}}}{\sum\limits_i e^{y_i}}$，分母需要将词表中所有的词都当作候选词，并做|V|次决策。如果从分类的角度来看的话，这相当于一个多分类问题，每个词相当于一个要预测的类标，优化目的是寻找一个在当前的上下文环境下最合适的词。此时可以采用层次化的决策方法，主要想法是：①构建以词为叶子节点的二叉树，每个非叶子节点也由向量表示，但不表示具体的词。②从上至下逐层决策，相当于每一层都是一个二分类。公式化表示为 $P(v | w_{t-1}, \cdots, w_{t-n+1}) = \prod\limits_{j=1}^{m} P(b_j(v) | b_1(v), \cdots, b_{j-1}(v), w_{t-1}, \cdots, w_{t-n+1})$，每一层相当于一个二分类 $P(b=1 | \text{node}, w_{t-1}, \cdots, w_{t-n+1}) = \text{Sigmoid}(\alpha_{\text{node}} + \beta' \tanh(c + Wx + UN_{\text{node}}))$，如图 9-6 所示，其中 v 表示要训练的那个词。

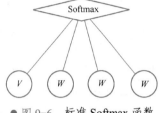

● 图 9-6 标准 Softmax 函数

对于二叉树的构建：①可以用现有的知识图谱如 WORDNET。②更为常用的是根据语料特征，构建二叉树，如根据词频构建的 Huffman Tree。

9.1.4 连续词袋模型

前面介绍了 Word2Vec 算法的一种模型 Skip-Gram。在本小节，将讲述另一个 Word2Vec 算法的模型——连续词袋模型（CBOW）模型。如果读者理解 Skip-Gram 模型，那么接下来的 CBOW 模型就更好理解了，因为两者互为镜像。我们先来看看 CBOW 模型与 Skip-Gram 模型的对比（见图 9-7）。

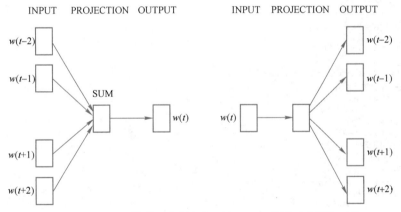

● 图 9-7 CBOW 模型（左图）与 Skip-Gram 模型（右图）对比

从图 9-7 可以看出，两者几乎是相同的。CBOW 的神经网络模型与 Skip-Gram 的神经网络模型也是互为镜像的，该模型的输入、输出与 Skip-Gram 模型的输入、输出是相反的。其输入层是由 one-hot 编码的输入上下文 $\{x_1, \cdots, x_C\}$ 组成，其中窗口大小为 C，词汇表大小为 V。隐藏层是 N 维的向量。输出层是也被 one-hot 编码的输出单词 y。被 one-hot 编码的输入向量通过一个 $V \times N$ 维的权重矩阵 W 连接到隐藏层；隐藏层通过一个 $N \times V$ 的权重矩阵 W' 连接到输出层。接下来，假设我们知道输入与输出权重矩阵的大小。

第一步，去计算隐藏层 h 的输出 $h = \dfrac{1}{C} W \left(\sum\limits_{i=1}^{C} x_i \right)$，该输出就是输入向量的加权平均。这里的隐藏

层与 Skip-Gram 的隐藏层明显不同。第二步，计算在输出层每个节点的输入 $u_j = \boldsymbol{v}_{wj}'^{\mathrm{T}} \cdot h$ ，其中 $\boldsymbol{v}_{wj}'^{\mathrm{T}}$ 是输出矩阵 $\boldsymbol{W}'$ 的第 j 列。最后，我们计算输出层的输出， $y_{C,j} = P(w_{y,j} \mid w_1, \cdots, w_C) = \dfrac{\exp(u_j)}{\sum_{j'=1}^{V} \exp(u_{j'})}$ 。在学习

权重矩阵 $\boldsymbol{W}$ 与 $\boldsymbol{W}'$ 的过程中，我们可以给这些权重赋予一个随机值来初始化。然后按序训练样本，逐个观察输出与真实值之间的误差，计算这些误差的梯度，并在梯度方向纠正权重矩阵。这种方法被称为随机梯度下降，由此衍生出来的方法称为反向传播误差算法。首先是定义损失函数，这个损失函数就是在给定输入上下文的情况下输出单词的条件概率，如下所示 $E = -\log P(w_O \mid w_1) = -\boldsymbol{v}_{w_O}^{\mathrm{T}} \cdot h -$

$\log \sum_{j'=1}^{V} \exp(\boldsymbol{v}_{w_j}^{\mathrm{T}} \cdot h)$ ，接下来就是对上面的概率求导，我们得到输出权重矩阵 $\boldsymbol{W}'$ 的更新规则

$w'^{(\text{new})} = w_{ij}'^{(\text{old})} - \eta(y_j - t_j)h_i$ ，同理权重矩阵 $\boldsymbol{W}$ 的更新规则如下 $w^{(\text{new})} = w_{ij}^{(\text{old})} - \eta \dfrac{1}{C} EH$ 。

利用 CBOW 实现的一个简单的代码，如下所示。

```python
# [Efficient Estimation of Word Representations in Vector Space](https://arxiv.org/pdf/1301.3781.pdf)
from tensorflow import keras
import tensorflow as tf
from utils import process_w2v_data    # this refers to utils.py in my [repo](https://github.com/ MorvanZhou/NLP-Tutorials/)
from visual import show_w2v_word_embedding    # this refers to visual.py in my [repo](https://github.com/ MorvanZhou/NLP-Tutorials/)

corpus = [
    # numbers
    "5 2 4 8 6 2 3 6 4",
    "4 8 5 6 9 5 5 6",
    "1 1 5 2 3 3 8",
    "3 6 9 6 8 7 4 6 3",
    "8 9 9 6 1 4 3 4",
    "1 0 2 0 2 1 3 3 3 3 3",
    "9 3 3 0 1 4 7 8",
    "9 9 8 5 6 7 1 2 3 0 1 0",

    # alphabets, expecting that 9 is close to letters
    "a t g q e h 9 u f",
    "e q y u o i p s",
    "q o 9 p l k j o k k o p",
    "h g y i u t t a e q",
    "i k d q r e 9 e a d",
    "o p d g 9 s a f g a",
    "i u y g h k l a s w",
    "o l u y a o g f s",
    "o p i u y g d a s j d l",
    "u k i l o 9 l j s",
    "y g i s h k j l f r f",
    "i o h n 9 9 d 9 f a 9",
]


class CBOW(keras.Model):
    def __init__(self, v_dim, emb_dim):
        super().__init__()
        self.v_dim = v_dim
        self.embeddings = keras.layers.Embedding(
            input_dim=v_dim, output_dim=emb_dim,    # [n_vocab, emb_dim]
            embeddings_initializer=keras.initializers.RandomNormal(0., 0.1),
        )

        # noise-contrastive estimation
        self.nce_w = self.add_weight(
```

v9-3

```
                name="nce_w", shape=[v_dim, emb_dim],
                initializer=keras.initializers.TruncatedNormal(0., 0.1))   # [n_vocab, emb_dim]
        self.nce_b = self.add_weight(
                name="nce_b", shape=(v_dim,),
                initializer=keras.initializers.Constant(0.1))   # [n_vocab, ]

        self.opt = keras.optimizers.Adam(0.01)

    def call(self, x, training=None, mask=None):
        # x.shape = [n, skip_window*2]
        o = self.embeddings(x)                  # [n, skip_window*2, emb_dim]
        o = tf.reduce_mean(o, axis=1)     # [n, emb_dim]
        return o

    # negative sampling: take one positive label and num_sampled negative labels to compute the loss
    # in order to reduce the computation of full softmax
    def loss(self, x, y, training=None):
        embedded = self.call(x, training)
        return tf.reduce_mean(
            tf.nn.nce_loss(
                weights=self.nce_w, biases=self.nce_b, labels=tf.expand_dims(y, axis=1),
                inputs=embedded, num_sampled=5, num_classes=self.v_dim))

    def step(self, x, y):
        with tf.GradientTape() as tape:
            loss = self.loss(x, y, True)
            grads = tape.gradient(loss, self.trainable_variables)
        self.opt.apply_gradients(zip(grads, self.trainable_variables))
        return loss.numpy()


def train(model, data):
    for t in range(2500):
        bx, by = data.sample(8)
        loss = model.step(bx, by)
        if t % 200 == 0:
            print("step: {} | loss: {}".format(t, loss))


if __name__ == "__main__":
    d = process_w2v_data(corpus, skip_window=2, method="cbow")
    m = CBOW(d.num_word, 2)
    train(m, d)

    # plotting
    show_w2v_word_embedding(m, d, "./visual/results/cbow.png")
```

上述代码首先是将前后词聚合，预测出标签。然后损失函数方法是：如果是词表或者是要预测的 softmax（相当于多分类的逻辑回归，其实就是将多个逻辑回归组合到一起）很大，可以使用 negative sampling 的方法来减少它的反向传播的运算量，如果不需要这种方法的话，可以使用 cross-entropy 的方法来代替它。在选择前后文的时候，它是有一个窗口的大小的，比如前后各取两个字，那么 skip_window 就是 2，前后文最长可取 5，结果如图 9-8 所示。

CBOW 算法在把前后文信息中的词向量拿到以后，为了汇总这些信息，需要使用 sum 方法，使

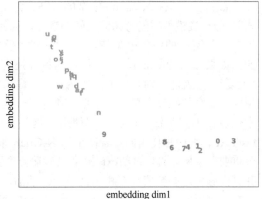

● 图 9-8　CBOW 结果图

之变成一个前后文向量，然后用前后文向量去预测中间的字，但是相加的过程还是位于词向量的空间里面，而不是用另外一个前后文向量的空间去表示一个前后文信息，所以这两个空间的性质还是不太一样的。相比之下，Skip-Gram 算法相对较好一些。

9.2 fastText

↗9.2.1 模型架构

fastText 的输出不是下一个字，而是数据中被标注的标签（tag），而且还会考虑一些词根 N-Gram，还会将词根拿去训练，因为词根相同，也会有某种关联。fastText 是 Facebook AI Research 在 2016 年开源的一个文本分类器。其特点就是快。相对于其他文本分类模型，如 SVM、逻辑回归和神经网络（neural network）等模型，fastText 在保持分类效果的同时，大大缩短了训练时间。fastText 方法包含三部分：模型架构、层次 Softmax 和 N-Gram 特征。fastText 模型输入一个词的

序列（一段文本或者一句话），输出这个词序列属于不同类别的概率。序列中的词和词组共同组成特征向量，特征向量通过线性变换映射到中间层，中间层再映射到标签。fastText 在预测标签时使用了非线性激活函数，但在中间层不使用非线性激活函数。fastText 模型架构和 Word2Vec 算法中的 CBOW 模型很类似。不同之处在于，fastText 预测标签，而 CBOW 预测中间词。

fastText 的模型架构类似于 CBOW 模型，两种模型都是基于分层 Softmax（Hierarchical Softmax），都是三层架构（输入层、隐藏层、输出层），如图 9-9 所示。

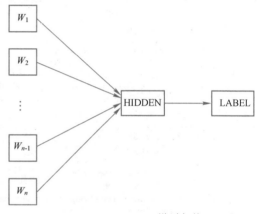

● 图 9-9　fastText 模型架构

CBOW 模型基于 N-Gram 模型和词袋（BOW）模型，此模型将 $W(t-n+1)\cdots W(t-1)$ 作为输入，去预测 $W(t)$。fastText 模型则是将整个文本作为特征去预测文本的类别。

层次之间的映射：将输入层中的词和词组构成特征向量，再将特征向量通过线性变换映射到隐藏层，通过隐藏层求解最大似然函数，然后根据每个类别的权重和模型参数构建 Huffman 树，将 Huffman 树作为输出。

fastText 具有 N-Gram 模型的特征。常用的特征是词袋模型（将输入数据转化为对应的词袋形式）。但词袋模型不能考虑词之间的顺序，因此 fastText 模型还加入了 N-Gram 模型的特征。"我爱她"这句话中的词袋模型特征是 "我""爱""她"。这些特征和句子 "她爱我"的特征是一样的。如果加入 2-Gram，第一句话的特征还有"我-爱"和"爱-她"，如此这两句话"我爱她"和"她爱我" 就能区别开来了。当然，为了提高效率，我们需要过滤掉低频的 N-Gram。在 fastText 模型中，一个低维度向量与每个单词都相关。隐藏表征在不同类别的所有分类器中进行共享，使得文本信息在不同类别中能够共同使用。这类表征被称为词袋（bag of words）（此处忽视词序）。在 fastText 模型中也使用向量表征单词 N-Gram 来将局部词序考虑在内，这对很多文本分类问题来说十分重要。举例来说，fastText 模型能够学会"男孩""女孩""男人""女人"指代的是特定的性别，并且能够将这些数值存在相关文档中。然后，当某个程序在提出一个用户请求时（假设是"我女友现在在哪里？"），它能够马上在 fastText 模型生成的文档中进行查找，并且理解用户想要问的是有关女性的问题。

🔺9.2.2 层次 Softmax

Softmax 回归又被称作多项逻辑回归，它是逻辑回归在处理多类别任务上的扩展。在逻辑回归中，有 m 个被标注的样本 $\{(x^{(1)},y^{(1)}),\cdots,(x^{(m)},y^{(m)})\}$，其中 $x^{(i)}\in\mathbf{R}^n$。因为类标是二元的，所以 $y^{(i)}\in\{0,1\}$。假设有如下形式，$h_\theta(x)=\dfrac{1}{1+e^{-\theta^{\mathrm{T}}x}}$，代价函数如下

$$J(\theta)=-\left[\sum_{i=1}^m y^{(i)}\log h_\theta(x^{(i)})+(1-y^{(i)})\log(1-h_\theta(x^{(i)}))\right]$$，在 Softmax 回归中，类标是大于 2 的，因此在我们的训练集 $\{(x^{(1)},y^{(1)}),\cdots,(x^{(m)},y^{(m)})\}$ 中 $y^{(i)}\in\{1,2,\cdots,K\}$。给定一个测试输入 x，我们假设应该输出一个 K 维的向量，向量内每个元素的值表示 x 属于当前类别的概率。假设 $h_\theta(x)$ 形式如下

$$h_\theta(x)=\begin{bmatrix}P(y=1\mid x;\theta)\\ \vdots \\ P(y=K\mid x;0)\end{bmatrix}=\frac{1}{\sum_{j=1}^K e^{\theta(j)^{\mathrm{T}}x}}\begin{bmatrix}e^{\theta(1)^{\mathrm{T}}x}\\ \vdots \\ e^{\theta(K)^{\mathrm{T}}x}\end{bmatrix}$$，代价函数如下 $$J(\theta)=-\left[\sum_{i=1}^m\sum_{k=1}^K 1\{y^{(i)}=k\}\log\frac{e^{\theta(k)^{\mathrm{T}}x^{(i)}}}{\sum_{j=1}^K e^{\theta(j)^{\mathrm{T}}x^{(i)}}}\right]$$，

其中，$1\{\bullet\}$ 是指示函数，即 1{true}=1，1{false}=0。既然说 Softmax 回归是逻辑回归的推广，那我们是否能够在代价函数上推导出它们的一致性呢？当然可以，于是，$$J(\theta)=-\left[\sum_{i=1}^m y^{(i)}\log h_\theta(x^{(i)})+(1-y^{(i)})\cdot\right.$$

$$\left.\log(1-h_\theta(x(i)))\right]=-\sum_{i=1}^m\sum_{k=0}^1 |\{y^{(i)}=k\}\log P(y^{(i)}=k\mid x^{(i)};\theta)=-\left[\sum_{i=1}^m\sum_{k=1}^K 1\{y^{(i)}=k\}\log\frac{e^{\theta(k)^{\mathrm{T}}x^{(i)}}}{\sum_{j=1}^K e^{\theta(j)^{\mathrm{T}}x^{(i)}}}\right]$$，可以看到，

逻辑回归是 Softmax 回归在 $K=2$ 时的特例。

在标准的 Softmax 回归中，要计算 $y=j$ 时的 Softmax 概率 $P(y=j)$，我们需要对所有的 K 个概率做归一化，这在 $|y|$ 很大时非常耗时。于是，分层 Softmax 诞生了，它的基本思想是使用树的层级结构替代扁平化的标准 Softmax，使得在计算 $P(y=j)$ 时，只需计算一条路径上的所有节点的概率值，而无须在意其他的节点。图 9-10 是一个分层 Softmax 示例。

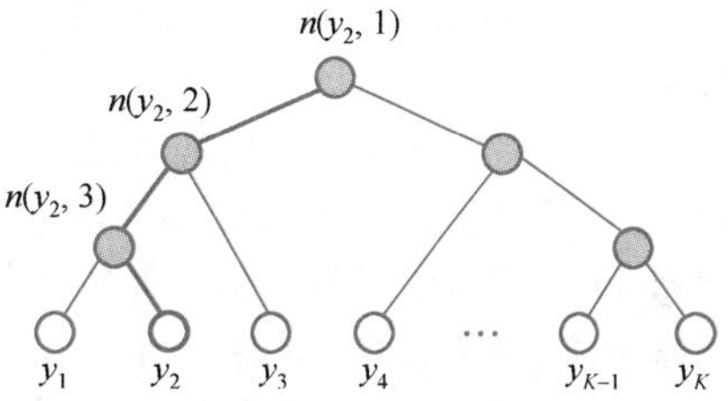

● 图 9-10 分层 Sofunax 示例

树的结构是根据类标的频数构造的 Huffman 树。K 个不同的类标组成所有的叶子节点，$K-1$ 个内部节点作为内部参数，从根节点到某个叶子节点经过的节点与边形成一条路径，路径长度被表示为 $L(y_j)$。于是，$$P(y_j)=\prod_{l=1}^{L(y_j)-1}\sigma(\llbracket n(y_j,l+1)=LC(n(y_j,l))\rrbracket\cdot\theta_{n(y_j,l)X}^{\mathrm{T}})$$，其中，$\sigma(\cdot)$ 表示 Sigmoid 函数；$LC(n)$ 表示节点 n 的左孩子；$\llbracket x\rrbracket$ 是一种特殊的函数，其定义为 $\llbracket x\rrbracket=\begin{cases}1, & x\text{为真}\\ 0, & \text{其他}\end{cases}$；$q_{n(y_j,l)}$ 是中间节点 $n(y_j,l)$ 的参数；X 是 Softmax 层的输入。从图 9-10 中可以看出，高亮的节点和边是从根节点到 y_2 的路径，路径长度 $L(y_2)=4$，$P(y_2)$ 可以被表示为 $P(y_2)=P(n(y_2,1),\mathrm{left})\cdot P(n(y_2,2),\mathrm{left})\cdot P(n(y_2,3),\mathrm{right})=\sigma(\theta_{n(y_2,1)}^{\mathrm{T}}X)\cdot\sigma(\theta_{n(y_2,2)}^{\mathrm{T}}X)\sigma(-\theta_{n(y_2,3)}^{\mathrm{T}}X)$。于是，从根节点走到叶子节点 y_2 的过程，实际上是在做了 3 次二分类的逻辑回归。通过分层的 Softmax，计算复杂度从 $|K|$ 降低到 $\log|K|$。

🔺9.2.3 N-Gram 子词特征

在文本特征提取中，常常能看到 N-Gram 的身影。它是一种基于语言模型的算法，基本思想是

将文本内容按照字节顺序进行大小为 N 的滑动窗口操作，最终形成长度为 N 的字节片段序列。如这一句话"我来到达观数据参观。"相应的二元（bigram）特征为："我来 来到 到达 达观 观数 数据 据参 参观"。相应的三元（trigram）特征为："我来到 来到达 到达观 达观数 观数据 数据参 据参观"。需注意 N-Gram 中的 Gram 根据粒度不同，有不同的含义。它可以是字粒度，也可以是词粒度的。上面所举的例子属于字粒度的 N-Gram，词粒度的 N-Gram 如下例，"我 来到 达观数据 参观"。相应的二元特征为："我/来到 来到/达观数据 达观数据/参观"。相应的三元特征为："我/来到/达观数据 来到/达观数据/参观"。N-Gram 产生的特征只是作为文本特征的候选集，之后可能会采用信息熵、卡方统计、IDF 等文本特征选择方式筛选出比较重要的特征。

↗9.2.4　fastText 和 Word2Vec 的区别

首先，对于模型的输出层：Word2Vec 的输出层，对应的是每一个词（term），计算某词的概率最大；而 fastText 的输出层对应的是分类的标签（label）。不管输出层对应的是什么内容，其对应的向量都不会被保留和使用。对于模型的输入层：Word2Vec 的输入层，对应的是上下文窗口（context window）内的词；而 fastText 对应的整个句子（sentence）的内容，包括词，也包括 N-Gram 的内容两者本质的不同体现在 h-softmax 的使用。Word2Vec 的目的是得到词向量，该词向量最终是在输入层得到，输出层对应的 h-softmax 也会生成一系列的向量，但最终都被抛弃，不会使用。fastText 则充分利用了 h-softmax 的分类功能，遍历分类树的所有叶节点，从而找到概率最大的标签（一个或者 n 个）。

↗9.2.5　使用 fastText 分类

使用 fastText 进行文本分类的同时也会产生词的 embedding，即 embedding 是 fastText 分类的产物（除非你决定使用预训练的 embedding 来训练 fastText 分类模型）。Word2Vec 算法把语料库中的每个单词当成原子，它会为每个单词生成一个向量。这忽略了单词内部的形态特征，比如："apple" 和 "apples"，"达观数据" 和 "达观"，这两个例子中，两个单词都有较多公共字符，即它们的内部形态类似，但是在传统的 Word2Vec 算法中，这种单词内部形态信息因为它们被转换成不同的 id 而丢失了。为了解决这个问题，fastText 使用了字符级别的 N-Gram 来表示一个单词。对于单词 "apple"，假设 n 的取值为 3，则它的三元特征有 "<ap"，"app"，"ppl"，"ple"，"le>"。其中，"<" 表示前缀，">" 表示后缀。于是，我们可以用这些三元特征来表示 "apple" 这个单词，进一步，我们可以用这 5 个三元特征向量的叠加来表示 "apple" 的词向量。之前提到过，fastText 模型架构和 Word2Vec 算法的 CBOW 模型架构非常相似。图 9-11 是 fastText 模型架构。

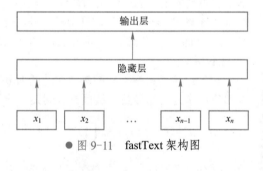

● 图 9-11　fastText 架构图

此架构图没有展示词向量的训练过程。可以看到，和 CBOW 模型一样，fastText 模型也只有三层，即输入层、隐藏层、输出层（Hierarchical Softmax）。其中，输入都是多个经向量表示的单词，输出都是一个特定的目标词（target），隐含层都是对多个词向量的叠加平均。不同的是，CBOW 模型的输入是目标单词的上下文，fastText 模型的输入是多个单词及其 N-Gram 特征，这些特征用来表示单个文档；CBOW 模型的输入单词被 onehot 编码过，fastText 模型的输入特征是被 embedding 过；CBOW 模型的输出是目标词汇，fastText 模型的输出是文档对应的类标。值得注意的是，fastText 模型在输入时，将单词的字符级别的 N-Gram 向量作为额外的特征；在输出时，fastText 模型采用了分层 Softmax，大大降低了模型训练时间。那么 fastText 模型文本分类的核心

思想是什么？仔细观察模型的后半部分，即从隐含层输出到输出层输出，会发现它就是一个
Softmax 线性多类别分类器，分类器的输入是一个用来表征当前文档的向量；模型的前半部分，
即从输入层输入到隐含层输出部分，主要是生成用来表征文档的向量。那么它是如何实现的呢？
叠加构成这篇文档的所有词及 N-Gram 的词向量，然后取平均。叠加词向量背后的思想就是传统
的词袋法，即将文档看成一个由词构成的集合。于是 fastText 模型的核心思想就是：将整篇文档
的词及 N-Gram 向量通过叠加平均得到文档向量，然后使用文档向量做 Softmax 多分类。这中间
涉及两个技巧：字符级 N-Gram 特征的引入以及分层 Softmax 分类。

接下来使用 fastText 模型实现一个小例子，首先需要下载数据集，地址如下。

https://dl.fbaipublicfiles.com/fasttext/vectors-crawl/cc.en.300.bin.gz

可以使用 colab 网站运行，代码如下。

v9-4

```python
from gensim.models.fasttext import FastText
model = FastText.load_fasttext_format('cc.en.300.bin')
import warnings
warnings.filterwarnings("ignore", category=FutureWarning)
word = "hi"#@param {type:"string"}
print(word, "长这样:")
model.wv[word]
#@title  找出相似词!!!

text = 'Avengers' #@param {type:"string"}
model.wv.most_similar(text)
#@title  比较两个特定词的相似度

text1 = 'Coldplay' #@param {type:"string"}
text2 = 'OneRepublic' #@param {type:"string"}
model.wv.similarity(text1, text2)
#@title  找到不是同一个类型的词

text1 = 'morning' #@param {type:"string"}
text2 = 'afternoon' #@param {type:"string"}
text3 = 'evening' #@param {type:"string"}
text4 = 'python' #@param {type:"string"}

notmatch = model.wv.doesnt_match([text1, text2, text3, text4])
print("不是同一个类型的:", notmatch)
#@title  给计算机做智力测验(词 1 - 词 3 = ? - 词 2)

# text1 + text2 - text3 = ?
# text1 - text3 = ? - text2
text1 = 'king' #@param {type:"string"}
text2 = 'woman' #@param {type:"string"}
text3 = 'man' #@param {type:"string"}
question = model.wv.most_similar(positive=[text1, text2], negative=[text3])
print(text1, "-", text3, "=", "?", "-", text2)
question
#@title  比较两句话的距离

sentence1 = 'Obama speaks to the media in Illinois'#@param {type:"string"}
sentence1_split = sentence1.lower().split()
sentence2 = 'The president greets the press in Chicago'#@param {type:"string"}
sentence2_split = sentence2.lower().split()
# 先把无意义的字去掉
import nltk
nltk.download('stopwords')
from nltk.corpus import stopwords
stopwords = stopwords.words('english')
sentence1_final = [w for w in sentence1_split if w not in stopwords]
sentence2_final = [w for w in sentence2_split if w not in stopwords]

# 测量把句子 1 移到句子 2 需要多少距离
distance = model.wv.wmdistance(sentence1_final, sentence2_final)
print("句子 1:", sentence1)
```

```
print("句子 2:", sentence2)
print("距离(越小越近):", distance)
```

9.3 Gensim

↗9.3.1　Gensim 基本概念

Gensim 是一款开源的第三方 Python 工具包，用于从原始的非结构化的文本中无监督地学习到文本隐藏层的主题向量表达。它支持包括 TF-IDF、LSA、LDA 和 Word2Vec 在内的多种主题模型算法，支持流式训练，并提供了诸如相似度计算、信息检索等一些常用任务的 API。语料库（Corpus）：一组原始文本的集合，用于无监督地训练文本主题的隐藏层结构。语料中不需要人工标注的附加信息。在 Gensim 中，Corpus 通常是一个可迭代的对象（比如列表）。每一次迭代返回一个可用于表达文本对象的稀疏向量。向量（Vector）：由一组文本特征构成的列表，是一段文本在 Gensim 中的内部表达。稀疏向量（SparseVector）：通常，我们可以略去向量中多余的 0 元素。此时，向量中的每一个元素是一个(key, value)的元组。模型（Model）：是一个抽象的术语，定义了两个向量空间的变换（即从文本中的一种向量表达变换为另一种向量表达）。

↗9.3.2　Gensim 的安装及简单使用

Gensim 的安装非常简单，直接使用 pip 命令就可以安装，即 pip install gensim。

接下来看一下 Gensim 的语法及其简单使用。为了简单起见，第一步，我们假设列表 documents 代表语料库，其中每一句话代表一个文档，documents 中有 9 个元素，也就是说该语料库由 9 个文档组成。

```
from gensim import corpora
documents = ["Human machine interface for lab abc computer applications",
            "A survey of user opinion of computer system response time",
             "The EPS user interface management system",
             "System and human system engineering testing of EPS",
             "Relation of user perceived response time to error measurement",
             "The generation of random binary unordered trees",
             "The intersection graph of paths in trees",
             "Graph minors IV Widths of trees and well quasi ordering",
             "Graph minors A survey"]
```

第二步，需要做的是预处理。分词（tokenize the documents）、去除停用词和在语料库中只出现过一次的词。处理语料库的方式有很多，这里只是简单地通过空格（whitespace）去分词，然后把每个词变为小写，最后去除一些常用的词和只出现过一次的词。

```
# remove common words and tokenize
stoplist = set('for a of the and to in'.split())
#遍历 documents，将其每个元素的词置为小写，然后通过空格分词，并过滤掉在停用词表（stoplist）中的词
texts = [[word for word in document.lower().split() if word not in stoplist]
for document in documents]
# 去除只出现过一次的词，collection 是 Python 的一个工具库
from collections import defaultdict
frequency = defaultdict(int)
for text in texts:
     for token in text:
          frequency[token] += 1
texts = [[token for token in text if frequency[token] > 1]
               for text in texts]

from pprint import pprint   # pprint 可以使输出更易观看
pprint(texts)
#输出结果:
```

```
[['human', 'interface', 'computer'],
 ['survey', 'user', 'computer', 'system', 'response', 'time'],
 ['eps', 'user', 'interface', 'system'],
 ['system', 'human', 'system', 'eps'],
 ['user', 'response', 'time'],
 ['trees'],
 ['graph', 'trees'],
 ['graph', 'minors', 'trees'],
 ['graph', 'minors', 'survey']]
```

第三步，文本向量化，从文档中提取特征有很多方法。这里简单使用词袋模型来提取文档特征，该模型通过计算每个词在文档中出现的频率，然后将这些频率组成一个向量，从而将文档向量化。所以我们需要先用语料库训练一个词典，该词典包含所有在语料库中出现的单词。

```
#定义一个词典，里面包含所有语料库中的单词，这里假设上文中输出的 texts 就是经过处理后的语料库
dictionary = corpora.Dictionary(texts)
dictionary.save('./gensim_out/deerwester.dict')  # 因为实际运用中该词典非常大，所以将训练的词典保存起来，方便将来使用
print(dictionary) # 输出：Dictionary(35 unique tokens: ['abc', 'applications', 'computer', 'human', 'interface']...)
# dictionary 有 35 个不重复的词，给每个词赋予一个 id
print(dictionary.token2id)#输出：{'abc': 0, 'applications': 1, 'computer': 2, 'human': 3, 'interface': 4, 'lab': 5, 'machine': 6, 'opinion': 7, 'response': 8, 'survey': 9, 'system': 10, 'time': 11, 'user': 12, 'eps': 13, 'management': 14, 'engineering': 15, 'testing': 16, 'error': 17, 'measurement': 18, 'perceived': 19, 'relation': 20, 'binary': 21, 'generation': 22, 'random': 23, 'trees': 24, 'unordered': 25, 'graph': 26, 'intersection': 27, 'paths': 28, 'iv': 29, 'minors': 30, 'ordering': 31, 'quasi': 32, 'well': 33, 'widths': 34}
```

上面已经构建了单词词典，我们可以通过该词典用词袋模型将其他的文本向量化。假设新文本是"Human computer interaction"，则输出向量为[(2, 1), (3, 1)]。（2,1）中的"2"表示 computer 在词典中的 id 为 2，"1"表示 Human 在该文档中出现了 1 次。同理，（3,1）表示 Human 在词典中的 id 为 3，出现次数为 1。输出向量中，元组的顺序应该是按照 id 大小排序的。interaction 不在词典中，所以直接被忽略了。

```
new_doc = "Human computer interaction"
#用 dictionary 的 doc2bow 方法将文本向量化
new_vec = dictionary.doc2bow(new_doc.lower().split())
corpora.MmCorpus.serialize('./gensim_out/deerwester.mm',new_vec)  # 将训练结果存储到硬盘中，方便将来使用。
print(new_vec)#输出[(2, 1), (3, 1)]
```

最后需要做的是优化。上面的训练过程中，语料库完全被驻留在内存中，如果语料库很大，那对硬盘将是个灾难。假设硬盘中存储着数百万的语料，我们可以一次只取出一个文档，这样，同一时间只有一个文档在内存中。获取 mycorpus.txt 的代码如下。

```
#获取语料
class MyCorpus(object):
    def __iter__(self):
        for line in open('mycorpus.txt'):
            #每一个 line 代表语料库中的一个文档
            yield dictionary.doc2bow(line.lower().split())
corpus_memory_friendly = MyCorpus()# 没有将 corpus 加载到内存中
print(corpus_memory_friendly)#输出：< __main__.MyCorpus object at 0x10d5690>

#遍历每个文档
for vector in corpus_memory_friendly:  # load one vector into memory at a time
    print(vector)
输出结果：
[(0, 1), (1, 1), (2, 1)]
[(0, 1), (3, 1), (4, 1), (5, 1), (6, 1), (7, 1)]
[(2, 1), (5, 1), (7, 1), (8, 1)]
[(1, 1), (5, 2), (8, 1)]
[(3, 1), (6, 1), (7, 1)]
[(9, 1)]
[(9, 1), (10, 1)]
[(9, 1), (10, 1), (11, 1)]
[(4, 1), (10, 1), (11, 1)]
```

v9-5

同理，构建词典 dictionary 的过程中也需要这种对内存友好的训练方式。

```
# iteritems 用来遍历对象中的每个 item
from six import iteritems
#初步构建所有单词的词典
dictionary = corpora.Dictionary(line.lower().split() for line in open('mycorpus.txt') )
#取出停用词,stop_ids 表示停用词在 dictionary 中的 id
stop_ids = [dictionary.token2id[stopword] for stopword in stoplist if stopword in dictionary.token2id]
#只出现过一次的单词 id
once_ids = [tokenid for tokenid, docfreq in iteritem(dictionary.dfs) if docfreq ==1]
#根据 stop_ids 与 once_ids 清洗 dictionary
dictionary.filter_token(stop_ids + once_ids)
# 去除清洗后的空位
dictionary.compactify()
print(dictionary)#输出:Dictionary(12 unique tokens)
```

↗9.3.3　主题向量的转化：TF-IDF（词频逆文档频率）

Gensim 实现了几种常见的向量空间模型算法：TF-IDF、LSA、LSI、LDA。其中，TF-IDF 模型是一种用于资讯检索与文本挖掘的常用加权技术，TF-IDF 是一种统计方法，用以评估一个字词对于一个文件集或一个语料库中的其中一份文件的重要程度，字词的重要性随着它在文件中出现的次数的增加而增加，但同时会随着它在语料库中出现的频率的增加而下降，TF-IDF = TF * IDF，TF 的计算在第 3 章中已经讲解过。TF-IDF 模型需要一个词袋形式（整数值）的训练语料库来实现初始化。在此过程中，它将会接收一个向量，同时返回一个相同维度的向量，使语料库中非常稀有的属性的权重提高。因此，它会将整数型的向量转化为实数型的向量，同时让维度不变。而且可以选择是否将返回结果标准化至单位长度（欧几里得范数）。TF-IDF 的主要思想是，如果某个词或短语在一篇文章中出现的概率高，并且在其他文章中很少出现，则认为该词或者短语具有很好的类别区分能力，适合用来分类。TF-IDF 可以用来评估一字词对于一个文件集或一个语料库中的其中一份文件的重要程度。TF 指的是某一个给定的词语在该文件中出现的概率；IDF 是对一个词语普遍重要性的度量，某一个特定词语的 IDF，可以由总文件数目除以包含该词语的文件的数目，再将得到的商，取以 10 为底的对数得到。为了避免热门标签和热门物品获得更多的权重，我们需要对"热门"施加惩罚，借鉴 TF-IDF 的思想，以一个物品的所有标签作为"文档"，标签作为"词语"，从而计算标签的"词频"（在物品所有标签中出现的频率）和"逆文档频率"（在其他物品标签中普遍出现的频率），由于"物品 i 的所有标签"应该对标签权重没有影响，而"所有标签总数"对于所有标签是一定的，所以这两项可以略去，在简单算法的基础上，直接加入对热门标签和热门物品的惩罚项

$$p(u,i) = \sum_b \frac{n_{u,b}}{\log(1+n_b^{(u)})} \frac{n_{b,i}}{\log(1+n_i^{(u)})}$$

，该公式是 TF-IDF 基于 UGC 推荐的改进。可以使用 Python 来手动实现 TF-IDF 算法，代码如下。

```
import numpy as np
from collections import Counter
import itertools
from visual import show_tfidf

docs = [
    "it is a good day, I like to stay here",
    "I am happy to be here",
    "I am bob",
    "it is sunny today",
    "I have a party today",
    "it is a dog and that is a cat",
    "there are dog and cat on the tree",
    "I study hard this morning",
    "today is a good day",
    "tomorrow will be a good day",
    "I like coffee, I like book and I like apple",
    "I do not like it",
    "I am kitty, I like bob",
```

v9-6

```
            "I do not care who like bob, but I like kitty",
            "It is coffee time, bring your cup",
]

docs_words = [d.replace(",", "").split(" ") for d in docs]
vocab = set(itertools.chain(*docs_words))
v2i = {v: i for i, v in enumerate(vocab)}
i2v = {i: v for v, i in v2i.items()}


def safe_log(x):
    mask = x != 0
    x[mask] = np.log(x[mask])
    return x


tf_methods = {
        "log": lambda x: np.log(1+x),
        "augmented": lambda x: 0.5 + 0.5 * x / np.max(x, axis=1, keepdims=True),
        "boolean": lambda x: np.minimum(x, 1),
        "log_avg": lambda x: (1 + safe_log(x)) / (1 + safe_log(np.mean(x, axis=1, keepdims=True))),
    }
idf_methods = {
        "log": lambda x: 1 + np.log(len(docs) / (x+1)),
        "prob": lambda x: np.maximum(0, np.log((len(docs) - x) / (x+1))),
        "len_norm": lambda x: x / (np.sum(np.square(x))+1),
    }


def get_tf(method="log"):
    # term frequency: how frequent a word appears in a doc
    _tf = np.zeros((len(vocab), len(docs)), dtype=np.float64)        # [n_vocab, n_doc]
    for i, d in enumerate(docs_words):
        counter = Counter(d)
        for v in counter.keys():
            _tf[v2i[v], i] = counter[v] / counter.most_common(1)[0][1]

    weighted_tf = tf_methods.get(method, None)
    if weighted_tf is None:
        raise ValueError
    return weighted_tf(_tf)


def get_idf(method="log"):
    # inverse document frequency: low idf for a word appears in more docs, mean less important
    df = np.zeros((len(i2v), 1))
    for i in range(len(i2v)):
        d_count = 0
        for d in docs_words:
            d_count += 1 if i2v[i] in d else 0
        df[i, 0] = d_count

    idf_fn = idf_methods.get(method, None)
    if idf_fn is None:
        raise ValueError
    return idf_fn(df)


def cosine_similarity(q, _tf_idf):
    unit_q = q / np.sqrt(np.sum(np.square(q), axis=0, keepdims=True))
    unit_ds = _tf_idf / np.sqrt(np.sum(np.square(_tf_idf), axis=0, keepdims=True))
    similarity = unit_ds.T.dot(unit_q).ravel()
    return similarity


def docs_score(q, len_norm=False):
    q_words = q.replace(",", "").split(" ")

    # add unknown words
```

```python
            unknown_v = 0
            for v in set(q_words):
                if v not in v2i:
                    v2i[v] = len(v2i)
                    i2v[len(v2i)-1] = v
                    unknown_v += 1
            if unknown_v > 0:
                _idf = np.concatenate((idf, np.zeros((unknown_v, 1), dtype=np.float)), axis=0)
                _tf_idf = np.concatenate((tf_idf, np.zeros((unknown_v, tf_idf.shape[1]), dtype=np.float)), axis=0)
            else:
                _idf, _tf_idf = idf, tf_idf
            counter = Counter(q_words)
            q_tf = np.zeros((len(_idf), 1), dtype=np.float)         # [n_vocab, 1]
            for v in counter.keys():
                q_tf[v2i[v], 0] = counter[v]

            q_vec = q_tf * _idf                    # [n_vocab, 1]

            q_scores = cosine_similarity(q_vec, _tf_idf)
            if len_norm:
                len_docs = [len(d) for d in docs_words]
                q_scores = q_scores / np.array(len_docs)
            return q_scores


        def get_keywords(n=2):
            for c in range(3):
                col = tf_idf[:, c]
                idx = np.argsort(col)[-n:]
                print("doc{}, top{} keywords {}".format(c, n, [i2v[i] for i in idx]))


        tf = get_tf()              # [n_vocab, n_doc]
        idf = get_idf()            # [n_vocab, 1]
        tf_idf = tf * idf          # [n_vocab, n_doc]
        print("tf shape(vecb in each docs): ", tf.shape)
        print("\ntf samples:\n", tf[:2])
        print("\nidf shape(vecb in all docs): ", idf.shape)
        print("\nidf samples:\n", idf[:2])
        print("\ntf_idf shape: ", tf_idf.shape)
        print("\ntf_idf sample:\n", tf_idf[:2])


        # test
        get_keywords()
        q = "I get a coffee cup"
        scores = docs_score(q)
        d_ids = scores.argsort()[-3:][::-1]
        print("\ntop 3 docs for '{}':\n{}".format(q, [docs[i] for i in d_ids]))

        show_tfidf(tf_idf.T, [i2v[i] for i in range(tf_idf.shape[0])], "tfidf_matrix")
```

  TF-IDF 也有现成的 API 可以调用，无须手动实现算法，这为我们的工作提供了便利，它的 API 为 sklearn.feature_extraction.text.TfidfVectorizer(stop_words=None,...)。

  接下来使用 TF-IDF 进行特征抽取，代码如下。

```python
from sklearn.feature_extraction.text import CountVectorizer, TfidfVectorizer
import jieba

def tfidf_demo():
    data=["一种还是一种今天很残酷，明天更残酷，后天很美好，但绝对大部分是死在明天晚上，所以每个人不要放弃今天。",
          "我们看到的从很远星系来的光是在几百万年之前发出的，这样当我们看到宇宙时，我们是在看它的过去。",
          "如果只用一种方式了解某样事物，你就不会真正了解它。了解事物真正含义的秘密取决于如何将其与我们所了解的事物相联系。"]
    data_new=[]#字典要一句句导入 jieba 分词
    for sent in data:
        data_new.append(cut_word(sent))
```

```
# print(data_new)
# 1. 实例化一个转换器类
transfer = CountVectorizer(stop_words=["一种", "所以"])

# 2. 调用 fit_transform
data_final = transfer.fit_transform(data_new)
print("data_new:\n", data_final.toarray())
print("特征名字: \n", transfer.get_feature_names())
return None

if __name__ == "__main__":
    tfidf_demo()
```

特征抽取的概念在 2.1.2 小节中讲解过，在特征抽取之后，需要做特征预处理，通过一些转换函数，将特征数据转换成更加适合算法模型的特征数据的过程，特征预处理包括数值型数据的无量纲化（归一化、标准化）。特征预处理的 API 为 sklearn.preprocessing。为什么要进行归一化和标准化呢？为了方便理解，这里举一个例子。

将相亲约会对象数据中的男士的数据作为样本，数据中主要存在三个特征，分别为玩游戏所消耗时间的百分比、每年获得的飞行常客里程数、每周消费的冰淇淋公升数。同时还有一个所属类别，表示女士对其的评价，分为三个类别，不喜欢（didnt Like）、魅力一般（small Doses）、极具魅力（large Doses）。虽然里程数的数值比较大，也就是说飞行里程数对于计算结果影响较大，但是对于统计的人来说，这三个特征同等重要。数据如表 9-1 所示。

表 9-1 相亲约会对象数据

里程数	公升数	消耗时间比	评价
14488	7.153469	1.673904	smallDoses
26052	1.441871	0.805124	didntLike
75136	13.147394	0.428964	didntLike
38344	1.669788	0.134296	didntLike
72993	10.141740	1.032955	didntLike
35948	6.830792	1.213192	largeDoses
42666	13.276369	0.543880	largeDoses
67497	8.631577	0.749278	didntLike
35483	12.273169	1.508053	largeDoses
50242	3.723498	0.831917	didntLike

由于里程数数值太大，消耗时间比太小，如果不对数据做归一化和标准化处理，会导致除了里程数，算法学习不到其他特征。同时由于这几个特征都是同等重要的，因此需要采取无量纲化处理，使不同规格的数据转换到同一规格。特征的单位或者大小相差较大，或者某特征的方差相比其他的特征要大出几个数量级，这容易影响（支配）目标结果，使得一些算法无法学习到其他的特征。因此需要使用归一化，归一化就是通过对原始数据进行变换，把数据映射到 0～1（默认为[0,1]）之间，API 为 sklearn.preprocessing.MinMaxScaler(feature_range=(0,1)...)，举例代码如下。

```
import pandas as pd
from sklearn.preprocessing import MinMaxScaler

def minmax_demo():
    #1. 获取数据
    data = pd.read_csv("dating.txt")
    data = data.iloc[:, :3]
    print("data:\n", data)

    #2. 实例化一个转换器类
```

```
            transfer = MinMaxScaler()

            #3．调用 fit_transform
            data_new = transfer.fit_transform(data)
            print("data_new:\n", data_new)

            return None


    if __name__ == "__main__":
        minmax_demo()
```

但是归一化也有缺陷，由于它是根据最大值和最小值计算得到的，因此如果最大值和最小值刚好是异常值的话，那么计算结果就会不准确。另外，最大值和最小值非常容易受到异常点的影响，所以这种方法的鲁棒性较差，只适合传统精确小数据场景。因此归一化的方法不是很通用，所以就会涉及使用到标准化来解决归一化无法解决的问题。

标准化可将原始数据变换成均值为 0、标准差（集中程度、离散程度）为 1 的范围内的数据。所以如果遇到存在异常值的情况，并且异常值不多，那么均值变化不会很大，标准差也不会有很大的变化，因此使用标准化来进行无量纲化处理会比归一化好很多。标准化的 API 为 sklearn.preprocessing.StandardScaler()，所有数据都聚集在均值为 0、标准差为 1 的附近，代码如下。

```
from sklearn.preprocessing import MinMaxScaler, StandardScaler

def stand_demo():
    #1．获取数据
    data = pd.read_csv("dating.txt")
    data = data.iloc[:, :3]
    print("data:\n", data)

    #2．实例化一个转换器类
    transfer = StandardScaler

    #3．调用 fit_transform
    data_new = transfer.fit_transform(data)
    print("data_new:\n", data_new)
    return None

if __name__ == "__main__":
    stand_demo()
```

v9-7

标准化在已有样本足够多的情况下比较稳定，适合现代的嘈杂的大数据场景。

↗9.3.4 主题向量的转化：LSA（潜在语义分析）

v9-8

在 9.1 节说到算法在处理文本文件时，使用的是单词向量的形式，但是如果遇到一词多义或者是在两篇文章中，可能会使用不同的词去表示同一种意思，这两种情况下，单词向量都是解决不了的。而且文本中可能会有很多潜在的话题，单词向量的形式没有办法挖掘更多的话题信息，因此这里就使用话题向量去表示文本，这里就用到了 LSA。潜在语义分析是一种从海量文本数据中学习单词-单词、单词-文档以及文档-文档之间的隐性关系，进而得到文档和单词表达特征的方法。该方法的基本思想是综合考虑某些单词在哪些文档中同时出现，以此来决定该词语的含义与其他词语的相似度。潜在语义分析会先构建一个单词-文档矩阵，进而寻找该矩阵的低秩逼近，以此来挖掘单词-单词、单词-文档以及文档-文档之间的关联关系。假设现在有如图 9-12 所示的论文标题数据集。

从这 9 篇论文标题中，筛选有实际意义且至少出现在两篇文章标题中的 10 个单词。它们分别是 nonconvex，regression，optimization，network，analysis，minimization，gene，syndrome， editing，human。这样，10 个单词和 9 篇文章就可以形成一个 10 × 9 的单词-文档矩阵。单词-文档矩阵中的每一行表示某个单词在不同文档标题中所出现的次数，比如单词 regression 分别在文档 a1 和文档 a3 的标题中各出现了一次，那么这两处相应位置为 1，如图 9-13 所示。

- a1: Efficient Algorithms for Non-convex Isotonic Regression through Submodular Optimization
- a2: Combinatorial Optimization with Graph Convolutional Networks and Guided Tree Search
- a3: An Improved Analysis of Alternating Minimization for Structured Multi-Response Regression
- a4: Analysis of Krylov Subspace Solutions of Regularized Non-Convex Quadratic Problems
- a5: Post: Device Placement with Cross-Entropy Minimization and Proximal Policy Optimization

机器学习（Machine Learning）类别 5 篇文章

- b1: CRISPR/Cas9 and TALENs generate heritable mutations for genes involved in small RNA processing of Glycine max and Medicago truncatula
- b2: Generation of D1-1 TALEN isogenic control cell line from Dravet syndrome patient iPSCs using TALEN-mediated editing of the SCN1A gene
- b3: Genome-Scale CRISPR Screening Identifies Novel Human Pluripotent Gene Networks
- b4: CHAMPIONS: A phase 1/2 clinical trial with dose escalation of SB-913 ZFN-mediated in vivo human genome editing for treatment of MPS II (Hunter syndrome)

基因编辑（gene editing）类别 4 篇文章

● 图 9-12　论文标题数据集

	a1	a2	a3	a4	a5	b1	b2	b3	b4
nonconvex	1	0	0	1	0	0	0	0	0
regression	1	0	1	0	0	0	0	0	0
optimization	1	1	0	0	1	0	0	0	0
network	0	1	0	0	0	0	0	1	0
analysis	0	0	1	1	0	0	0	0	0
minimization	0	0	1	0	1	0	0	0	0
gene	0	0	0	0	0	1	1	1	0
syndrome	0	0	0	0	0	0	1	0	1
editing	0	0	0	0	0	0	1	0	1
human	0	0	0	0	0	0	0	1	1

● 图 9-13　形成单词-文档矩阵

仅仅构造出单词-文档矩阵并不能挖掘出单词-单词、单词-文档、文档-文档之间的潜在语义，比如，①当一个用户输入"optimization"这一检索请求时，由于文档 a3 标题中不包含这一单词，则文档 a3 被认为是不相关文档，但实际上文档 a3 所涉及"minimization"的内容与优化问题相关。出现这一问题是因为单词-文档矩阵只是刻画了单词是否在文档中出现与否这一现象，而无法对单词-单词、单词-文档以及文档-文档之间的语义关系进行建模。②如果用户检索"eat an apple"，则文档"Apple is a great company"会被检索出来，而实际上该文档中单词"Apple"所指为苹果公司，而非水果，造成这一结果的原因是一些单词具有"一词多义"的性质。因此需要一种方法能够建模单词-单词、单词-文档以及文档-文档之间的语义关系，并解决包括"异词同义"和"一词多义"在内的诸多挑战。

↗9.3.5　主题向量的转化：LDA（隐含狄利克雷分配）

LDA 模型表示隐含狄利克雷分配，它能将词袋计数转化为一个低维主题空间。LDA 是 LSA（也叫多项式 PCA）的概率扩展，因此 LDA 的主题可以被解释为词语的概率分布。这些分布是从训练语料库中自动推断的，就像 LSA 一样。相应地，文档可以被解释为这些主题的一个（软）混合（就像 LSA 一样）。具体代码如下所示。

v9-9

```
model = ldamodel.LdaModel(bow_corpus, id2word=dictionary, num_topics=100)
```

9.4 NLTK

↗9.4.1　NLTK 的介绍

NLTK 是由宾夕法尼亚大学计算机和信息科学学院使用 Python 语言实现的一种自然语言工具

v9-10

包，其收集的大量公开数据集、模型上提供了全面、易用的接口，涵盖了分词、词性标注(Part-Of-Speech tag, POS-tag)、命名实体识别(Named Entity Recognition, NER)、句法分析(Syntactic Parse)等各项 NLP 领域的功能。NLTK 被称为"使用 Python 进行教学和计算语言学工作的绝佳工具"，以及"用自然语言进行游戏的神奇图书馆"。

NLTK 表示自然语言工具包，是用 Python 编程语言实现的统计自然语言处理的工具。它支持NLP 研究和教学相关的领域，包括经验语言学、认知科学、人工智能、信息检索和机器学习。在 25个国家和地区已有 32 所大学将 NLTK 作为教学工具。NLTK 包含一些语料库：①古腾堡语料库（gutenberg）；②网络聊天语料库（webtext、nps_chat）；③布朗语料库（brown）；④路透社语料库（reuters）；⑤就职演讲语料库（inaugural）。关于 NLTK 模块及功能介绍，如图 9-14 所示。

语言处理任务	NLTK模块	功能描述
获取语料库	nltk.corpus	语料库和词典的标准化接口
字符串处理	nltk.tokenize, nltk.stem	分词、句子分解、提取主干
搭配研究	nltk.collocations	t-检验，卡方，点互信息
词性标示符	nltk.tag	n-gram, backoff, Brill, HMM, TnT
分类	nltk.classify, nltk.cluster	决策树，最大熵，朴素贝叶斯，EM, k-means
分块	nltk.chunk	正则表达式，n-gram，命名实体
解析	nltk.parse	图标，基于特征，一致性，概率性，依赖项
语义解释	nltk.sem, nltk.inference	λ演算，一阶逻辑，模型检验
指标评测	nltk.metrics	精度，召回率，协议系数
概率与估计	nltk.probability	频率分布，平滑概率分布
应用	nltk.app, nltk.chat	图形化的关键词排序，分析器，WordNet查看器，聊天机器人
语言学领域的工作	nltk.toolbox	处理SIL工具箱格式的数据

● 图 9-14　NLTK 模块及功能

9.4.2　NLTK 的安装及信息提取

对于 NLTK 的安装，首先需要安装 Python、numpy 才可以。如果是 Windows 系统，需要进入官网下载安装包，直接默认安装即可。如果是 macOS 或者 Linux 系统，可以使用 pip 命令进行安装，即 sudo pip install-U nltk。如果没有 pip 命令，需要首先下载 pip，即 sudo easy_install pip。安装完成之后，需要下载数据包，使用 nltk.download()命令完成安装。接下来使用一个简单的例子，测试一下 NLTK 是否可以正常使用。

可以编写一个分词和词性标注的小例子，如下所示。

```
>>> import nltk
>>> sentence = """At eight o'clock on Thursday morning
```

```
... Arthur didn't feel very good."""
>>> tokens = nltk.word_tokenize(sentence)
>>> tokens
['At', 'eight', "o'clock", 'on', 'Thursday', 'morning',
'Arthur', 'did', "n't", 'feel', 'very', 'good', '.']
>>> tagged = nltk.pos_tag(tokens)
>>> tagged[0:6]
[('At', 'IN'), ('eight', 'CD'), ("o'clock", 'JJ'), ('on', 'IN'),
('Thursday', 'NNP'), ('morning', 'NN')]
```

如果输出和上面一样，表示 NLTK 已经成功安装好了。

NLTK 可以进行信息提取操作，首先可以用来分句，使用 nltk.sent_tokenize(text)实现，得到句子。还可以用来分词，采用 nltk.word_tokenize(sent) for sent in sentences 实现，得到词语。也可以使用 nltk.pos_tag(sent) for sent in sentences 实现，得到元组来标记词性。也可以用来实体识别或者关系识别，它既识别已定义的实体（指那些约定俗成的词语和专有名词），也识别未定义的实体，识别后得到一棵树的列表，并且可以寻找实体之间的关系，得到一个元组列表。

使用 NLP 进行文本前处理时需要几个准备工作。①断句；②词形还原；③停用词；④断词；⑤词性标记；⑥命名实体辨识。接着就是完成一些如词频的计算、分类、模型训练等任务。

第 10 章 使用矩阵分解的推荐

主要内容
- Spark ALS 原理
- Spark ALS 实现协调过滤
- 暗示学习法 implicit 介绍
- libFM 介绍
- libFM 源码剖析之训练过程中的实现
- libFM 源码剖析之训练过程中的父类
- SVD 算法介绍
- SVD 算法实战

v10-1

10.1 Spark ALS

10.1.1 Spark ALS 原理

ALS 一般指交替最小二乘法，在机器学习中，特指使用最小二乘法的一种协同过滤算法。如图 10-1 所示，u 表示用户，v 表示商品，用户给商品打分，但是并不是每一个用户都会给每一种商品打分，比如用户 u6 就没有给商品 v3 打分，需要我们推荐出来，这就是机器学习的任务。

	v1	v2	v3	v4	v5	v6
u1						3
u2				3		
u3		5				
u4			7			
u5				6		
u6		6	?		5	
u7			6			
u8		1			5	
u9	3					

● 图 10-1 评分矩阵

由于并不是每个用户都会给每种商品都打分，因此可以假设 ALS 矩阵 A 是低秩的，即一个 $m \times n$ 的矩阵，它是由 $m \times k$ 和 $k \times n$ 两个矩阵相乘得到的，其中 $k \ll m, n$，$A_{m \times n} = U_{m \times k} \times V_{k \times n}$。这种假设是合理的，因为用户和商品都包含了一些低维度的隐藏特征，比如我们只要知道某个人喜欢碳酸饮料，就可以推断出他喜欢百事可乐、可口可乐，而不需要明确指出他喜欢这两种饮料。这里的碳酸饮料就相当于一个隐藏特征，上面的公式中，$U_{m \times k}$ 表示用户对隐藏特征的偏好，$V_{k \times n}$ 表示产品包含隐藏特征的程度。机器学习的任务就是求出 $V_{k \times n}$ 和 $U_{m \times k}$。可知 u_i, v_j 是用户 i 对商品 j 的偏好，使用 Frobenius 范数来量化重构 U 和 V 产生的误差。由于矩阵中很多地方都是空白的，即用户没有对商品打分,对于这种情况我们无须计算未知元,只计算观察到的集合 *R*。这样就将协同推荐问题转换成了一个优化问题。目标函数中 *U* 和 *V* 相互耦合,这就需要使用交替最小二乘算法,即先假设 *U* 的初始值,这样就将问题转化成了一个最小二乘问题,直到迭代了一定的次数,或者收敛为止。虽然不能保证收敛的全局最优解,但是影响不大。

接下来举一个小例子,使用主成分分析,借助 ALS 来完善丢失数据从而实现预测电影评分的效果。

```
%目的
% 通过主成分分析,用 ALS 来优化,同时来得到潜在的评分,数据就是上面观众看电影数据
load Data.txt
R = Data;
[coeff1,score1,latent,tsquared,explained,mu1] = pca(R,'algorithm','als');
%%% 参数
%coeff1   主成分系数
%    0.2851    -0.5043    0.8124    -0.0266
%    0.9230    -0.0764    -0.3655    0.0830
%   -0.1822    -0.4338    -0.1826    0.8602
%   -0.0890    -0.2844    -0.0782    -0.0986
%    0.1602    0.6861    0.4085    0.4927
%score1   主成分得分
%    3.1434    -2.0913    -0.1917    -0.0505
%   -3.1122    0.5615    -0.1839    -0.2997
%   -4.9612    -0.4934    -0.0388    0.2334
%    3.3091    1.5365    -0.4941    0.1154
%    1.6210    0.4868    0.9086    0.0014
%latent   主成分方差
%14.4394
%    1.8826
%    0.2854
%    0.0400
%tsquared Hotelling 的 T 平方统计,在 X 每个观测
%3.2000
%    3.2000
%    3.2000
%    3.2000
%    3.2000
%explained  向量包含每个主成分解释的总方差的百分比
% 86.7366
%    11.3084
%    1.7145
%    0.2405
%mu1  返回的平均值
% 5.2035    3.8730    4.6740    4.7043    5.0344


%%% 重建矩阵(预测)
p = score1*coeff1' + repmat(mu1,5,1)
% 7.0000    7.0000    5.0000    5.0393    4.0000
% 3.8915    1.0000    4.7733    4.8655    4.6982
% 4.0000    -0.6348    6.0000    5.2662    4.0000
% 4.9677    7.0000    3.5939    4.0000    6.4738
% 6.1583    5.0000    4.0027    4.3503    6.0000
```

再来分析一下 Spark 对 ALS 优化参数部分,这部分因为"观看者"和"电影"数据进行了 block 化,那么 block 是怎么减少数据通信的?如图 10-2 所示,把上面每个用户和每个电影都 block。

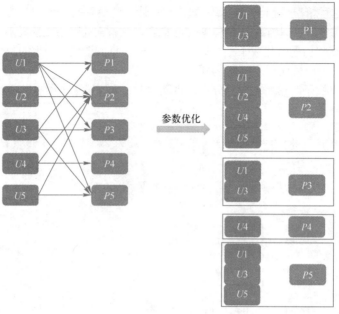

● 图 10-2　参数优化

由图 10-2 可知，整个过程对数据进行 block 化确实可以减少通信消耗。源码如下所示。

```
/**
 * 一个比 Tuple3[Int, Int, Double]更加紧凑的 class 用于表示评分
 */
@Since("0.8.0")
case class Rating @Since("0.8.0") (
    @Since("0.8.0") user: Int,
    @Since("0.8.0") product: Int,
    @Since("0.8.0") rating: Double)
/**
 * 交替最小二乘法的矩阵分解
 *
 * ALS attempts to estimate the ratings matrix 'R' as the product of two lower-rank matrices,
 * 'X' and 'Y', i.e. 'X * Yt = R'. Typically these approximations are called 'factor' matrices.
 * The general approach is iterative. During each iteration, one of the factor matrices is held
 * constant, while the other is solved for using least squares. The newly-solved factor matrix is
 * then held constant while solving for the other factor matrix.
 *
 * This is a blocked implementation of the ALS factorization algorithm that groups the two sets
 * of factors (referred to as "users" and "products") into blocks and reduces communication by only
 * sending one copy of each user vector to each product block on each iteration, and only for the
 * product blocks that need that user's feature vector. This is achieved by precomputing some
 * information about the ratings matrix to determine the "out-links" of each user (which blocks of
 * products it will contribute to) and "in-link" information for each product (which of the feature
 * vectors it receives from each user block it will depend on). This allows us to send only an
 * array of feature vectors between each user block and product block, and have the product block
 * find the users' ratings and update the products based on these messages.
 *
 * For implicit preference data, the algorithm used is based on
 * "Collaborative Filtering for Implicit Feedback Datasets", available at
 * [[http://dx.doi.org/10.1109/ICDM.2008.22]], adapted for the blocked approach used here.
 *
 * Essentially instead of finding the low-rank approximations to the rating matrix 'R',
 * this finds the approximations for a preference matrix 'P' where the elements of 'P' are 1 if
 * r > 0 and 0 if r <= 0. The ratings then act as 'confidence' values related to strength of
 * indicated user
 * preferences rather than explicit ratings given to items.
 */
```

```scala
@Since("0.8.0")
class ALS private (
    private var numUserBlocks: Int,
    private var numProductBlocks: Int,
    private var rank: Int,
    private var iterations: Int,
    private var lambda: Double,
    private var implicitPrefs: Boolean,
    private var alpha: Double,
    private var seed: Long = System.nanoTime()
) extends Serializable with Logging {

  /**
   * 构造一个默认参数的 ALS 的实例: {numBlocks: -1, rank: 10, iterations: 10,
   * lambda: 0.01, implicitPrefs: false, alpha: 1.0}.
   */
  @Since("0.8.0")
  def this() = this(-1, -1, 10, 10, 0.01, false, 1.0)

  /** 如果是 true，做交替的非负最小二乘 */
  private var nonnegative = false

  /** storage level for user/product in/out links */
  private var intermediateRDDStorageLevel: StorageLevel = StorageLevel.MEMORY_AND_DISK
  private var finalRDDStorageLevel: StorageLevel = StorageLevel.MEMORY_AND_DISK

  /** checkpoint interval */
  private var checkpointInterval: Int = 10

  /**
   * 设置用户模块和产品模块并行计算块的数量（假设设置为 2，那么用户和产品的模块都是 2 个),numBlocks=-1 的
时候表示自动配置模块数，默认情况下是 numBlocks=-1
   */
  @Since("0.8.0")
  def setBlocks(numBlocks: Int): this.type = {
    require(numBlocks == -1 || numBlocks > 0,
      s"Number of blocks must be -1 or positive but got ${numBlocks}")
    this.numUserBlocks = numBlocks
    this.numProductBlocks = numBlocks
    this
  }

  /**
   * 设置并行计算的用户的块的数量
   */
  @Since("1.1.0")
  def setUserBlocks(numUserBlocks: Int): this.type = {
    require(numUserBlocks == -1 || numUserBlocks > 0,
      s"Number of blocks must be -1 or positive but got ${numUserBlocks}")
    this.numUserBlocks = numUserBlocks
    this
  }

  /**
   * 设置并行计算的产品的块的数量
   */
  @Since("1.1.0")
  def setProductBlocks(numProductBlocks: Int): this.type = {
    require(numProductBlocks == -1 || numProductBlocks > 0,
      s"Number of product blocks must be -1 or positive but got ${numProductBlocks}")
    this.numProductBlocks = numProductBlocks
    this
  }

  /** 计算特征矩阵的秩（特征数），默认情况下为 10 */
  @Since("0.8.0")
  def setRank(rank: Int): this.type = {
    require(rank > 0,
      s"Rank of the feature matrices must be positive but got ${rank}")
```

```
    this.rank = rank
    this
}

/** 设置要运行的迭代次数。默认为 10 次 */
@Since("0.8.0")
def setIterations(iterations: Int): this.type = {
    require(iterations >= 0,
        s"Number of iterations must be nonnegative but got ${iterations}")
    this.iterations = iterations
    this
}

/** 设置正则化参数，λ' 默认为 0.01. */
@Since("0.8.0")
def setLambda(lambda: Double): this.type = {
    require(lambda >= 0.0,
        s"Regularization parameter must be nonnegative but got ${lambda}")
    this.lambda = lambda
    this
}

/** 设置是否使用隐式偏好，Default: false. */
@Since("0.8.1")
def setImplicitPrefs(implicitPrefs: Boolean): this.type = {
    this.implicitPrefs = implicitPrefs
    this
}

/**
 * Sets the constant used in computing confidence in implicit ALS. Default: 1.0.
 */
@Since("0.8.1")
def setAlpha(alpha: Double): this.type = {
    this.alpha = alpha
    this
}

/** Sets a random seed to have deterministic results. */
@Since("1.0.0")
def setSeed(seed: Long): this.type = {
    this.seed = seed
    this
}

/**
 * *
 * 设置每一次迭代中的最小二乘法，是否都要非负约束
 * Set whether the least-squares problems solved at each iteration should have
 * nonnegativity constraints.
 */
@Since("1.1.0")
def setNonnegative(b: Boolean): this.type = {
    this.nonnegative = b
    this
}

/**
 * :: DeveloperApi ::* 对每一个 RDD 在中间的缓存级别的选择
 * Sets storage level for intermediate RDDs (user/product in/out links). The default value is
 * 'MEMORY_AND_DISK'. Users can change it to a serialized storage, e.g., 'MEMORY_AND_DISK_SER' and
 * set 'spark.rdd.compress' to 'true' to reduce the space requirement, at the cost of speed.
 */
@DeveloperApi
@Since("1.1.0")
def setIntermediateRDDStorageLevel(storageLevel: StorageLevel): this.type = {
    require(storageLevel != StorageLevel.NONE,
        "ALS is not designed to run without persisting intermediate RDDs.")
    this.intermediateRDDStorageLevel = storageLevel
```

```
          this
        }

        /**
        * :: DeveloperApi ::
        * Sets storage level for final RDDs (user/product used in MatrixFactorizationModel). The default
        * value is 'MEMORY_AND_DISK'. Users can change it to a serialized storage, e.g.
        * 'MEMORY_AND_DISK_SER' and set 'spark.rdd.compress' to 'true' to reduce the space requirement,
        * at the cost of speed.
        */
        @DeveloperApi
        @Since("1.3.0")
        def setFinalRDDStorageLevel(storageLevel: StorageLevel): this.type = {
          this.finalRDDStorageLevel = storageLevel
          this
        }

        /**
        * Set period (in iterations) between checkpoints (default = 10). Checkpointing helps with
        * recovery (when nodes fail) and StackOverflow exceptions caused by long lineage. It also helps
        * with eliminating temporary shuffle files on disk, which can be important when there are many
        * ALS iterations. If the checkpoint directory is not set in [[org.apache.spark.SparkContext]],
        * this setting is ignored.
        */
        @DeveloperApi
        @Since("1.4.0")
        //设置每隔多久进行 checkpoint
        def setCheckpointInterval(checkpointInterval: Int): this.type = {
          this.checkpointInterval = checkpointInterval
          this
        }

        /**
        * Run ALS with the configured parameters on an input RDD of [[Rating]] objects.
        * Returns a MatrixFactorizationModel with feature vectors for each user and product.
        */
        @Since("0.8.0")
        //查看一开始给的 rating,这个 RDD 的形式内部数据如下
        //case class Rating @Since("0.8.0") (
        //                              @Since("0.8.0") user: Int,
        //                              @Since("0.8.0") product: Int,
        //                              @Since("0.8.0") rating: Double)
        def run(ratings: RDD[Rating]): MatrixFactorizationModel = {
          val sc = ratings.context

          //分块设置，默认下：在并行度和 rating 的 partitions 的二分之一中选一个最大的
          //        设置参数下：为 numUserBlocks
          val numUserBlocks = if (this.numUserBlocks == -1) {
            math.max(sc.defaultParallelism, ratings.partitions.length / 2)
          } else {
            this.numUserBlocks
          }
          //分块设置，默认下：在并行度和 rating 的 partitions 的二分之一中选一个最大的
          //        设置参数下：为 numProductBlocks
          val numProductBlocks = if (this.numProductBlocks == -1) {
            math.max(sc.defaultParallelism, ratings.partitions.length / 2)
          } else {
            this.numProductBlocks
          }

          val (floatUserFactors, floatProdFactors) = NewALS.train[Int](
            ratings = ratings.map(r => NewALS.Rating(r.user, r.product, r.rating.toFloat)),
            rank = rank,
            numUserBlocks = numUserBlocks,
            numItemBlocks = numProductBlocks,
            maxIter = iterations,
            regParam = lambda,
            implicitPrefs = implicitPrefs,
            alpha = alpha,
```

```scala
                nonnegative = nonnegative,
                intermediateRDDStorageLevel = intermediateRDDStorageLevel,
                finalRDDStorageLevel = StorageLevel.NONE,
                checkpointInterval = checkpointInterval,
                seed = seed)

        val userFactors = floatUserFactors
            .mapValues(_.map(_.toDouble))
            .setName("users")
            .persist(finalRDDStorageLevel)
        val prodFactors = floatProdFactors
            .mapValues(_.map(_.toDouble))
            .setName("products")
            .persist(finalRDDStorageLevel)
        if (finalRDDStorageLevel != StorageLevel.NONE) {
            userFactors.count()
            prodFactors.count()
        }
        new MatrixFactorizationModel(rank, userFactors, prodFactors)
    }

    /**
     * Java-friendly version of [[ALS.run]].
     */
    @Since("1.3.0")
    def run(ratings: JavaRDD[Rating]): MatrixFactorizationModel = run(ratings.rdd)
}

/**
 * Top-level methods for calling Alternating Least Squares (ALS) matrix factorization.
 */
@Since("0.8.0")
object ALS {
    /**
     * Train a matrix factorization model given an RDD of ratings by users for a subset of products.
     * The ratings matrix is approximated as the product of two lower-rank matrices of a given rank
     * (number of features). To solve for these features, ALS is run iteratively with a configurable
     * level of parallelism.
     *
     * @param ratings        RDD of [[Rating]] objects with userID, productID, and rating
     * @param rank           number of features to use
     * @param iterations number of iterations of ALS
     * @param lambda         regularization parameter
     * @param blocks         level of parallelism to split computation into
     * @param seed           random seed for initial matrix factorization model
     */
    @Since("0.9.1")
    def train(
        ratings: RDD[Rating],
        rank: Int,
        iterations: Int,
        lambda: Double,
        blocks: Int,
        seed: Long
      ): MatrixFactorizationModel = {
        new ALS(blocks, blocks, rank, iterations, lambda, false, 1.0, seed).run(ratings)
    }

    /**
     * Train a matrix factorization model given an RDD of ratings by users for a subset of products.
     * The ratings matrix is approximated as the product of two lower-rank matrices of a given rank
     * (number of features). To solve for these features, ALS is run iteratively with a configurable
     * level of parallelism.
     *
     * @param ratings        RDD of [[Rating]] objects with userID, productID, and rating
     * @param rank           number of features to use
     * @param iterations number of iterations of ALS
     * @param lambda         regularization parameter
     * @param blocks         level of parallelism to split computation into
```

```
  */
@Since("0.8.0")
def train(
    ratings: RDD[Rating],
    rank: Int,
    iterations: Int,
    lambda: Double,
    blocks: Int
  ): MatrixFactorizationModel = {
  new ALS(blocks, blocks, rank, iterations, lambda, false, 1.0).run(ratings)
}


/**
 * Train a matrix factorization model given an RDD of ratings by users for a subset of products.
 * The ratings matrix is approximated as the product of two lower-rank matrices of a given rank
 * (number of features). To solve for these features, ALS is run iteratively with a level of
 * parallelism automatically based on the number of partitions in 'ratings'.
 *
 * @param ratings      RDD of [[Rating]] objects with userID, productID, and rating
 * @param rank         number of features to use
 * @param iterations   number of iterations of ALS
 * @param lambda       regularization parameter
 */
@Since("0.8.0")
def train(ratings: RDD[Rating], rank: Int, iterations: Int, lambda: Double)
  : MatrixFactorizationModel = {
  train(ratings, rank, iterations, lambda, -1)
}


/**
 * Train a matrix factorization model given an RDD of ratings by users for a subset of products.
 * The ratings matrix is approximated as the product of two lower-rank matrices of a given rank
 * (number of features). To solve for these features, ALS is run iteratively with a level of
 * parallelism automatically based on the number of partitions in 'ratings'.
 *
 * @param ratings      RDD of [[Rating]] objects with userID, productID, and rating
 * @param rank         number of features to use
 * @param iterations   number of iterations of ALS
 */
@Since("0.8.0")
def train(ratings: RDD[Rating], rank: Int, iterations: Int)
  : MatrixFactorizationModel = {
  train(ratings, rank, iterations, 0.01, -1)
}


/**
 * Train a matrix factorization model given an RDD of 'implicit preferences' given by users
 * to some products, in the form of (userID, productID, preference) pairs. We approximate the
 * ratings matrix as the product of two lower-rank matrices of a given rank (number of features).
 * To solve for these features, we run a given number of iterations of ALS. This is done using
 * a level of parallelism given by 'blocks'.
 *
 * @param ratings      RDD of (userID, productID, rating) pairs
 * @param rank         number of features to use
 * @param iterations   number of iterations of ALS
 * @param lambda        regularization parameter
 * @param blocks       level of parallelism to split computation into
 * @param alpha        confidence parameter
 * @param seed         random seed for initial matrix factorization model
 */
@Since("0.8.1")
def trainImplicit(
    ratings: RDD[Rating],
    rank: Int,
    iterations: Int,
    lambda: Double,
    blocks: Int,
    alpha: Double,
    seed: Long
```

```scala
    ): MatrixFactorizationModel = {
      new ALS(blocks, blocks, rank, iterations, lambda, true, alpha, seed).run(ratings)
  }

  /**
   * Train a matrix factorization model given an RDD of 'implicit preferences' of users for a
   * subset of products. The ratings matrix is approximated as the product of two lower-rank
   * matrices of a given rank (number of features). To solve for these features, ALS is run
   * iteratively with a configurable level of parallelism.
   *
   * @param ratings       RDD of [[Rating]] objects with userID, productID, and rating
   * @param rank          number of features to use
   * @param iterations number of iterations of ALS
   * @param lambda         regularization parameter
   * @param blocks        level of parallelism to split computation into
   * @param alpha         confidence parameter
   */
  @Since("0.8.1")
  def trainImplicit(
      ratings: RDD[Rating],
      rank: Int,
      iterations: Int,
      lambda: Double,
      blocks: Int,
      alpha: Double
    ): MatrixFactorizationModel = {
      new ALS(blocks, blocks, rank, iterations, lambda, true, alpha).run(ratings)
  }

  /**
   * Train a matrix factorization model given an RDD of 'implicit preferences' of users for a
   * subset of products. The ratings matrix is approximated as the product of two lower-rank
   * matrices of a given rank (number of features). To solve for these features, ALS is run
   * iteratively with a level of parallelism determined automatically based on the number of
   * partitions in 'ratings'.
   *
   * @param ratings       RDD of [[Rating]] objects with userID, productID, and rating
   * @param rank          number of features to use
   * @param iterations number of iterations of ALS
   * @param lambda         regularization parameter
   * @param alpha          confidence parameter
   */
  @Since("0.8.1")
  def trainImplicit(ratings: RDD[Rating], rank: Int, iterations: Int, lambda: Double, alpha: Double)
    : MatrixFactorizationModel = {
      trainImplicit(ratings, rank, iterations, lambda, -1, alpha)
  }

  /**
   * Train a matrix factorization model given an RDD of 'implicit preferences' of users for a
   * subset of products. The ratings matrix is approximated as the product of two lower-rank
   * matrices of a given rank (number of features). To solve for these features, ALS is run
   * iteratively with a level of parallelism determined automatically based on the number of
   * partitions in 'ratings'.
   *
   * @param ratings       RDD of [[Rating]] objects with userID, productID, and rating
   * @param rank          number of features to use
   * @param iterations number of iterations of ALS
   */
  @Since("0.8.1")
  def trainImplicit(ratings: RDD[Rating], rank: Int, iterations: Int)
    : MatrixFactorizationModel = {
      trainImplicit(ratings, rank, iterations, 0.01, -1, 1.0)
  }
}
```

MatrixFactorizationModel 类代码如下。

```
/**
```

```
*矩阵分解模型
*
* Note:如果直接用构造函数来创建模型，请注意，快速预测需要缓存的 user、product,
*
* @param rank  秩
* @param userFeatures RDD 的元组，每个元组都有计算后的 userID 和 features
* @param productFeatures RDD 的元组，每个元组都有计算后的 productID 和 features
*/
@Since("0.8.0")
class MatrixFactorizationModel @Since("0.8.0") (
    @Since("0.8.0") val rank: Int,
    @Since("0.8.0") val userFeatures: RDD[(Int, Array[Double])],
    @Since("0.8.0") val productFeatures: RDD[(Int, Array[Double])])
  extends Saveable with Serializable with Logging {

  require(rank > 0)
  validateFeatures("User", userFeatures)
  validateFeatures("Product", productFeatures)

  /**验证因素，如果有性能问题，提醒用户 */
  private def validateFeatures(name: String, features: RDD[(Int, Array[Double])]): Unit = {
    require(features.first()._2.length == rank,
      s"$name feature dimension does not match the rank $rank.")
    if (features.partitioner.isEmpty) {
      logWarning(s"$name factor does not have a partitioner. "
        + "Prediction on individual records could be slow.")
    }
    if (features.getStorageLevel == StorageLevel.NONE) {
      logWarning(s"$name factor is not cached. Prediction could be slow.")
    }
  }

  /** 预测一个用户对一个产品的评价 */
  @Since("0.8.0")
  def predict(user: Int, product: Int): Double = {
    val userVector = userFeatures.lookup(user).head
    val productVector = productFeatures.lookup(product).head
    blas.ddot(rank, userVector, 1, productVector, 1)
  }

  /**
   * 输入 usersProducts，返回用户和产品的近似数，这个方法是基于 countApproxDistinct
   *
   * @param usersProducts   RDD of (user, product) pairs.
   * @return 用户和产品的近似值
   */
  private[this] def countApproxDistinctUserProduct(usersProducts: RDD[(Int, Int)]): (Long, Long) = {
    val zeroCounterUser = new HyperLogLogPlus(4, 0)
    val zeroCounterProduct = new HyperLogLogPlus(4, 0)
    val aggregated = usersProducts.aggregate((zeroCounterUser, zeroCounterProduct))(
      (hllTuple: (HyperLogLogPlus, HyperLogLogPlus), v: (Int, Int)) => {
        hllTuple._1.offer(v._1)
        hllTuple._2.offer(v._2)
        hllTuple
      },
      (h1: (HyperLogLogPlus, HyperLogLogPlus), h2: (HyperLogLogPlus, HyperLogLogPlus)) => {
        h1._1.addAll(h2._1)
        h1._2.addAll(h2._2)
        h1
      })
    (aggregated._1.cardinality(), aggregated._2.cardinality())
  }

  /**
   * 预测多个用户对产品的评价
   * 输出的 RDD 和输入的 RDD 元素一一对应 （包括所有副本）除非用户或产品中缺少训练集
   * @param usersProducts   RDD of (user, product) pairs.
   * @return RDD of Ratings.
   */
```

```scala
@Since("0.9.0")
def predict(usersProducts: RDD[(Int, Int)]): RDD[Rating] = {
    // Previously the partitions of ratings are only based on the given products.
    // So if the usersProducts given for prediction contains only few products or
    // even one product, the generated ratings will be pushed into few or single partition
    // and can't use high parallelism.
    // Here we calculate approximate numbers of users and products. Then we decide the
    // partitions should be based on users or products.
    val (usersCount, productsCount) = countApproxDistinctUserProduct(usersProducts)

    if (usersCount < productsCount) {
        val users = userFeatures.join(usersProducts).map {
            case (user, (uFeatures, product)) => (product, (user, uFeatures))
        }
        users.join(productFeatures).map {
            case (product, ((user, uFeatures), pFeatures)) =>
                Rating(user, product, blas.ddot(uFeatures.length, uFeatures, 1, pFeatures, 1))
        }
    } else {
        val products = productFeatures.join(usersProducts.map(_.swap)).map {
            case (product, (pFeatures, user)) => (user, (product, pFeatures))
        }
        products.join(userFeatures).map {
            case (user, ((product, pFeatures), uFeatures)) =>
                Rating(user, product, blas.ddot(uFeatures.length, uFeatures, 1, pFeatures, 1))
        }
    }
}

/**
 * Java-friendly version of [[MatrixFactorizationModel.predict]].
 */
@Since("1.2.0")
def predict(usersProducts: JavaPairRDD[JavaInteger, JavaInteger]): JavaRDD[Rating] = {
    predict(usersProducts.rdd.asInstanceOf[RDD[(Int, Int)]]).toJavaRDD()
}

/**
 * 向用户推荐产品
 *
 * @param user the user to recommend products to
 * @param num how many products to return. The number returned may be less than this.
 * @return [[Rating]] objects, each of which contains the given user ID, a product ID, and a
 *     "score" in the rating field. Each represents one recommended product, and they are sorted
 *     by score, decreasing. The first returned is the one predicted to be most strongly
 *     recommended to the user. The score is an opaque value that indicates how strongly
 *     recommended the product is.
 */
@Since("1.1.0")
def recommendProducts(user: Int, num: Int): Array[Rating] =
    MatrixFactorizationModel.recommend(userFeatures.lookup(user).head, productFeatures, num)
        .map(t => Rating(user, t._1, t._2))

/**
 * 给用户推荐产品，也就是说，看看哪些用户对这个产品感兴趣
 *
 * @param product  推荐给用户的产品
 * @param num   设定返回多少个用户，实际返回的大小有可能小于设定的值
 * @return [[Rating]] objects, 其中每一个包含用户的 ID、产品 ID 和一个得分，每个表示一个推荐的用户，并且按从大
到小的分数排序，第一次返回的是预测最佳的产品
 */
@Since("1.1.0")
def recommendUsers(product: Int, num: Int): Array[Rating] =
    MatrixFactorizationModel.recommend(productFeatures.lookup(product).head, userFeatures, num)
        .map(t => Rating(t._1, product, t._2))

protected override val formatVersion: String = "1.0"

/**
```

```
 *  输入路径、保持模型
 *
 * This saves:
 *   - human-readable (JSON) model metadata to path/metadata/
 *   - Parquet formatted data to path/data/
 *
 * The model may be loaded using [[Loader.load]].
 *
 * @param sc    Spark context used to save model data.
 * @param path  Path specifying the directory in which to save this model.
 *                    If the directory already exists, this method throws an exception.
 */
@Since("1.3.0")
override def save(sc: SparkContext, path: String): Unit = {
  MatrixFactorizationModel.SaveLoadV1_0.save(this, path)
}


/**
 *  为所有用户推荐 top products
 *
 * @param num 为每个用户返回多少产品
 * @return [(Int, Array[Rating])] objects, where every tuple contains a userID and an array of
 * rating objects which contains the same userId, recommended productID and a "score" in the
 * rating field. Semantics of score is same as recommendProducts API
 *
 */
@Since("1.4.0")
def recommendProductsForUsers(num: Int): RDD[(Int, Array[Rating])] = {
  MatrixFactorizationModel.recommendForAll(rank, userFeatures, productFeatures, num).map {
    case (user, top) =>
      val ratings = top.map { case (product, rating) => Rating(user, product, rating) }
      (user, ratings)
  }
}



/**
 *  为所有产品推荐 top users
 *
 * @param num how many users to return for every product.
 * @return [(Int, Array[Rating])] objects, where every tuple contains a productID and an array
 * of rating objects which contains the recommended userId, same productID and a "score" in the
 * rating field. Semantics of score is same as recommendUsers API
 */
@Since("1.4.0")
def recommendUsersForProducts(num: Int): RDD[(Int, Array[Rating])] = {
  MatrixFactorizationModel.recommendForAll(rank, productFeatures, userFeatures, num).map {
    case (product, top) =>
      val ratings = top.map { case (user, rating) => Rating(user, product, rating) }
      (product, ratings)
  }
}
}

@Since("1.3.0")
object MatrixFactorizationModel extends Loader[MatrixFactorizationModel] {

  import org.apache.spark.mllib.util.Loader._

  /**
   *  对单个用户（或产品）进行推荐
   */
  private def recommend(
      recommendToFeatures: Array[Double],
      recommendableFeatures: RDD[(Int, Array[Double])],
      num: Int): Array[(Int, Double)] = {
    val scored = recommendableFeatures.map { case (id, features) =>
      (id, blas.ddot(features.length, recommendToFeatures, 1, features, 1))
    }
```

```scala
    scored.top(num)(Ordering.by(_._2))
}

/**
 * 对所有用户（或产品）进行推荐
 * @param rank rank
 * @param srcFeatures src features to receive recommendations
 * @param dstFeatures dst features used to make recommendations
 * @param num number of recommendations for each record
 * @return an RDD of (srcId: Int, recommendations), where recommendations are stored as an array
 *            of (dstId, rating) pairs.
 */
private def recommendForAll(
    rank: Int,
    srcFeatures: RDD[(Int, Array[Double])],
    dstFeatures: RDD[(Int, Array[Double])],
    num: Int): RDD[(Int, Array[(Int, Double)])] = {
  val srcBlocks = blockify(rank, srcFeatures)
  val dstBlocks = blockify(rank, dstFeatures)
  val ratings = srcBlocks.cartesian(dstBlocks).flatMap {
    case ((srcIds, srcFactors), (dstIds, dstFactors)) =>
        val m = srcIds.length
        val n = dstIds.length
        val ratings = srcFactors.transpose.multiply(dstFactors)
        val output = new Array[(Int, (Int, Double))](m * n)
        var k = 0
        ratings.foreachActive { (i, j, r) =>
          output(k) = (srcIds(i), (dstIds(j), r))
          k += 1
        }
        output.toSeq
  }
  ratings.topByKey(num)(Ordering.by(_._2))
}

/**
 * Blockifies features to use Level-3 BLAS.
 */
private def blockify(
    rank: Int,
    features: RDD[(Int, Array[Double])]): RDD[(Array[Int], DenseMatrix)] = {
  val blockSize = 4096 // TODO: tune the block size
  val blockStorage = rank * blockSize
  features.mapPartitions { iter =>
    iter.grouped(blockSize).map { grouped =>
      val ids = mutable.ArrayBuilder.make[Int]
      ids.sizeHint(blockSize)
      val factors = mutable.ArrayBuilder.make[Double]
      factors.sizeHint(blockStorage)
      var i = 0
      grouped.foreach { case (id, factor) =>
        ids += id
        factors ++= factor
        i += 1
      }
      (ids.result(), new DenseMatrix(rank, i, factors.result()))
    }
  }
}

/**
 * 输入模型的路径，加载这个模型
 *
 * The model should have been saved by [[Saveable.save]].
 *
 * @param sc    Spark context used for loading model files.
 * @param path   Path specifying the directory to which the model was saved.
 * @return    Model instance
 */
```

```scala
@Since("1.3.0")
override def load(sc: SparkContext, path: String): MatrixFactorizationModel = {
  val (loadedClassName, formatVersion, _) = loadMetadata(sc, path)
  val classNameV1_0 = SaveLoadV1_0.thisClassName
  (loadedClassName, formatVersion) match {
    case (className, "1.0") if className == classNameV1_0 =>
      SaveLoadV1_0.load(sc, path)
    case _ =>
      throw new IOException("MatrixFactorizationModel.load did not recognize model with" +
        s"(class: $loadedClassName, version: $formatVersion). Supported:\n" +
        s"    ($classNameV1_0, 1.0)")
  }
}

private[recommendation]
object SaveLoadV1_0 {

  private val thisFormatVersion = "1.0"

  private[recommendation]
  val thisClassName = "org.apache.spark.mllib.recommendation.MatrixFactorizationModel"

  /**
   * Saves a [[MatrixFactorizationModel]], where user features are saved under 'data/users' and
   * product features are saved under 'data/products'.
   */
  def save(model: MatrixFactorizationModel, path: String): Unit = {
    val sc = model.userFeatures.sparkContext
    val sqlContext = SQLContext.getOrCreate(sc)
    import sqlContext.implicits._
    val metadata = compact(render(
      ("class" -> thisClassName) ~ ("version" -> thisFormatVersion) ~ ("rank" -> model.rank)))
    sc.parallelize(Seq(metadata), 1).saveAsTextFile(metadataPath(path))
    model.userFeatures.toDF("id", "features").write.parquet(userPath(path))
    model.productFeatures.toDF("id", "features").write.parquet(productPath(path))
  }

  def load(sc: SparkContext, path: String): MatrixFactorizationModel = {
    implicit val formats = DefaultFormats
    val sqlContext = SQLContext.getOrCreate(sc)
    val (className, formatVersion, metadata) = loadMetadata(sc, path)
    assert(className == thisClassName)
    assert(formatVersion == thisFormatVersion)
    val rank = (metadata \ "rank").extract[Int]
    val userFeatures = sqlContext.read.parquet(userPath(path)).rdd.map {
      case Row(id: Int, features: Seq[_]) =>
        (id, features.asInstanceOf[Seq[Double]].toArray)
    }
    val productFeatures = sqlContext.read.parquet(productPath(path)).rdd.map {
      case Row(id: Int, features: Seq[_]) =>
        (id, features.asInstanceOf[Seq[Double]].toArray)
    }
    new MatrixFactorizationModel(rank, userFeatures, productFeatures)
  }

  private def userPath(path: String): String = {
    new Path(dataPath(path), "user").toUri.toString
  }

  private def productPath(path: String): String = {
    new Path(dataPath(path), "product").toUri.toString
  }
}
}
```

接下来做一个 SparkML 的实验，代码如下。

```scala
import org.apache.log4j.{Level, Logger}
```

```
import org.apache.spark.mllib.recommendation.{ALS, Rating}
import org.apache.spark.{SparkConf, SparkContext}


object myAls {
    def main(args: Array[String]) {
        val conf = new SparkConf().setAppName("Als example").setMaster("local[2]")
        val sc = new SparkContext(conf)
        Logger.getLogger("org.apache.spark").setLevel(Level.ERROR)
        Logger.getLogger("org.eclipse.jetty.Server").setLevel(Level.OFF)

        val trainData = sc.textFile("/root/application/upload/train.data")
        val parseTrainData =trainData.map(_.split(',') match{
            case Array(user,item,rate) => Rating(user.toInt,item.toInt,rate.toDouble)
        })
        val testData = sc.textFile("/root/application/upload/test.data")
        val parseTestData =testData.map(_.split(',') match{
            case Array(user,item,rate) => Rating(user.toInt,item.toInt,rate.toDouble)
        })

        parseTrainData.foreach(println)


        val model =   new ALS().setBlocks(2).run(ratings = parseTrainData)

        val userProducts =parseTestData.map{
            case Rating(user,product,rate) =>
                (user,product)
        }

        val predictions = model.predict(userProducts).map{
            case Rating(user,product,rate) =>
                ((user,product),rate)
        }
        predictions.foreach(println)

        /** ((4,1),1.7896680396660953)
((4,3),1.0270402568376826)
((4,5),0.1556322625035942)
((2,4),0.33505846168235803)
((2,1),0.5416217248274381)
((2,3),0.4346857699980956)
((2,5),0.4549716283423277)
((1,4),1.2289770624608378)
((3,4),1.8560000519252107E-5)
((3,2),3.3417571983500647)
((5,4),-0.049730215285125445)
((5,1),3.9938137663334397)
((5,3),4.041703646645967)
        */
        //预测结果不理想

        sc.stop()

    }
}
```

🡕10.1.2　Spark ALS 实现协同过滤

为了方便测试，在本地以 local 方式运行 Spark，测试数据使用 MovieLens 数据集。首先启动 Spark-shell。

```
bin/spark-shell --executor-memory 3g --driver-memory 3g --driver-java-options '-Xms2g -Xmx2g -XX:+UseCompressedOops'
```

然后引入 Mllib 包，我们需要用到 ALS 算法类和 Rating 评分类。

```
import org.apache.spark.mllib.recommendation.{ALS, Rating}
```

Spark 的日志级别默认为 INFO，可以手动设置为 WARN 级别，同样先引入 log4j 依赖。

```
import org.apache.log4j.{Logger,Level}
```

然后，运行下面的代码。

```
Logger.getLogger("org.apache.spark").setLevel(Level.WARN)
Logger.getLogger("org.eclipse.jetty.server").setLevel(Level.OFF)
```

加载数据，Spark-shell 启动成功之后，sc 为内置变量，可以通过它来加载测试数据。

```
val data=sc.textFile("data/ml-1m/ratings.dat")
```

接下来解析文件内容，获得用户对商品的评分记录。

```
val ratings=data.map(_.split("::") match {case Array(user,item,rate,ts) =>
    Rating(user.toInt,item.toInt,rate.toDouble)
}).cache()
```

查看第一条记录。

```
scala > ratings.first
res1:org.apache.spark.mllib.recommendation.Rating=Rating(1,1193,5.0)
```

我们可以统计文件中用户和商品的数量。

```
val users = ratings.map(_.user).distinct()
val products = ratings.map(_.product).distinct()
println("Got " + ratings.count() + " ratings from   " + users.count +" users
    on "+ products.count + "products.")
```

可以看到如下输出。

```
Got 1000209 ratings from 6040 users on 3706 products.
```

也可以拆分评分数据生成训练集和测试集，例如，训练集和测试集比例为 8 比 2（实际上也可以是 7 比 3）。

```
val splits = ratings.randomSplit(Array(0.8,0.2),seed=111l)
val training=splits(0).repartition(numPartitions)
val test=splits(1).repartition(numPartitions)
```

这里，将评分数据全部当作训练集，同时也当作测试集。接下来就是对模型进行训练。然后调用 ALS.train()方法，进行模型训练。

```
val rank = 12
val lambda = 0.01
val numIterations = 20
val model = ALS.train(ratings,rank,numIterations,lambda)
```

在 model 中查看用户和商品特征向量。

```
model.userFeatures
//res82:org.apache.spark.rdd.RDD[(Int,Array[Double])]=users
    MapPartitionsRDD[400] at mapValues at ALS.scala:218
model.userFeatures.count
//res84: Long = 6040
model.productFeatures
//res85:org.apache.spark.rdd.RDD[(Int,Array[Double])]=products
    MapPartitionsRDD[401] at mapValues at ALS.scala:222
model.productFeatures.count
//res86: Long = 3706
```

接下来对比一下预测的结果，这里我们将训练集当作测试集来进行对比测试，从训练集中获取用户和商品的映射。

```
val usersProducts= ratings.map { case Rating(user, product, rate) =>
        (user, product)
 }
```

显然，测试集的记录数等于评分总记录数，进行验证。

```
usersProducts.count
```

使用推荐模型对用户商品进行预测评分，得到预测评分的数据集。

```
var predictions = model.predict(usersProducts).map { case Rating(user,
    product, rate) =>
        ((user, product), rate)
}
```

查看其记录数。

```
predictions.count
```

将真实评分数据集与预测评分数据集进行合并，这样得到用户对每一个商品的实际评分和预测评分。

```
val ratesAndPreds = ratings.map { case Rating(user, product, rate) =>
    ((user, product), rate)
}.join(predictions)

ratesAndPreds.count
```

然后计算均方根误差。

```
val rmse= math.sqrt(ratesAndPreds.map { case ((user, product), (r1, r2)) =>
    val err = (r1 - r2)
    err * err
}.mean())
println(s"RMSE = $rmse")
```

上面这段代码其实就是对测试集进行评分预测并计算相似度，这段代码可以抽象为一个方法，代码如下。

```
def computeRmse(model: MatrixFactorizationModel, data: RDD[Rating]) = {
    val usersProducts = data.map { case Rating(user, product, rate) =>
    (user, product)
    }

    val predictions = model.predict(usersProducts).map { case Rating(user, product, rate) =>
    ((user, product), rate)
    }

    val ratesAndPreds = data.map { case Rating(user, product, rate) =>
    ((user, product), rate)
    }.join(predictions)

    math.sqrt(ratesAndPreds.map { case ((user, product), (r1, r2)) =>
        val err = (r1 - r2)
        err * err
}.mean())}
```

还可以保存用户对商品的真实评分和预测评分并将其记录到本地文件。

```
ratesAndPreds.sortByKey().repartition(1).sortBy(_._1).map({
    case ((user, product), (rate, pred)) => (user + "," + product + "," + rate + "," + pred)
}).saveAsTextFile("/tmp/result")
```

上面这段代码，先按用户排序，然后重新分区确保目标目录中只生成一个文件。如果重复运行这段代码，则需要先删除目标路径。还可以对预测的评分结果按用户进行分组并按评分倒排序。

```
predictions.map { case ((user, product), rate) =>
    (user, (product, rate))
}.groupByKey(numPartitions).map{case (user_id,list)=>
    (user_id,list.toList.sortBy {case (goods_id,rate)=> - rate})
}
```

了解了基本用法之后，我们来给一个用户推荐商品，这个例子主要是记录如何给一个或大量的用户进行商品推荐，例如，对用户编号为 384 的用户进行推荐，查出该用户在测试集中评分过的商品。首先，找出 5 个用户。

```
users.take(5)
```

查看用户编号为 384 的用户的预测结果中预测评分排前 10 的商品。

```
val userId = users.take(1)(0) //384
val K = 10
val topKRecs = model.recommendProducts(userId, K)
println(topKRecs.mkString("\n"))
//      Rating(384,2545,8.354966018818265)
//      Rating(384,129,8.113083736094676)
//      Rating(384,184,8.0381133956650853)
//      Rating(384,811,7.983433591425284)
//      Rating(384,1421,7.912044967873945)
//      Rating(384,1313,7.719639594879865)
//      Rating(384,2892,7.53667094600392)
//      Rating(384,2483,7.295378004543803)
//      Rating(384,397,7.141158013610967)
//      Rating(384,97,7.071089782695754)
```

查看该用户的评分记录。

```
val goodsForUser=ratings.keyBy(_.user).lookup(384)
productsForUser.size //Int = 22
productsForUser.sortBy(-_.rating).take(10).map(rating => (rating.product, rating.rating)).foreach(println)
//      (593,5.0)
//      (1201,5.0)
//      (3671,5.0)
//      (1304,5.0)
//      (1197,4.0)
//      (3037,4.0)
//      (1610,4.0)
//      (3074,4.0)
//      (204,4.0)
//      (260,4.0)
```

可以看到，该用户对 22 个商品的评分以及浏览过的一些商品，接下来可以计算出该用户对某一个商品的实际评分和预测评分差为多少。

```
val actualRating = productsForUser.take(1)(0)
//actualRating:org.apache.spark.mllib.recommendation.Rating=Rating(384,2000,2.0)        val predictedRating = model.predict(789,
actualRating.product)

val predictedRating = model.predict(384, actualRating.product)
//predictedRating: Double = 1.9426030777174637

val squaredError = math.pow(predictedRating - actualRating.rating, 2.0)
//squaredError: Double = 0.0032944066875075172
```

找出和一个已知商品最相似的商品，可以使用余弦相似度来计算。

```
import org.jblas.DoubleMatrix

/* Compute the cosine similarity between two vectors */
def cosineSimilarity(vec1: DoubleMatrix, vec2: DoubleMatrix): Double = {
    vec1.dot(vec2) / (vec1.norm2() * vec2.norm2())
}
```

以第 2000 个商品为例，计算实际评分和预测评分的相似度。

```
val itemId = 2000
val itemFactor = model.productFeatures.lookup(itemId).head
//itemFactor: Array[Double] = Array(0.3660752773284912, 0.43573060631752014, -0.3421429991722107,
0.44382765889167786, -1.4875195026397705, 0.6274569630622864, -0.3264533579349518, -0.9939845204353333, -0.8710321187973022,
-0.7578890323638916, -0.14621856808662415, -0.7254264950752258)
```

```
        val itemVector = new DoubleMatrix(itemFactor)
        //itemVector: org.jblas.DoubleMatrix = [0.366075; 0.435731; -0.342143; 0.443828; -1.487520; 0.627457; -0.326453;
-0.993985; -0.871032; -0.757889; -0.146219; -0.725426]
        cosineSimilarity(itemVector, itemVector)
// res99: Double = 0.9999999999999999
```

找到和该商品最相似的 10 个商品。

```
    val sims = model.productFeatures.map{ case (id, factor) =>
      val factorVector = new DoubleMatrix(factor)
      val sim = cosineSimilarity(factorVector, itemVector)
      (id, sim)
    }
    val sortedSims = sims.top(K)(Ordering.by[(Int, Double), Double] { case (id, similarity) => similarity })
//sortedSims: Array[(Int, Double)] = Array((2000,0.9999999999999999),    (2051,0.9138311231145874),
(3520,0.8739823400539756), (2190,0.8718466671129721), (2050,0.8612639515847019), (1011,0.8466911667526461),
(2903,0.8455764332511272), (3121,0.8227325520485377), (3674,0.8075743004357392),    (2016,0.8063817280259447))
    println(sortedSims.mkString("\n"))
//    (2000,0.9999999999999999)
//    (2051,0.9138311231145874)
//    (3520,0.8739823400539756)
//    (2190,0.8718466671129721)
//    (2050,0.8612639515847019)
//    (1011,0.8466911667526461)
//    (2903,0.8455764332511272)
//    (3121,0.8227325520485377)
//    (3674,0.8075743004357392)
//    (2016,0.8063817280259447)
```

显然，第一个最相似的商品即为该商品本身，即 2000，可以修改以上代码，取前 k+1 个商品，然后排除第一个。

```
    val sortedSims2 = sims.top(K + 1)(Ordering.by[(Int, Double), Double] { case (id, similarity) => similarity })
//sortedSims2: Array[(Int, Double)] = Array((2000,0.9999999999999999), (2051,0.9138311231145874),
(3520,0.8739823400539756), (2190,0.8718466671129721), (2050,0.8612639515847019), (1011,0.8466911667526461),
(2903,0.8455764332511272), (3121,0.8227325520485377), (3674,0.8075743004357392), (2016,0.8063817280259447),
(3672,0.8016276723120674))
    sortedSims2.slice(1, 11).map{ case (id, sim) => (id, sim) }.mkString("\n")
//    (2051,0.9138311231145874)
//    (3520,0.8739823400539756)
//    (2190,0.8718466671129721)
//    (2050,0.8612639515847019)
//    (1011,0.8466911667526461)
//    (2903,0.8455764332511272)
//    (3121,0.8227325520485377)
//    (3674,0.8075743004357392)
//    (2016,0.8063817280259447)
//    (3672,0.8016276723120674)
```

接下来，可以计算推荐给该用户的前 *k* 个商品的平均准确度 MAPK，该算法定义如下。

```
    def avgPrecisionK(actual: Seq[Int], predicted: Seq[Int],k: Int): Double = {
      val predK = predicted.take(k)
      var score = 0.0
      var numHits = 0.0
      for ((p, i) <- predK.zipWithIndex) {
        if (actual.contains(p)) {
          numHits += 1.0
          score += numHits / (i.toDouble + 1.0)
        }
      }
      if (actual.isEmpty) {
        1.0
      } else {
        score / scala.math.min(actual.size, k).toDouble
      }
    }
```

给该用户推荐的商品为

```
val actualProducts = productsForUser.map(_.product)
//actualProducts: Seq[Int] = ArrayBuffer(2000, 1197, 593, 599, 673, 3037, 1381, 1610, 3074, 204, 3508, 1007, 260, 3487, 3494,
1201, 3671, 1207, 2947, 2951, 2896, 1304)
```

给该用户预测的商品为

```
val predictedProducts = topKRecs.map(_.product)
//predictedProducts: Array[Int] = Array(2545, 129, 184, 811, 1421, 1313, 2892, 2483, 397, 97)
```

最后的准确度为

```
val apk10 = avgPrecisionK(actualProducts, predictedProducts, 10)
// apk10: Double = 0.0
```

可以在评分记录中获得所有用户，然后依次给每个用户推荐。

```
val users = ratings.map(_.user).distinct()
users.collect.flatMap { user =>
    model.recommendProducts(user, 10)
}
```

这种方式是遍历内存中的一个集合，然后循环调用 RDD 的操作，所以它的运行速度会比较慢。另外一种方式是，直接操作 model 中的 userFeatures 和 productFeatures，代码如下。

```
val itemFactors=model.productFeatures.map{ case (id, factor) => factor }.collect()
val itemMatrix = new DoubleMatrix(itemFactors)
println(itemMatrix.rows, itemMatrix.columns)
//(3706,12)
// broadcast the item factor matrix
val imBroadcast = sc.broadcast(itemMatrix)

//获取商品和索引的映射
var idxProducts=model.productFeatures.map { case (prodcut, factor) => prodcut}.zipWithIndex().map{case (prodcut, idx)
=> (idx,prodcut)}.collectAsMap()
val idxProductsBroadcast = sc.broadcast(idxProducts)

val allRecs = model.userFeatures.map{ case (user, array) =>
val userVector = new DoubleMatrix(array)
val scores = imBroadcast.value.mmul(userVector)
val sortedWithId = scores.data.zipWithIndex.sortBy(-_._1)
//根据索引，获取对应的商品 id
val recommendedProducts =
sortedWithId.map(_._2).map{idx=>idxProductsBroadcast.value.get(idx).get}
(user, recommendedProducts)
}
```

上述方式还不是最优方法，优化之后的代码如下所示。

```
val productFeatures = model.productFeatures.collect()
var productArray = ArrayBuffer[Int]()
var productFeaturesArray = ArrayBuffer[Array[Double]]()
for ((product, features) <- productFeatures) {
    productArray += product
    productFeaturesArray += features
}

val productArrayBroadcast = sc.broadcast(productArray)
val productFeatureMatrixBroadcast = sc.broadcast(new
    DoubleMatrix(productFeaturesArray.toArray).transpose())

start = System.currentTimeMillis()
val allRecs = model.userFeatures.mapPartitions { iter =>
    // Build user feature matrix for jblas
    var userFeaturesArray = ArrayBuffer[Array[Double]]()
    var userArray = new ArrayBuffer[Int]()
    while (iter.hasNext) {
        val (user, features) = iter.next()
        userArray += user
```

```
            userFeaturesArray += features
        }

        var userFeatureMatrix = new DoubleMatrix(userFeaturesArray.toArray)
        var userRecommendationMatrix =
            userFeatureMatrix.mmul(productFeatureMatrixBroadcast.value)
        var productArray=productArrayBroadcast.value
        var mappedUserRecommendationArray = new ArrayBuffer[String](params.topk)

        // Extract ratings from the matrix
        for (i <- 0 until userArray.length) {
          var ratingSet =
          mutable.TreeSet.empty(Ordering.fromLessThan[(Int,Double)]
            (_._2 > _._2))
          for (j <- 0 until productArray.length) {
            var rating = (productArray(j), userRecommendationMatrix.get(i,j))
            ratingSet += rating
          }
          mappedUserRecommendationArray +=
              userArray(i)+","+ratingSet.take(params.topk).mkString(",")
        }
        mappedUserRecommendationArray.iterator
    }
```

但上述的方法依然不能达到目的，因为矩阵相乘会撑爆集群内存，但是，在 Spark 1.4.0 版本中 MatrixFactorizationModel 提供了 recommendForAll 方法，它可以实现离线批量推荐。

```
allRecs.lookup(384).head.take(10)
//res50: Array[Int] = Array(1539, 219, 1520, 775, 3161, 2711, 2503, 771, 853, 759)
topKRecs.map(_.product)
//res49: Array[Int] = Array(1539, 219, 1520, 775, 3161, 2711, 2503, 771, 853, 759)
```

接下来，可以计算所有推荐结果的准确度了，首先，得到每个用户评分过的所有商品。

```
val userProducts = ratings.map{ case Rating(user, product, rating) => (user, product) }.groupBy(_._1)
```

然后，将预测的商品和实际商品关联，并求准确度。

```
// finally, compute the APK for each user, and average them to find MAPK
val MAPK = allRecs.join(userProducts).map{ case (userId, (predicted, actualWithIds)) =>
    val actual = actualWithIds.map(_._2).toSeq
    avgPrecisionK(actual, predicted, K)
}.reduce(_ + _) / allRecs.count
println("Mean Average Precision at K = " + MAPK)
//Mean Average Precision at K = 0.018827551771260383
```

也可以使用 Spark 内置的算法来计算 RMSE 和 MAE。

```
// MSE, RMSE and MAE
import org.apache.spark.mllib.evaluation.RegressionMetrics

val predictedAndTrue = ratesAndPreds.map { case ((user, product), (actual, predicted)) => (actual, predicted) }
val regressionMetrics = new RegressionMetrics(predictedAndTrue)
println("Mean Squared Error = " + regressionMetrics.meanSquaredError)
println("Root Mean Squared Error = " +
        regressionMetrics.rootMeanSquaredError)
// Mean Squared Error = 0.5490153087908566
// Root Mean Squared Error = 0.7409556726220918
// MAPK
import org.apache.spark.mllib.evaluation.RankingMetrics
val predictedAndTrueForRanking = allRecs.join(userProducts).map{ case (userId, (predicted, actualWithIds)) =>
    val actual = actualWithIds.map(_._2)
    (predicted.toArray, actual.toArray)
}
val rankingMetrics = new RankingMetrics(predictedAndTrueForRanking)
println("Mean Average Precision = " + rankingMetrics.meanAveragePrecision)
// Mean Average Precision = 0.04417535679520426
```

计算推荐第 2000 个商品时的准确度为

```
val MAPK2000 = allRecs.join(userProducts).map{ case (userId, (predicted, actualWithIds)) =>
    val actual = actualWithIds.map(_._2).toSeq
    avgPrecisionK(actual, predicted, 2000)
}.reduce(_ + _) / allRecs.count
println("Mean Average Precision = " + MAPK2000)
//Mean Average Precision = 0.025228311843069083
```

最后，要想实现实时推荐，还需要启动一个网页服务器（Web Server），在启动的时候生成或加载训练模型，然后提供 API 并返回推荐接口，需要调用的相关方法如下。

```
save(model: MatrixFactorizationModel, path: String)
load(sc: SparkContext, path: String)
```

model 中的 userFeatures 和 productFeatures 也可以保存起来。

```
val outputDir="/tmp"
model.userFeatures.map{ case (id, vec) => id + "\t" +
    vec.mkString(",") }.saveAsTextFile(outputDir + "/userFeatures")
model.productFeatures.map{ case (id, vec) => id + "\t" +
    vec.mkString(",") }.saveAsTextFile(outputDir + "/productFeatures")
```

 10.2　暗示学习法 implicit

暗示学习法也叫"启发式外语教学法"，是由保加利亚的心理学家洛扎诺夫创立的一种学习语言的方法。此方法从 1966 年开始为人们采用，至今已经推广到十多个国家和地区，而且它在非语言学科中的表现也很好。暗示学习法的原理是整体性原理。它的理论是：参与学习的过程不仅仅有大脑，而且还有身体；不仅有大脑左半球，还有大脑右半球；不仅有意识活动，还有无意识活动；不仅有理智活动，还有情感活动。而人们在进行学习的时候，需要将这几个部分全部都学习完成，但是完成所有的学习的过程中，有一些是不协调甚至冲突的部分，因此大大削弱了人们的学习能力，暗示学习法就是将这几个部分全部都整合在一起进行学习，发挥整体的功能，从而使整体的功能大于部分的组合。

 10.3　libFM

↗10.3.1　libFM 的介绍

推荐系统中使用比较广泛的是因子分解方法，但是运用因子分解来预测问题是一个不平凡的任务，并且需要很多专业的知识。在解决此类问题时，因子分解机是一个比较常用的方法，因为只需要通过特征工程，就可以结合很多因子分解的方法。关于因子分解机，有一个常用的实现，就是本章要介绍的 libFM，它包含几种特性：SGD、ALS 优化、MCMC 方法等。

对于之前的矩阵分解，比如 SVD 等。尽管对于一些专门的领域，该方法会有很好的效果，但是对于不能描述成类型的变量，必须使用新的模型，因此就需要改变优化方法并实现新的模型。这种方式存在弊端，它非常耗时，并且易错，而且还需要一些专家知识才可以实现。在实践中，机器学习的通常做法是用特征向量来描述数据。比如 libSVM，这种算法不需要很多的专家知识就可以实现。而本书所描述的 FM 模型，其效果会更好，并且有灵活的特征工程。对于 FM 模型的输入，我们可以采用真实值，它通过特征工程就能结合其他的因子来分解模型。

首先，假设预测问题的数据可以描述成一个矩阵 $X \in \mathbf{R}^{n \times p}$，其中，第 i 行 $x_i \in \mathbf{R}^p$ 是一个有 p 个真实值变量的样本，y_i 是这个样本的 label（即标签），如图 10-3 所示。

特征向量 x																				变量 y	
x_1	1	0	0	...	1	0	0	0	...	0.3	0.3	0.3	0	...	13	0	0	0	0	...	5	y_1
x_2	1	0	0		0	1	0	0	...	0.3	0.3	0.3	0	...	14	1	0	0	0		3	y_2
x_3	1	0	0		0	0	1	0		0.3	0.3	0.3	0	...	16	0	1	0	0		1	y_3
x_4	0	1	0		0	0	1	0		0	0	0.5	0.5	...	5	0	0	0	0		4	y_4
x_5	0	1	0		0	0	0	1		0	0	0.5	0.5	...	8	0	0	1	0		5	y_5
x_6	0	0	1		1	0	0	0		0.5	0	0.5	0	...	9	0	0	0	0		1	y_6
x_7	0	0	1		0	0	1	0		0.5	0	0.5	0	...	12	1	0	0	0		5	y_7
	A	B	C		TI	NH	SW	ST		TI	NH	SW	ST		时间	TI	NH	SW	ST			
	用户				电影					其他电影						上次电影分级						

● 图 10-3　FM 模型

如图 10-3 所示，集合 S 可以由元组 (X, y) 组成，这种方式在很多机器学习算法中都比较常见，比如 LR、SVM 等一些常用的机器学习算法。对于 FM 模型而言，它可以嵌套表示 p 和变量的 d 阶交叉特征，以 2 阶的情况为例，可以表示为

$$\hat{y}(X) = w_0 + \sum_{j=1}^{p} \sum_{j=J+1}^{p} x_j x_j \sum_{f=1}^{k} v_j, f^{v_j}, f'$$，其中，k 表示的是分解因子的维度；第一部分表示每个

输入变量 x_j 的一元交叉，其实就是 LR 模型；第二部分是输入变量的 pairwise 的交叉。

↗10.3.2　libFM 的源码剖析

对于 libFM，在模型的训练过程中，训练过程是怎么实现的呢？以及它是怎么实现其中的父类，或者是怎么继承父类并且 override 方法的呢？这几个问题是在研究 libFM 模型中最常被提到的问题。

libFM 源码中共提供了三种训练方法，分别是 Stochastic、Gradient Descent 及上文提到的 SGD、Adaptive SGD 及 ASGD、Alternating Least Squares 及上文提到的 ALS 和 Markov Chain Monte Carlo 及 MCMC，其中 ALS 是 MCMC 的特殊形式，分别是 SGD、ASGD、MCMC，三者的类之间的关系如图 10-4 所示。

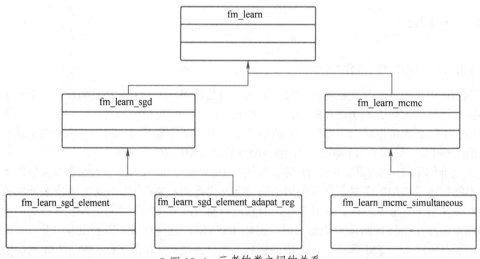

● 图 10-4　三者的类之间的关系

FM 模型训练的父类是 fm_learn，该类在 fm_learn.h 文件中定义，fm_learn_sgd 类和 fm_learn_mcmc 类分别继承自 fm_learn 类。其中，fm_learn_sgd 是基于梯度的实现方法，fm_learn_mcmc 是基于蒙特卡罗的实现方法。fm_learn_sgd_element 类和 fm_learn_sgd_element_adapt_reg 类是 fm_learn_sgd 类的子类，是

两种具体的基于梯度方法的实现。fm_learn_mcmc_simultaneous 类是 fm_learn_mcmc 类的子类，是具体的基于蒙特卡罗方法的实现。

在所有的训练过程中，fm_learn 类为所有模型训练类的父类。对于第一部分的 protected 属性方法定义了交叉项中需要用到的两个数据，分别是 sum 和 sum_sqr，这两个参数分别对应着交叉项计算过程中的两项。FM 模型中的计算方法为 $\hat{y} := w_0 + \sum_{i=1}^{n} w_i x_i + \sum_{i=1}^{n-1} \sum_{j=i+1}^{n} <v_i, v_j> x_i x_j$，其中，对于交叉项的计算，在 FM 算法中提出了快速的计算方法，即

$$\sum_{i=1}^{n-1} \sum_{j=i+1}^{n} <v_i, v_j> x_i x_j$$

$$= \frac{1}{2} \sum_{i=1}^{n} \sum_{j=1}^{n} <v_i, v_j> x_i x_j - \frac{1}{2} \sum_{i=1}^{n} <v_i, v_i> x_i x_i$$

$$= \frac{1}{2} \left(\sum_{i=1}^{n} \sum_{j=1}^{n} \sum_{f=1}^{k} v_{i,f} v_{j,f} x_i x_j \sum_{i=1}^{n} \sum_{f=1}^{k} v_{i,f} v_{j,f} x_i^2 \right)$$

$$= \frac{1}{2} \sum_{f=1}^{k} \left[\left(\sum_{i=1}^{n} v_{i,f} x_i \right) \cdot \left(\sum_{j=1}^{n} v_{j,f} x_j \right) - \sum_{i=1}^{n} v_{i,f}^2 x_i^2 \right]$$

$$= \frac{1}{2} \sum_{f=1}^{k} \left[\left(\sum_{i=1}^{n} v_{i,f} x_i \right)^2 - \sum_{i=1}^{n} v_{i,f}^2 x_i^2 \right]$$

在交叉项的计算过程中，sum 和 sum_sqr 与公式中的两项的对应关系为 $sum(f) \rightarrow \sum_{i=1}^{n} v_{i,f} x_i$, $sum\_sqr(f) \rightarrow \sum_{i=1}^{n} v_{i,f}^2 x_i^2$。除此之外，还定义了预测 predict_case 函数，具体代码如下所示。

```
protected:
    DVector<double> sum, sum_sqr;// FM 模型的交叉项中的两项
    DMatrix<double> pred_q_term;

    // this function can be overwritten (e.g. for MCMC)
    // 预测，使用的是 fm_model 中的 predict 函数
    virtual double predict_case(Data& data) {
        return fm->predict(data.data->getRow());
    }
```

其中，预测 predict_case 函数使用的是 fm_model 类中的 predict 函数。

第二部分的 public 属性方法，其主要构造函数是 fm_learn 函数，初始化 init 函数以及评估 evaluate 函数，具体代码如下。

```
public:
    DataMetaInfo* meta;
    fm_model* fm;// 对应的 fm 模型
    double min_target;// 设置的预测值的最小值
    double max_target;// 设置的预测值的最大值

    // task 用于区分不同的任务：0 表示的是回归，1 表示的是分类
    int task; // 0=regression, 1=classification
    // 定义两个常量，分别表示的是回归和分类
    const static int TASK_REGRESSION = 0;
    const static int TASK_CLASSIFICATION = 1;

    Data* validation;// 验证数据集
    RLog* log;// 日志指针

    // 构造函数，初始化变量，实例化的过程在 main 函数中
    fm_learn() { log = NULL; task = 0; meta = NULL;}
```

```
virtual void init() {
    // 日志
    if (log != NULL) {
        if (task == TASK_REGRESSION) {
            log->addField("rmse", std::numeric_limits<double>::quiet_NaN());
            log->addField("mae", std::numeric_limits<double>::quiet_NaN());
        } else if (task == TASK_CLASSIFICATION) {
            log->addField("accuracy", std::numeric_limits<double>::quiet_NaN());
        } else {
            throw "unknown task";
        }
        log->addField("time_pred", std::numeric_limits<double>::quiet_NaN());
        log->addField("time_learn", std::numeric_limits<double>::quiet_NaN());
        log->addField("time_learn2", std::numeric_limits<double>::quiet_NaN());
        log->addField("time_learn4", std::numeric_limits<double>::quiet_NaN());
    }
    // 设置交叉项中的两项的大小
    sum.setSize(fm->num_factor);
    sum_sqr.setSize(fm->num_factor);

    pred_q_term.setSize(fm->num_factor, meta->num_relations + 1);
}

// 对数据的评估
virtual double evaluate(Data& data) {
    assert(data.data != NULL);// 检查数据不为空
    if (task == TASK_REGRESSION) {// 回归
        return evaluate_regression(data);// 调用回归的评价方法
    } else if (task == TASK_CLASSIFICATION) {// 分类
        return evaluate_classification(data);// 调用分类的评价方法
    } else {
        throw "unknown task";
    }
}
```

在评估 evaluate 函数中，根据 task 的值判断是分类问题还是回归问题，分别调用 evaluate_regression 和 evaluate_classification 函数。

第三部分的 public 属性方法定义了模型的训练 learn 函数、模型的预测 predict 函数和 debug 输出函数的具体代码如下。

```
public:
    // 模型的训练过程
    virtual void learn(Data& train, Data& test) { }

    // 纯虚函数
    virtual void predict(Data& data, DVector<double>& out) = 0;

    // debug 函数，用于打印中间的结果
    virtual void debug() {
        std::cout << "task=" << task << std::endl;
        std::cout << "min_target=" << min_target << std::endl;
        std::cout << "max_target=" << max_target << std::endl;
    }
}
```

其中，模型的训练 learn 函数没有定义具体的实现，由上述的继承关系得知，其具体的训练过程在具体的子类中实现，模型的预测 predict 函数是一个纯虚函数。

第四部分的 protected 属性方法定义了两个评价函数，分别用于处理分类问题和回归问题，代码如下所示。

```
protected:
    // 对分类问题的评价
    virtual double evaluate_classification(Data& data) {
        int num_correct = 0;// 准确类别的个数
        double eval_time = getusertime();
        for (data.data->begin(); !data.data->end(); data.data->next()) {
            double p = predict_case(data);// 对样本进行预测
            // 判断预测值的符号与原始标签值的符号是否相同，若相同，则预测是准确的
```

```
                    if (((p >= 0) && (data.target(data.data->getRowIndex()) >= 0)) || ((p < 0) && (data.target(data.data-
>getRowIndex()) < 0)))) {
                        num_correct++;
                    }
                }
                eval_time = (getusertime() - eval_time);
                // log the values
                // log 文件
                if (log != NULL) {
                    log->log("accuracy", (double) num_correct / (double) data.data->getNumRows());
                    log->log("time_pred", eval_time);
                }

                return (double) num_correct / (double) data.data->getNumRows();// 返回准确率
            }

            // 对回归问题的评价
            virtual double evaluate_regression(Data& data) {
                double rmse_sum_sqr = 0;// 误差的平方和
                double mae_sum_abs = 0;// 误差的绝对值之和
                double eval_time = getusertime();
                for (data.data->begin(); !data.data->end(); data.data->next()) {
                    // 取出每一条样本
                    double p = predict_case(data);// 计算该样本的预测值
                    p = std::min(max_target, p);// 防止预测值超出最大限制
                    p = std::max(min_target, p);// 防止预测值超出最小限制
                    double err = p - data.target(data.data->getRowIndex());// 得到预测值与真实值之间的误差
                    rmse_sum_sqr += err*err;// 计算误差平方和
                    mae_sum_abs += std::abs((double)err);// 计算误差的绝对值之和
                }
                eval_time = (getusertime() - eval_time);
                // log the values
                // log 文件
                if (log != NULL) {
                    log->log("rmse", std::sqrt(rmse_sum_sqr/data.data->getNumRows()));
                    log->log("mae", mae_sum_abs/data.data->getNumRows());
                    log->log("time_pred", eval_time);
                }
                return std::sqrt(rmse_sum_sqr/data.data->getNumRows());// 返回均方根误差
            }
        }
```

在分类问题中，使用的评价标准是准确率 $\dfrac{\#(\hat{y} \cdot y > 0)}{m}$ ，在回归问题中，使用的评价标准是均方根误差 $\sqrt{\dfrac{(\hat{y} - y)^2}{m}}$ ，其中，$\hat{y}$ 表示对样本的预测值，y 表示样本的原始标签，$\#(\hat{y} \cdot y > 0)$ 表示预测值 $\hat{y}$ 与原始标签 y 同号的样本个数，m 表示样本的总个数。在对样本进行预测时用到了 predict_case 函数，该函数在第一部分的 protected 属性方法中定义。在回归问题中，为预测值设置了最大的上限和最小的下限。为了能够记录时间，代码中使用到了 getusertime 函数，该函数的定义在 util.h 文件中。

SVD 算法

↗10.4.1 SVD 算法的介绍

v10-2

SVD 算法即奇异值分解，该算法在机器学习领域被广泛使用，它可以应用在推荐系统中，以及自然语言处理等领域，可以用于降维算法中的特征分解。

首先，给出特征值和特征向量的定义：$Ax = \lambda x$ 。其中 A 是一个 $n \times m$ 的实对称矩阵，x 是一个 n 维向量，则 λ 是矩阵 A 的一个特征值，而 x 是矩阵 A 的特征值 λ 所对应的特征向量。假设将 A 特征分解，求出了矩阵 A 的 n 个特征值 $\lambda_1 \leqslant \lambda_2 \leqslant \cdots \leqslant \lambda_n$，以及这 n 个特征值所对应的特征向量 $\{w_1, w_2, \cdots, w_n\}$。如果这 n 个特征向量线性无关，那么矩阵 A 就可以用下式的特征分解表示：$A = W\Sigma W^{-1}$，其中 W 是这 n 个特征向量所张成的 $n \times n$ 维矩阵，而 Σ 是以这 n 个特征值为主对角线

的 $n×n$ 维矩阵。一般情况下，将 W 的 n 个特征向量标准化，即满足 $\|W_i\|_2=1$，此时 W 的 n 个特征向量为标准正交基，满足 $W^TW=I$，即满足 $W^T=W^{-1}$。这样特征分解表达式可以表示为 $A=W\Sigma W^T$。由于需要进行特征分解，矩阵 A 必须为方阵，那么当 A 不是方阵，即行和列不相同时，需要用 SVD 来进行矩阵分解。

SVD 也是对矩阵进行分解，但是并不局限于分解的矩阵是方阵，假如矩阵 A 是一个 $m×n$ 的矩阵，那么定义矩阵 A 的 SVD 为 $A=U\Sigma V^T$，其中 U 是一个 $m×m$ 的矩阵，Σ 是一个 $m×n$ 的矩阵，除了主对角线上的元素以外全是 0，主对角线上的每个元素都称为奇异值，V 是一个 $n×n$ 的矩阵。U 和 V 都满足 $U^TU=I, V^TV=I$。如图 10-5 所示。

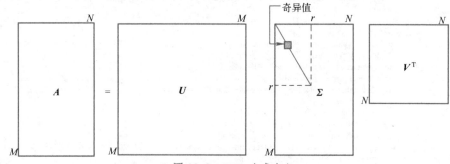

● 图 10-5　SVD 公式定义

如果将 A 的转置和 A 做矩阵乘法，那么会得到一个 $n×n$ 的方阵 A^TA。由于 A^TA 是一个方阵，因此可以进行特征分解，得到的特征值和特征向量满足 $(A^TA)v_i=\lambda_iv_i$。因此可以得到矩阵 A^TA 的 n 个特征值和对应的 n 个特征向量 v，将 A^TA 的所有特征向量张成一个 $n×n$ 的矩阵 V，就是 SVD 公式中的 V 矩阵，一般将 V 中的每个特征向量叫作 A 的右奇异向量。如果将 A 和 A 的转置做矩阵乘法，那么会得出 $m×m$ 的方阵 AA^T。由于 AA^T 是一个方阵，因此可以进行特征分解，得到的特征值和特征向量满足 $(AA^T)u_i=\lambda_iu_i$。因此可以得到矩阵 AA^T 的 m 个特征值和对应的 m 个特征向量 u，将 AA^T 的所有特征向量张成一个 $m×m$ 的矩阵 V，就是 SVD 公式中的 V 矩阵，一般将 V 中的每个特征向量叫作 A 的左奇异向量。还剩下奇异值矩阵 Σ 没有求出。由于 Σ 除了对角线上是奇异值外其他位置都是 0，因此只需要求出每个奇异值 σ 即可。即 $A=U\Sigma V^T \Rightarrow AV=U\Sigma V^TV \Rightarrow AV=U\Sigma \Rightarrow Av_i=\sigma_iu_i \Rightarrow \sigma_i=Av_i/u_i$，这样可以求出每一个奇异值，进而求出奇异值矩阵 Σ。

对于奇异值，SVD 跟特征分解中的特征值相似，在奇异值矩阵中也是按照从大到小排列，而且奇异值的减少特别快，在很多情况下，前 10%甚至 1%的奇异值的和就占了全部的奇异值之和的 99%以上。也就是说，可以用最大的 k 个奇异值和对应的左、右奇异向量来近似描述矩阵。即 $A_{m×n}=U_{m×n}\Sigma_{m×n}V_{n×n}^T \approx U_{m×k}\Sigma_{k×k}V_{k×n}^T$（其中 k 要比 n 小很多），即大矩阵 A 可以用三个小矩阵 $U_{m×k}$、$\Sigma_{k×k}$、$V_{k×n}^T$ 来表示。如图 10-6 所示，矩阵 A 可以用右面三个小矩阵近似描述。

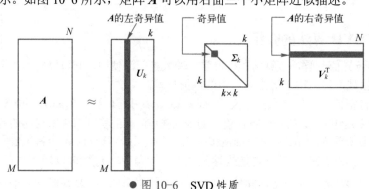

● 图 10-6　SVD 性质

由于这个重要的性质，SVD 可以用于 PCA 降维过程中的数据压缩和降噪。也可以用于推荐算法，将用户和喜好对应的矩阵做特征分解，进而用得到的隐含用户需求来做推荐。同时，也可以用于自然语言处理中的算法，比如潜在语义索引。

关于 PCA 降维，需要找到样本协方差矩阵 $\boldsymbol{X}^{\mathrm{T}}\boldsymbol{X}$ 的最大的 d 个特征向量，然后用这最大的 d 个特征向量张成的矩阵来做低维投影降维。可以看出，在这个过程中需要先求出协方差矩阵 $\boldsymbol{X}^{\mathrm{T}}\boldsymbol{X}$，当样本数多，样本特征数也多的时候，这个计算量是很大的。由于 SVD 也可以得到协方差矩阵 $\boldsymbol{X}^{\mathrm{T}}\boldsymbol{X}$ 最大的 d 个特征向量张成的矩阵，而 SVD 的优势是，有一些 SVD 的实现算法可以在不先求出协方差矩阵 $\boldsymbol{X}^{\mathrm{T}}\boldsymbol{X}$ 的情况下，也能求出右奇异矩阵 $\boldsymbol{V}$。也就是说，PCA 算法可以不用做特征分解，而是做 SVD 来完成。这个方法在样本量很大的时候很有效。实际上，sklearn 的 PCA 算法的真正实现就是由 SVD 完成的，而不是暴力特征分解。另一方面，PCA 仅仅使用了 SVD 的右奇异矩阵，没有使用左奇异矩阵，假设样本是 $m \times n$ 的矩阵 $\boldsymbol{X}$，如果通过 SVD 找到了矩阵 $\boldsymbol{XX}^{\mathrm{T}}$ 最大的 d 个特征向量张成的 $m \times d$ 维矩阵 $\boldsymbol{U}$，则 $\boldsymbol{X}_{d \times n}' = \boldsymbol{U}_{d \times m}^{\mathrm{T}} \boldsymbol{X}_{m \times n}$，可以得到一个维 $d \times n$ 维的矩阵 $\boldsymbol{X}'$，这个矩阵和 $m \times n$ 维样本矩阵 $\boldsymbol{X}$ 相比，行数从 m 减到了 d，可见其对行数进行了压缩。也就是说，左奇异矩阵可以用于行数的压缩。同理，右奇异矩阵可以用于列数即特征维度的压缩，也就是 PCA 降维。

Hole	Par	Phil	Tiger	Vijay
1	4	4	4	4
2	5	5	5	5
3	3	3	3	3
4	4	4	4	4
5	4	4	4	4
6	4	4	4	4
7	4	4	4	4
8	3	3	3	3
9	5	5	5	5

● 图 10-7　挥杆次数

🡕10.4.2　基于 SVD 算法的推荐系统实现

现在有一批高尔夫球手对 9 个不同球洞（hole）的进洞所需挥杆次数数据，希望基于这些数据建立模型，来预测选手对于某个给定球洞的挥杆次数。数据如图 10-7 所示。

最简单的一个思路是，我们为每个球洞设立一个难度指标 HoleDifficulty（球洞难度），对每位选手的能力也设立一个评价指标 PlayerAbility（球员能力），实际的得分取决于这两者的乘积，即 PredictedScore（实际得分）= HoleDifficulty * PlayerAbility，可以简单地把每位选手的 PlayerAbility 都设为 1，那么如图 10-8 所示。

Phil	Tiger	Vijay		HoleDifficulty
4	4	4		4
5	5	5		5
3	3	3		3
4	4	4	=	4
4	4	4		4
4	4	4		4
4	4	4		4
3	3	3		3
5	5	5		5

PlayerAbility		
Phil	Tiger	Vijay
1	1	1

● 图 10-8　得分计算矩阵

接着将 HoleDifficulty 和 PlayerAbility 这两个向量标准化，可以得到的关系，如图 10-9 所示。

Phil	Tiger	Vijay		HoleDifficulty 1–3		
4	4	5		0.35	0.09	−0.64
4	5	5		0.38	0.19	−0.10
3	3	2		0.22	−0.40	0.28
4	5	4	=	0.36	−0.08	0.33
4	4	4		0.33	−0.18	−0.20
3	5	4		0.33	0.33	0.48
4	4	3		0.30	−0.44	0.23
2	4	4		0.28	0.64	0.10
5	5	5		0.41	−0.22	−0.25

ScaleFactor 1–3		
21.07	0	0
0	2.01	0
0	0	1.42

PlayerAbility 1–3		
Phil	Tiger	Vijay
0.53	0.62	0.58
−0.82	0.20	0.53
−0.21	0.76	−0.62

（× ScaleFactor × PlayerAbility）

● 图 10-9　向量标准化

从图 10-9 可以很明显地看出，这就是 SVD 模型，最开始，高尔夫球员和 Holes 之间是没有直接联系的，我们通过 feature（特征）把它们联系在一起。不同的 Hole 进洞难度是不一样的，每个球手对进洞的把控也是不一样的，那么就可以通过进洞难度这个 feature 将它们联系在一起，将它们乘起来就得到了挥杆次数。这个思想很重要，对于理解 LSA 和 SVD 在推荐系统中的应用相当重要，SVD 分解其实就是利用隐藏的 feature 建立起矩阵行与列之间的联系。图 10-9 计算出的矩阵秩为1，所以很容易就能将其分解，但是在实际问题中就得依靠 SVD 分解了，这个时候的隐藏特征往往也不止一个，将上面的数据稍做修改，得到图 10-10。

Phil	Tiger	Vijay		HoleDifficulty 1–3		
4	4	5		4.34	−0.18	−0.90
4	5	5		4.69	−0.38	−0.15
3	3	2		2.66	0.80	0.40
4	5	4	=	4.36	0.15	0.47
4	4	4		4.00	0.35	−0.29
3	5	4		4.05	−0.67	0.68
4	4	3		3.66	0.89	0.33
2	4	4		3.39	−1.29	0.14
5	5	5		5.00	0.44	−0.36

PlayerAbility 1–3		
Phil	Tiger	Vijay
0.91	1.07	1.00
0.82	−0.20	−0.53
−0.21	0.76	−0.62

（×）

● 图 10-10　数据修改计算

进行奇异值分解，可以得到图 10-11。

Phil	Tiger	Vijay		HoleDifficulty 1–3		
4	4	5		0.35	0.09	−0.64
4	5	5		0.38	0.19	−0.10
3	3	2		0.22	−0.40	0.28
4	5	4	=	0.36	−0.08	0.33
4	4	4		0.33	−0.18	−0.20
3	5	4		0.33	0.33	0.48
4	4	3		0.30	−0.44	0.23
2	4	4		0.28	0.64	0.10
5	5	5		0.41	−0.22	−0.25

ScaleFactor 1–3		
21.07	0	0
0	2.01	0
0	0	1.42

PlayerAbility 1–3		
Phil	Tiger	Vijay
0.53	0.62	0.58
−0.82	0.20	0.53
−0.21	0.76	−0.62

（× ScaleFactor × PlayerAbility）

● 图 10-11　奇异值分解

　　隐藏特征的特性在于，它的重要性与其对应的奇异值的大小成正比，即奇异值越大，其所对应的隐藏特征也越重要。

　　在推荐系统中，用户和物品之间没有直接联系。但是我们可以通过特征把它们联系在一起，比如电影，它的特征可以分为喜剧或悲剧，动作片或爱情片。用户和这样的特征之间是有关系的，比如某个用户喜欢看爱情片，另外一个用户喜欢看动作片，物品和特征之间也是有关系的，比如某个电影是喜剧，某个电影是悲剧。那么通过和特征之间的联系，就找到了用户和物品之间的关系，如图 10-12 所示。

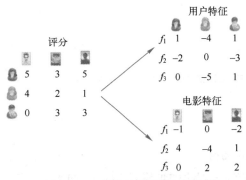

● 图 10-12　推荐系统领域分解计算

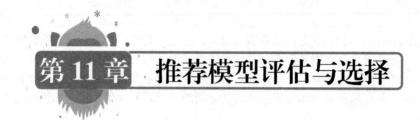

第 11 章　推荐模型评估与选择

主要内容

- 经验误差与泛化误差
- 评估方法：留出法、交叉验证法和自助法，调参与最终模型
- 错误率与精度
- 查准率与查全率
- ROC 与 AUC
- 代价敏感错误率与代价曲线
- 假设检验、交叉验证检验、McNemar 检验、Friedman 检验与后续检验
- 偏差与方差
- 准确率与召回率
- 分类实例

 ## 11.1　经验误差与泛化误差

假设有数据集 $D = \{(x_1, y_1), (x_2, y_2), \cdots, (x_i, y_i)\}, i = N$，其中 N 是数据集的大小，x_i 为数据的属性，y_i 为标签。假设有 $y_i \in y, x_i \in x, i = 1, 2, \cdots, N, x$ 中的所有样本都满足一个隐含且未知的分布 D，即 D 中的所有样本都是从 D 中独立同分布 (i.i.d) 地采样的。接着假设 h 是算法学习到的从 x 到 y 的映射，$y = h(x)$，并且有 $h \in H$，其中，H 为算法的假设空间，因此可以定义映射 h 的泛化误差为 $E(h; D) = P_{x \sim D}(h(x) \neq y)$，因为无法观察到整个分布 D，只能观察到独立同分布采样后的 D，因此需要定义经验误差 $\hat{E}(h; D) = \dfrac{1}{N} \sum_{i=1}^{N} 1(h(x_i \neq y_i), x_i \in D)$，由于是独立同分布采样，因此 h 的经验误差的期望等于泛化误差。过拟合问题是机器学习的关键障碍，解决过拟合和欠拟合的理想方案就是对多个候选模型进行泛化误差评估，并选择泛化误差最小的模型。

 ## 11.2　评估方法

对模型性能的评估，主要有三个步骤：①对数据集进行划分，分为训练集和测试集。②对模型在测试集上的泛化性能进行度量。③基于测试集上面的泛化性能，依据假设检验来推广到全部数据集上的泛化性能。

模型在训练集上的误差称为"训练误差"或者"经验误差"，而在测试集上的误差称之为"测试误差"。因为测试集是用来测试模型对于新样本的学习能力的，因此可以把测试误差作为泛化误差的近似（泛化误差：在新样本上的误差）。由于机器学习模型训练过程中更在乎模型对于新样本的学习能力，也就是希望通过对已有样本的学习，尽可能地学到所有潜在样本的普遍规律，而如果模型对训练样本学得太好，则有可能把训练样本自身所具有的一些特点当作潜在样本的普遍特点，这时候就会出现"过拟合"的问题。

因此在这里我们通常将已有的数据集划分为训练集和测试集两部分，其中训练集用来训练模型，而测试集则是用来评估模型对于新样本的判别能力。对于数据集的划分，我们通常要满足以下两点：

① 训练集和测试集的分布要与样本的真实分布一致，即训练集和测试集都要保证是从样本真实分布中独立同分布采样而得。

② 训练集和测试集要互斥。

基于以上两点，我们主要有三种划分数据集的方式：留出法、交叉验证法和自助法。

↗11.2.1　留出法

留出法是直接将数据集 D 划分为两个互斥的集合，其中一个集合作为训练集 S，另一个是作为测试集的 T，需要注意的是，在划分数据集的时候要尽可能保证数据分布的一致性，即避免因数据划分的过程中引入额外的偏差而对最终结果产生影响。

为了保证数据分布的一致性，通常采用分层采样的方式来对数据进行采样。假设我们的数据中有 m_1 个正样本，有 m_2 个负样本，而 S 占 D 的比例为 p，那么 T 占 D 的比例即为 $1-p$，可以在 m_1 个正样本中采集 $m_1 \times p$ 个样本作为训练集中的正样本，而在 m_2 个负样本中采集 $m_2 \times p$ 个样本作为训练集中的负样本，其余的作为测试集中的样本来保证一致性。

但是样本的不同划分方式会导致模型评估的相应结果也会有差别，例如，如果把正样本进行了排序，那么在排序后的样本中采样与在未排序的样本中采样所得到的结果会有一些不同，因此通常会进行多次随机划分，重复进行试验评估后取平均值作为留出法的评估结果。

留出法的缺点：对于留出法，如果对数据集 D 划分后，训练集 S 中的样本很多（接近于 D），其训练出来的模型与 D 本身训练出来的模型可能很接近，但是由于测试集 T 比较小，这时候可能会导致评估结果不够准确；如果 S 中的样本很少，又会使得训练出来的样本与 D 所训练出来的样本相差很大。通常的方法是，将 D 中 $\frac{2}{3} \sim \frac{4}{5}$ 的样本作为训练集，其余的作为测试集。对于单次估计不可靠的问题，一般采用多次随机划分，重复进行实验评估后取均值作为最终结果。

↗11.2.2　交叉验证法

交叉验证是将得到的训练数据分为训练和测试集。如图 11-1 所示，将数据分为 4 份，其中 1 份作为验证集，然后经过 4 次（组）的测试，每次都更换不同的验证集，即得到 4 组模型的结果，取平均值作为最终结果。这种方法又称 4 折交叉验证。

k 折交叉验证，通常把数据集 D 分为 k 份，其中的 $k-1$ 份作为训练集，剩余的那 1 份作为测试集，这样就可以进行 k 次训练与测试，最终返回的是 k 个测试结果的均值。数据集的划分依然是依据分层采样的方式来进行。对于交叉验证法，其 k 值的选取往往决定了评估结果的稳定性和保真性。通常 k 值选取 10。与留出法类似，交叉验

● 图 11-1　k 折交叉验证

证法通常会进行多次划分得到多个 k 折交叉验证，最终的评估结果是这多次交叉验证的平均值。

交叉验证法中，当 $k=1$ 的时候，称之为留一法。不难发现，留一法并不需要多次划分，因为其划分方式只有一种，这使留一法中的 S 与 D 很接近，因此 S 所训练出来的模型应该与 D 所训练出来

的模型很接近，因此通常留一法得到的结果是比较准确的。但是当数据集很大的时候，留一法的运算成本将会非常高。

↗11.2.3　自助法

留出法与交叉验证法都是使用分层采样的方式进行数据采样与划分的方法，它们会因为训练样本大小不同，而引入估计偏差。自助法则是使用有放回重复采样的方式进行数据采样，即每次从数据集 D 中取一个样本作为训练集中的元素，然后把该样本放回，重复该行为 m 次，这样就可以得到大小为 m 的训练集，在这里面有的样本重复出现，有的样本则没有出现过，我们把那些没有出现过的样本作为测试集。这样，每个样本不被采到的概率为 $1-\dfrac{1}{m}$，那么经过 m 次采样，该样本仍不被采到的概率为 $\left(1-\dfrac{1}{m}\right)^{m}$，取极限有 $\lim\limits_{m \to \infty}\left(1-\dfrac{1}{m}\right)^{m}=\dfrac{1}{e} \approx 0.368$，因此可以认为，在 D 中约有 36.8%的数据没有在训练集中出现过，这种方法对于那些数据集小、难以有效划分训练和测试集的数据集很有用，但是由于该方法改变了数据的初始分布，会引入估计偏差。

自助法有 3 个优点：①训练集和数据集等大。②约 1/3 可用于测试。③从初始数据集产生不同训练集，对集成学习等方法有很大好处。

自助法适用于数据集小、难以划分训练和测试集的数据集，在数据充足情况下，留出法和交叉验证更常用一些。

↗11.2.4　调参与最终模型

在机器学习中，一般有两种参数，一种是算法的参数⊖，另一种是模型的参数⊖，在算法的参数选定之后，将这个算法应用在数据集上，训练出的模型的参数就已经全部确定而不需要调整。所以在机器学习中，可以调整的参数只是学习算法的参数，通过产生多个候选模型，基于某种评估方法来进行选择，参数的选择需要在选定范围和步长之内变化，从离散的数值中选择时，模型的参数是不需要调整的。由训练集和验证集确定算法参数后，代入全部训练数据，得到最终模型。

得到最终模型的流程是，先将总的数据集 D 分为训练集和验证集，在训练集上得出模型，将模型应用到验证集上进行泛化误差的估计，调整学习算法和参数配置，直到泛化误差减小到规定值，再将算法和参数配置用在整个数据集 D 上，训练出的模型就可以投入使用了，我们把模型在实际使用中遇到的数据称为测试数据，把学习器的预测输出与样本的真实输出之间的差异称为误差，这也是泛化误差的真实值。

对于模型的选择与调优有 API：

sklearn.model_selection.GridSearchCV(estimator,param_grid=None,cv=None)。对估计器的指定参数进行详尽搜索，其中，estimator 表示估计器对象，param_grid 表示估计器参数，cv 表示指定几折交叉验证。fit()表示输入训练数据，score()表示准确率。

下面使用鸢尾花案例来增加 k 值⊖调优，代码如下。

```
from sklearn.datasets import load_iris
from sklearn.model_selection import train_test_split
from sklearn.preprocessing import StandardScaler
```

⊖　调节算法的参数，称为超参数。

⊖　模型的参数可能很多，深度学习可以有上百亿个。

⊖　如何合理地选出 k 值，可以从一堆取值中遍历每一个值，逐个试验，其实网格搜索就是自动在做这件事情。通常情况下，有很多参数是需要手动指定的（如 k 近邻算法中的 k 值），这种叫超参数。但是手动过程繁杂，所以需要对模型预设集中的超参数进行组合。每组超参数都采用交叉验证来进行评估。最后选出最优参数组合建立模型。

```
from sklearn.neighbors import KNeighborsClassifier
from sklearn.model_selection import GridSearchCV

def knn_iris_gscv():
    """
    用 KNN 算法对鸢尾花数据集进行分类，添加网格搜索和交叉验证
    : return:
    """

    #1) 获取数据
    iris = load_iris()

    #2) 划分数据集
    x_train, x_test, y_train, y_test = train_test_split(iris.data, iris.target, random_state=22)

    #3) 特征工程：标准化
    transfer = StandardScaler()
    x_train = transfer.fit_transform(x_train)
    x_test = transfer.transform(x_test)

    #4)KNN 算法预估器
    estimator = KNeighborsClassifier()

    #加入网格搜索与交叉验证
    #参数准备
    param_dict = {"n_neighbors":[1,3,5,7,9,11]}
    estimator = GridSearchCV(estimator, param_grid=param_dict, cv=10)
    estimator.fit(x_train, y_train)

    #5)模型评估
    #方法 1:直接比对真实值和预测值
    y_predict = estimator.predict(x_test)
    print("y_predict:\n", y_predict)
    print("直接比对真实值和预测值:\n", y_test == y_predict)

    #方法 2:计算准确率
    score = estimator.score(x_test, y_test)
    print("准确率为:\n", score)

    #最佳参数：best_params_
    print("最佳参数：\n", estimator.best_params_)
    #最佳结果：best_score_
    print("最佳结果:\n", estimator.best_score_)
    #最佳估计器：best_estimator_
    print("最佳估计器：\n", estimator.best_estimator_)
    #交叉验证结果：cv_results_
    print("交叉验证结果:\n", estimator.cv_results_)

    return None

if __name__ == "__main__":
    knn_iris_gscv()
```

11.3　性能度量

　　为了评价模型的泛化能力，不仅需要可行的试验估计方法，还需要有衡量泛化能力的评估标准，即性能度量。使用不同的性能度量可能会导致不同的评判结果。对于模型的性能度量，通常有以下几种方法：①错误率和精度。②精确率和召回率。③P-R 曲线。④ROC 曲线和 AUC。⑤代价曲线。

⤴11.3.1　错误率与精度

假设拥有 m 个样本，那么错误率为 $e = \frac{1}{m}\sum_{i=1}^{m}I(f(x_i) \neq y_i)$ 或者 $e = \int I(f(x) \neq y) \cdot P(x)\mathrm{d}x$，即分类错误的样本数占总样本数的比例，精度为 $1-e$（分类正确样本占总样本的比例）。

⤴11.3.2　精确率、召回率

$精确率(precision) = \dfrac{预测为真且实际也为真的个体个数}{预测为真的个体个数}$，

$召回率(recall) = \dfrac{预测为真且实际也为真的个体个数}{实际为真的个体个数}$。将准确率记为 P，召回率记为 R，它们的混淆矩阵如下。

$$
\begin{array}{cc}
 & \text{预测结果} \\
\begin{array}{c} \\ \\ 真实情况 \end{array} &
\begin{array}{cc}
\quad 正例 \quad\quad & 负例 \\
\begin{array}{c}正例\\反例\end{array}
\begin{bmatrix} TP(真正例) & FN(假反例) \\ FP(假正例) & TN(真反例) \end{bmatrix}
\end{array}
\end{array}
$$

其中，通过 TP、FP、FN、TN 这些术语可以化简公式为 $P = \dfrac{TP}{TP+FP}, R = \dfrac{TP}{TP+FN}$。

通过上文的描述我们可以发现，准确率更在乎的是在已经预测为真的结果中，预测正确的比例，即如果我们预测为真的个体数越少，精确率高的可能性就会越大。所以如果只预测最可能为真的那一个个体为真，其余的都为假，那么这时候的精确率很可能为 100%，但此时召回率就会很低；而召回率在乎的是在所有为真的个体中，被预测正确的个体所占的比例，即预测为真的个体越多，那么召回率更高的可能性就会越大。所以如果把所有的个体都预测为真，那么此时的召回率必然为 100%，但是精确率此时就会很低。因此，这两个度量往往是相互对立的，即精确率高则召回率通常比较低，召回率高则精确率往往会很低。因此，分别用精确率或召回率对模型的预测结果进行评价会有片面性。

⤴11.3.3　ROC 曲线与 AUC

ROC 曲线[⊖]是以假正例率 FPR 为横轴，真正例率 TPR 为纵轴，其中 $FPR = \dfrac{FP}{FP+TN}$（所有真实类别为 0 的样本中，预测类别为 1 的比例），$TPR = \dfrac{TP}{TP+FN}$（所有真实类别为 1 的样本中，预测类别为 1 的比例），可以看到真正例率与召回率是一样的，那么 ROC 曲线图见图 11-2、图 11-3。

首先将样本按照正例的可能性进行排序，然后按顺序，逐个把样本预测为正例（其实相当于取不同的阈值），最后计算 FPR 值和 TPR 值，即可获得 ROC 曲线。ROC 曲线的横轴就是假正例率 FPR，纵轴就是真正例率 TPR，当二者相等时，表示对于不论真实类别是 1 还是 0 的样本，分类器预测为 1 的概率是相等的，此时 AUC[⊖]为 0.5。AUC 是指，随机取一对正负样本，正样本得分大于负样本的概率。AUC 的最小值为 0.5，最大值为 1，取值越高越好，因此当 AUC=1 时，它是完美的分类器。采用这个预测模型时，不管设定什么阈值都能得出完美预测。绝大多数预测的场合，不存在完美分类器。当 0.5<AUC<1 时，分类效果优于随机猜测。因此，当 AUC 的范围在[0.5,1]区间比

⊖　受试者操作特征曲线（Receiver Operating Characteristic curve）。

⊜　ROC 曲线下与坐标轴围成的面积（area under ROC curve），虽然这个面积的数值不会大小 1。

较好，并且越接近 1 越好。

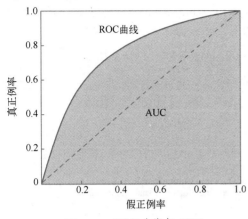

● 图 11-2　ROC 曲线与 AUC

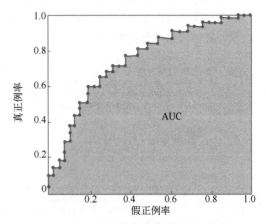

● 图 11-3　基于有限样例绘制的 ROC 曲线与 AUC

AUC 曲线有以下特点。

① (0,0)点：我们把所有的个体都预测为假，那么 *TP* 与 *FP* 都为 0，因为 *TP* 表示预测为真、实际也为真，而 *FP* 表示预测为真、实际为假的个体。

② (0,1)点：所有预测为真的个体都正确，这是最理想的情况，此时 *TP=TP+FN*，而 *FP*=0。

③ (1,0)点：这是预测最糟糕的情况，即所有的预测都是错误的，此时 *TP*=0，而 *FP=FP+TN*。

④ (1,1)点：因为该点是在类似于 *y=x* 的直线上，因此其相当于随机预测，即预测一个个体为真还是假都是随机的。

因此，我们可以发现如果一个模型的 ROC 曲线越靠近坐标轴的左上角，那么该模型就越优，其泛化性能就越好。对于两个模型的泛化性能判断，有以下两种方法。

如果模型 A 的 ROC 曲线完全包住了模型 B 的 ROC 曲线，那么就认为模型 A 要优于模型 B；如果两条曲线有交叉的话，就通过比较 ROC 曲线与横、纵轴所围的面积来判断，面积越大，模型的性能就越优，这个面积称之为 AUC。由于样本通常是有限的，因此所绘制出来的曲线并不是光滑的，而是像图 11-3 中那样的曲线，因此可以通过以下公式来计算 AUC，即

$\text{AUC} = \frac{1}{2}\sum_{i=1}^{m-1}(x_{i-1}-x_i)\cdot(y_i+y_{i+1})$，根据 *FPR* 以及 *TPR* 的定义，有

$$TPR = \frac{TP}{TP+FN} = \frac{nP(Y=1)\int_{-\infty}^{c}P(f_p\,|\,Y=1)\mathrm{d}f_p}{nP(Y=1)\int_{-\infty}^{c}P(f_p|Y=1)\mathrm{d}f_p + nP(Y=1)\int_{c}^{\infty}P(f_p\,|\,Y=1)\mathrm{d}f_p}$$

$$= \frac{\int_{-\infty}^{c}P(f_p\,|\,Y=1)\mathrm{d}f_p}{\int_{-\infty}^{c}P(f_p|Y=1)\mathrm{d}f_p + \int_{c}^{\infty}P(f_p\,|\,Y=1)\mathrm{d}f_p}$$

$$FPR = \frac{FP}{FP+TN} = \frac{nP(Y=0)\int_{-\infty}^{c}P(f_p\,|\,Y=0)\mathrm{d}f_p}{nP(Y=0)\int_{-\infty}^{c}P(f_p|Y=0)\mathrm{d}f_p + nP(Y=0)\int_{c}^{\infty}P(f_p\,|\,Y=0)\mathrm{d}f_p}$$

$$= \frac{\int_{-\infty}^{c}P(f_p\,|\,Y=0)\mathrm{d}f_p}{\int_{-\infty}^{c}P(f_p|Y=0)\mathrm{d}f_p + \int_{c}^{\infty}P(f_p\,|\,Y=0)\mathrm{d}f_p}$$

通过上面的公式运算，我们发现 ROC 曲线对于样本类别是否平衡并不敏感，即其并不受样本先验分布的影响，因此在实际工作中，更多的是用 ROC/AUC 来对模型的性能进行评价，其中 AUC 只能用来评价二分类问题，非常适合用于解决评价样本不均衡中的分类器性能问题。

　　关于 AUC 有一个实现的 API：sklearn.metrics.roc_auc_score(y_true,y_score)。其中 y_true 表示每个样本的真实类别，必须为 0（反例）或 1（正例）标记；y_score 表示预测得分，可以是正类的估计概率、置信值或者分类器方法的返回值。实现代码如下。

```python
import pandas as pd
import numpy as np
from sklearn.model_selection import train_test_split
from sklearn.preprocessing import StandardScaler
from sklearn.linear_model import LogisticRegression

import ssl
ssl._create_default_https_context = ssl._create_unverified_context


# 1.获取数据
names = ['Sample code number', 'Clump Thickness', 'Uniformity of Cell Size', 'Uniformity of Cell Shape',
         'Marginal Adhesion', 'Single Epithelial Cell Size', 'Bare Nuclei', 'Bland Chromatin',
         'Normal Nucleoli', 'Mitoses', 'Class']

data = pd.read_csv("https://archive.ics.uci.edu/ml/machine-learning-databases/breast-cancer-wisconsin/breast-cancer-wisconsin.data",
                   names=names)
data.head()


# 2.基本数据处理
# 2.1  缺失值处理
data = data.replace(to_replace="?", value=np.NaN)
data = data.dropna()
# 2.2  确定特征值,目标值
x = data.iloc[:, 1:10]
x.head()
y = data["Class"]
y.head()
# 2.3  分割数据
x_train, x_test, y_train, y_test = train_test_split(x, y, random_state=22)


# 3.特征工程(标准化)
transfer = StandardScaler()
x_train = transfer.fit_transform(x_train)
x_test = transfer.transform(x_test)


# 4.机器学习(逻辑回归)
estimator = LogisticRegression()
estimator.fit(x_train, y_train)


# 5.模型评估
y_predict = estimator.predict(x_test)
y_predict
estimator.score(x_test, y_test)

# 6.计算精确率与召回率
from sklearn.metrics import classification_report
classification_report(y_test,y_predict,labels=[2,4],target_names=['良性','恶性'])

# y_true：每个样本的真实类别，必须为 0（反例）或 1（正例）标记
# 将 y_test 转换成 0 1
Y_true = np.where(y_test > 3,1,0)

from sklearn.metrics import roc_auc_score
roc_auc_score(y_true,y_predict)
```

↗11.3.4　为什么推荐场景用 AUC 来评价模型

　　在互联网的排序业务中，比如搜索、推荐、广告等，AUC 是一个非常常见的评估指标。对于

AUC 一般有两大类解释，一种是基于 ROC 线下面积的解，需要理解混淆矩阵，包括精确率、召回率、F1 值、ROC 等指标的含义。另外一种是基于概率的解释。

AUC 指标本身和模型预测分值无关，只关注排序效果，因此特别适合排序业务。

为何与模型预测分值无关是很好的特性呢？假设采用精确率、F1 等指标，而模型预测的分值是个概率值，就必须选择一个阈值来决定样本预测值是 1 或 0，不同的阈值选择，精确率也会不同，而 AUC 在排序时可以直接使用分值本身，参考的是相对顺序，所以更加好用。

正由于 AUC 对分值本身不敏感，故常见的正负样本采样，并不会导致 AUC 的变化。比如，在点击率评估中，出于计算资源的考虑，有时候会对负样本做负采样，但采样完后并不影响正负样本的顺序分布。即假设采样是随机的，采样完成后，给定一条正样本，模型预测分值为 1，由于采样随机，则大于分值为 1 的负样本和小于分值为 1 的负样本的比例不会发生变化。但如果采样不是均匀的，比如采用 word2vec 算法的负采样，其负样本更偏向于从热门样本中采样，则 AUC 值会发生剧烈变化。

我们在实际业务中，常常会发现点击率模型的 AUC 要低于购买转化率模型的 AUC。正如上文所说，AUC 代表模型预估样本之间的排序关系，即正负样本之间预测的 GAP 越大，AUC 也越大。通常，点击行为的成本要低于购买行为，从业务上理解，点击率模型中正负样本的差别要小于购买模型，即购买转化模型的正样本通常更容易被准确预测。样本数据中本身就会存在大量的歧义样本，即特征集合完全一致，但 label 却不同。因此就算拥有如此强大的模型，也不能让 AUC 为 1。因此，当我们拿到样本数据时，首先应查看有多少特征重复但 label 不同的样本，这部分的比率越大，代表其"必须犯的错误"越多。

AUC 毕竟是线下离线评估指标，与线上真实业务指标有差别。差别越小，则 AUC 的参考性越高。比如点击率模型和购买转化率模型，虽然购买转化率模型的 AUC 会高于点击率模型，但往往是点击率模型的线上效果更好。购买决策比点击决策的过程长、成本高，且用户的购买决策受很多场外因素影响，比如预算、其他平台的竞品、查看了相关评测等原因，这部分信息无法收集到，导致最终样本包含的信息缺失，模型的离线 AUC 与线上业务指标差异变大。所以，样本数据包含的信息越接近线上，则离线指标与线上指标 GAP 越小。而决策链路越长，信息丢失就越多，越难做到线下线上一致。

而在实际的工作中，常常是模型迭代的 AUC 比较，即新模型比老模型 AUC 高，代表新模型对正负样本的排序能力比老模型好。理论上，此时上线 AB 测试，应该能看到 CTR 之类的线上指标增长。但我们需要做到以下几点。①排除错误，线上线下模型预测的结果要符合预期。②谨防样本穿越。比如样本中有时间序类的特征，但训练、测试的数据切分没有考虑时间因子，则容易造成穿越。

↗11.3.5　代价敏感错误率与代价曲线

上面所描述的衡量模型性能的方法都是基于误分类同等代价来开展的，即把 True 预测为 False 与把 False 预测为 True 所导致的代价是同等的，但是在很多情况下其实并不是这样的。我们以疾病诊断为例，我们需要把一个患有疾病的患者预测为不患有与把不患有疾病的患者预测为患有，对其造成的损失是明显不同的，因此在这种情况下，我们是不可能以同等代价来进行预测的。故这里引入了如下的二分类代价矩阵。

$$
\begin{array}{cc}
& \text{预测类别} \\
& \begin{array}{cc} \text{第0类} & \text{第1类} \end{array} \\
\text{真实类别}\ \begin{array}{c} \text{第0类} \\ \text{第1类} \end{array} &
\begin{bmatrix}
0 & \text{cost}_{01} \\
\text{cost}_{10} & 0
\end{bmatrix}
\end{array}
$$

我们给误分类赋予了一个代价指标。在非均等代价下，目标转化为最小化总体代价，那么代价

敏感的错误率可以通过如下公式进行计算

$$e = \frac{1}{m}\left[\sum_{x_i \in D^+} I(f(x_i) \neq y_i) \cdot \cos t_{01} + \sum_{x_i \in D^-} I(f(x_i) \neq y_i) \cdot \cos t_{10})\right]$$

由于在非均等代价下，ROC 曲线并不能反映出模型的期望总体代价，因此，上式引入了代价曲线，其中横轴为正例概率代价，纵轴为归一化代价。正例概率代价计算方式为

$$P(+)\cos t = \frac{p \cdot \cos t_{01}}{p \cdot \cos t_{01} + (1-p) \cdot \cos t_{10}}$$ ，归一化代价计算方式为

$$\cos t_{\text{norm}} = \frac{FNR \cdot p \cdot \cos t_{01} + FPR \cdot (1-p) \cdot \cos t_{10}}{p \cdot \cos t_{10} + (1-p) \cdot \cos t_{10}}$$

↗11.3.6　从极大似然到对数损失和交叉熵损失函数

在统计学领域，有两种对立的学派：贝叶斯学派和经典学派（频率学派），他们之间最大的分歧在于被估计的参数。贝叶斯学派的观点是将其看作已知分布的随机变量，而经典学派则将其看作未知的、待估计的常量。极大似然估计属于经典学派的一种。通俗来说，极大似然估计就是利用已知的样本结果信息，反推最大概率出现这些结果的参数信息。比如我们在网上发现了两篇重复率比较高的文章，但作者 ID 并不是一个人，我们推测这两个作者之间存在一定的"关系"，经过对比文章的发布时间和文章的写作风格，我们认为极有可能是 A 抄袭了 B 的文章。这个推测的过程就被称为"似然"，得到可能的结论就是极大似然估计。极大似然估计中的采样需要满足一个重要的假设，就是所有的采样都是独立同分布的。在进行参数计算的过程中，首先假设样本服从某种概率分布，再利用已知的样例数据对参数进行估计。假设 $P(x|c)$ 具有确定的概率分布形式，且被参数 θ_c 唯一确定，利用训练集 D 来估计参数 θ_c。θ_c 对于训练集 D 中第 c 类样本组成的集合 D_c 的似然为 $P(D_c | \theta_c) = \prod\limits_{x \in D_c} P(x | \theta_c)$，如果使用连乘进行参数估计，会导致计算不方便，所以取对数，即对数似然估计变为 $LL(\theta_c) = \log P(D_c | \theta_c) = \sum\limits_{x \in D_c} \log P(x | \theta_c)$，于是 θ_c 的极大似然估计为 $\hat{\theta}_c = \arg\max LL(\theta_c)$。

对数损失函数（Log loss function）和交叉熵损失函数（Cross-entropy loss funtion），它们的表达式的本质是一样的。

对数损失函数的表达式为 $\text{logloss} = -\frac{1}{n}\sum\limits_{i=1}^{n}[y_i \log(p_i) + (1-y_i)\log(1-p_i)]$，其中 y_i 是第 i 个样本的真实标签，p_i 是第 i 个样本预测为正样本的概率。

交叉熵损失函数的表达式为 $\text{crossentropyloss} = -\frac{1}{m}\sum\limits_{i=1}^{m}\sum\limits_{j=1}^{n} y_{ij}\log(p(x_{ij}))$，其中 m 表示样本数；n 表示样本所属的不同类别个数；y_{ij} 表示样本 i 所属类别 j；$p(x_{ij})$ 表示预测的样本 i 属于类别 j 的概率。从上述表达式中看，两者的损失函数本质是一样的，但需要注意的是，通常情况下，这两种损失函数所对应的上一层结构不同，对数损失函数经常对应的是 Sigmoid 函数的输出，用于二分类问题；而交叉熵损失函数经常对应的是 Softmax 函数的输出，用于多分类问题。所以在神经网络中经常使用交叉熵损失函数作为评判参数优化的函数，而在二分类的场景下经常使用对数损失函数作为评判参数优化的函数。

⑪④　比较检验

前面介绍了多种性能度量的方式，但是它们度量的是模型在测试集下的测试误差的性能状况，虽然

这样可以近似代替泛化性能，但毕竟与真实的泛化性能有一定的距离。我们可以通过假设检验的方式，利用测试误差来预估泛化误差从而得到模型的泛化性能情况，即基于假设检验结果，可以推断出若在测试集上观察到模型 A 比 B 好，那么 A 的泛化性能在统计意义上优于 B 的概率。

↗11.4.1 假设检验

假设检验就是数理统计中依据一定的假设条件，由样本推断总体的一种方法。其步骤如下所示。

① 根据问题的需要对所研究的总体做某种假设，记为 H_0。

② 选取合适的统计量，这个统计量的选取要使得在假设 H_0 成立时，其分布是已知的（统计量可以视为样本的函数）。

③ 由实测的样本计算出统计量的值，根据预先给定的显著性水平进行检验，做出拒绝或接受假设 H_0 的判断。

由此可知，首先，要对所研究的总体做出某种假设，即对模型泛化错误率分布做出某种假设。通常，测试错误率与泛化误差率的差别很小，因此我们可以通过测试误差率来估计泛化误差率。我们知道泛化误差率为 ε 的模型在 m 个样本中被测得的测试错误率为 $\hat{\varepsilon}$ 的概率为 $P(\hat{\varepsilon}, \varepsilon) = \begin{pmatrix} m \\ m * \hat{\varepsilon} \end{pmatrix} \varepsilon^{\hat{\varepsilon} * m} (1 - \varepsilon)^{m - \hat{\varepsilon} * m}$，可以看到该概率的形式满足二项分布。令 P 对 ε 求导后可以发现，当 $\varepsilon = \hat{\varepsilon}$ 的时候，概率值是最大的，二项分布示意图如图 11-4 所示。

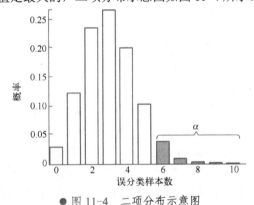

● 图 11-4 二项分布示意图

因此，我们可以假设泛化误差率 $\varepsilon \leqslant \varepsilon_0$，那么在 $1 - \alpha$ 的概率内所能观测到的最大测试错误率可以通过下式计算得到 $\bar{\varepsilon} = \max \varepsilon, \text{s.t.} \sum_{i=\varepsilon_0 \ m+1}^{m} \begin{pmatrix} m \\ i \end{pmatrix} \varepsilon^i (1 - \varepsilon)(m - i) < \alpha$，即最多能够误分的样本数为图 11-4 中阴影部分乘以其相应的概率，故当测试错误率 $\bar{\varepsilon} \leqslant \varepsilon_0$ 时，在 α 的显著度下是可以接受的，即能够以 $1 - \alpha$ 的置信度认为模型的泛化错误率不大于 ε_0。大多数情况下，我们会多次使用留出法或交叉验证法，因此会得到多组测试误差率，此时可以使用 t 检验来进行泛化误差的评估。即假定得到了 k 个测试误差率，$\bar{\varepsilon}_1, \bar{\varepsilon}_2, \cdots, \bar{\varepsilon}_k$，则平均测试错误率 μ 和方差 σ^2 分别为 $\mu = \frac{1}{k} \sum_{i=1}^{k} \hat{\varepsilon}_i$，$\sigma^2 = \frac{1}{k-1} \sum_{i=1}^{k} (\hat{\varepsilon}_i - \mu)$，

由于这 k 个测试误差率可以看成泛化误差率 ε_0 的独立采样，因此，变量 $\tau_t = \frac{\sqrt{k}(\mu - \varepsilon_0)}{\sigma}$ 服从自由度为 $k-1$ 的 t 分布。假设 $\mu = \varepsilon_0$ 和显著度为 α，可以计算出当前错误率均值为 ε_0 时，在 $1 - \alpha$ 概率内能观测到的最大错误率，即临界值。这样就可以对我们的假设做出拒绝或接受。

↗11.4.2 交叉验证 t 检验

对一组样本 D，进行 k 折交叉验证，会产生 k 个测试误差率，将两个学习器分别在每对数据子

集上进行训练与测试，会分别产生两组测试误差率：$\varepsilon_1^{\mathrm{A}}, \varepsilon_2^{\mathrm{A}} \cdots, \varepsilon_k^{\mathrm{A}}$ 和 $\varepsilon_1^{\mathrm{B}}, \varepsilon_2^{\mathrm{B}} \cdots, \varepsilon_k^{\mathrm{B}}$，然后对每对结果求差值：$\Delta_i = \varepsilon_i^{\mathrm{A}} - \varepsilon_i^{\mathrm{B}}$，若两个学习器的性能相同，则相对应的每个误差率的差值应该为 0。因此，可以根据差值 $\Delta_1, \Delta_2, \cdots, \Delta_k$ 来对"学习器 A、B 性能相同"这个原假设做 t 检验。检验步骤为，先计算出差值的均值 μ 与方差 σ^2，在显著度 α 下，若变量 $\tau_t = \left| \dfrac{\sqrt{k}\mu}{\sigma} \right|$ 小于自由度为 $k-1$ 的临界值，则原假设不能被拒绝，由此认为两个学习器的性能没有显著差别；反之，则认为两个学习器的性能有显著差别，并且选择平均错误率较小的那个学习器。

↗11.4.3　McNemar 检验

在二分类问题中，使用留出法还可以分别得到两个学习器的分类结果，用"列联表"表示如下。

		算法 A	
		正确	错误
算法 B	正确	e_{00}	e_{01}
	错误	e_{10}	e_{11}

若两个学习器性能相同，则应有 $e_{01} = e_{10}$，那么变量 $|e_{01} - e_{10}|$ 应服从正态分布。计算变量 $\tau_{\chi^2} = \dfrac{(|e_{01} - e_{10}| - 1)^2}{e_{01} + e_{10}}$，$\tau_{\chi^2}$ 服从自由度为 1 的 χ^2 分布。给定显著度 α，当以上变量小于临界值 χ^2 时，不拒绝原假设，认为两个学习器没有显著差别。

↗11.4.4　Friedman 检验与后续检验

假设用 D_1、D_2、D_3、D_4 四个数据集对算法A、B、C进行比较。具体步骤为：①使用留出法或者交叉验证法得到每个算法在每个数据集上的测试结果。②在每个数据集上根据算法的性能进行由好到坏的排序，并赋予序值 1,2,3,…。若算法的测试性能相同则平分序值。③计算出每个算法在所有数据集上的平均序值。如表 11-1 所示。④使用 Friedman 检验来判断算法性能是否相同，如果相同，则它们的平均序值应当相同。假定有 N 个数据集，k 个算法，r_i表示第 i 个算法的平均序值。当 k 和 N 都比较大的时候，以下变量服从自由度为 $k-1$ 的 χ^2 分布。

$\tau_{\chi^2} = \dfrac{k-1}{k} \dfrac{12N}{k^2-1} \sum_{i=1}^{k} \left(r_i - \dfrac{k+1}{2} \right)^2 = \dfrac{12N}{k(k+1)} \left[\sum_{i=1}^{k} r_i^2 - \dfrac{k(k+1)^2}{4} \right]$，这是原始 Friedman 检验，改良后，

$\tau_{\mathrm{F}} = \dfrac{(N-1)\tau_{\chi^2}}{N(k-1) - \tau_{\chi^2}}$，该变量服从自由度为 $k-1$ 和 $(k-1)(N-1)$ 的 F 分布。

表 11-1　算法表

数据集	算法 A	算法 B	算法 C
D_1	1	2	3
D_2	1	2.5	2.5
D_3	1	2	3
D_4	1	2	3
平均序值	1	2.125	2.875

如果"所有算法性能相同"这个假设被拒绝，则说明算法的性能显著不同，于是需要进行"后

续检验"来区分算法，常用的是 Nemenyi 后续检验。首先，计算变量 $CD = q_\alpha\sqrt{\dfrac{k(k+1)}{6N}}$，其中的 q_α 可查表 11-2 得到。

表 11-2　算法个数

α	算法个数 k								
	2	3	4	5	6	7	8	9	10
0.05	1.960	2.344	2.569	2.728	2.850	2.949	3.031	3.102	3.164
0.1	1.645	2.052	2.291	2.459	2.589	2.693	2.780	2.855	2.920

然后计算每个算法两两之间的平均序值的差值，如果差值大于 CD，则说明两个算法有显著差异，如果小于 CD，则说明两个算法的性能没有显著差别。

11.5　偏差与方差

偏差度量了学习算法的期望预测与真实结果的偏离程度，即刻画了学习算法本身的拟合能力，期望输出与真实标记的差别称为偏差，即 $\text{bias}^2(x) = \overline{[f(x) - y]}^2$。方差度量了由同样大小的训练集的变动所导致的学习性能的变化，即刻画了数据扰动所造成的影响，使用样本数相同的不同训练集产生的方差为 $\text{var}(x) = E_D\{[f(x;D) - \bar{f}(x)]^2\}$。

11.6　准确率

在分类任务下，预测结果与正确标记之间存在不同的组合，构成混淆矩阵（适用于多分类），如图 11-5 所示。

准确率（ACC）是最常见的评价指标，而且很容易理解，就是被分对的样本数除以所有的样本数，通常来说，准确率越高，分类器越好。准确率的计算方法是，预测结果为正例样本中真实为正例的比例。

准确率计算公式为：$\text{ACC} = \dfrac{TP + TN}{TP + TN + FP + FN}$。

		预测结果	
		正例	假例
真实结果	正例	真正例(TP)	假反例(FN)
	假例	假正例(FP)	真反例(TN)

● 图 11-5　混淆矩阵

准确率确实是一个很好很直观的评价指标，但是有时候准确率高并不能代表一个算法就好。比如，对某个地区的地震预测，假设有一堆的特征作为地震分类的属性，类别只有两个，0 代表不发生地震。1 代表发生地震。如果将每一个测试用例的类别都划分为 0，那么它就可能达到 99%的准确率，但真的地震来临时，这个分类器将毫无察觉，并带来巨大损失。以一个实例代码来说明，癌症分类预测——良/恶性乳腺癌肿瘤预测（第 3 章用到的例子）。代码如下。

```
import pandas as pd
import numpy as np
from sklearn.model_selection import train_test_split
from sklearn.preprocessing import StandardScaler
from sklearn.linear_model import LogisticRegression

import ssl
ssl._create_default_https_context = ssl._create_unverified_context
```

```
# 1.获取数据
names = ['Sample code number', 'Clump Thickness', 'Uniformity of Cell Size', 'Uniformity of Cell Shape',
         'Marginal Adhesion', 'Single Epithelial Cell Size', 'Bare Nuclei', 'Bland Chromatin',
         'Normal Nucleoli', 'Mitoses', 'Class']

data = pd.read_csv("https://archive.ics.uci.edu/ml/machine-learning-databases/breast-cancer-wisconsin/breast-cancer-wisconsin.data",
                   names=names)
data.head()


# 2.基本数据处理
# 2.1  缺失值处理
data = data.replace(to_replace="?", value=np.NaN)
data = data.dropna()
# 2.2  确定特征值,目标值
x = data.iloc[:, 1:10]
x.head()
y = data["Class"]
y.head()
# 2.3  分割数据
x_train, x_test, y_train, y_test = train_test_split(x, y, random_state=22)


# 3.特征工程(标准化)
transfer = StandardScaler()
x_train = transfer.fit_transform(x_train)
x_test = transfer.transform(x_test)


# 4.机器学习(逻辑回归)
estimator = LogisticRegression()
estimator.fit(x_train, y_train)


# 5.模型评估
y_predict = estimator.predict(x_test)
y_predict
estimator.score(x_test, y_test)

# 6.计算准确率与召回率
from sklearn.metrics import classification_report
classification_report(y_test,y_predict,labels=[2,4],target_names=['良性','恶性'])
```

假设这样一个情况，如果有 99 个癌症样本，1 个非癌症样本。假设全都预测正例（默认癌症为正例），准确率就为 99%，但是效果并不好，这就是样本不均衡下的评估问题。因此，仅靠准确率来评价一个算法模型是不够科学、全面的。

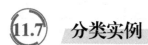

11.7　分类实例

要全面评估模型的有效性，必须同时检查精确率和召回率。遗憾的是，精确率和召回率往往是此消彼长的情况。也就是说，提高精确率通常会降低召回率，反之亦然。请观察图 11-6 来了解这一概念，该图显示了电子邮件分类模型做出的 30 项预测。位于分类阈值右侧的被归类为"垃圾邮件"，左侧的则被归类为"非垃圾邮件"。

● 图 11-6　将电子邮件归类为垃圾邮件或非垃圾邮件

根据图 11-6 所示的结果来计算精确率和召回率值：

真正例(*TP*)：8	假正例(*FP*)：2
假负例(*FN*)：3	真负例(*TN*)：17

精确率指的是被标记为垃圾邮件的电子邮件中正确分类的电子邮件所占的百分比，即图 11-6 中分类阈值右侧的空心圆点所占的百分比：$Precision = \dfrac{TP}{TP+FP} = \dfrac{8}{8+2} = 0.8$，召回率指的是实际垃圾邮件中正确分类的电子邮件所占的百分比，即图 11-6 中分类阈值右侧的空心圆点所占的百分比：$Recall = \dfrac{TP}{TP+FN} = \dfrac{8}{8+3} = 0.73$。

如图 11-7 所示，显示了提高分类阈值产生的效果。

● 图 11-7　提高分类阈值

假正例数量会减少，但假负例数量会相应地增加。结果，精确率有所提高，而召回率则有所降低。

真正例(*TP*)：7	假正例(*FP*)：1
假负例(*FN*)：4	真负例(*TN*)：18

$$Precision = \frac{TP}{TP+FP} = \frac{7}{7+1} = 0.88$$

$$Recall = \frac{TP}{TP+FN} = \frac{7}{7+4} = 0.64$$

图 11-8 显示了降低分类阈值产生的效果。

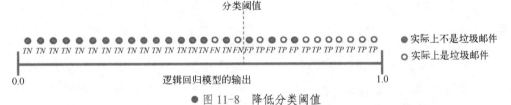

● 图 11-8　降低分类阈值

假正例数量会增加，而假负例数量会减少。结果，精确率有所降低，而召回率则有所提高。

真正例(*TP*)：9	假正例(*FP*)：3
假负例(*FN*)：2	真负例(*TN*)：16

$$Precision = \frac{TP}{TP+FP} = \frac{9}{9+3} = 0.75$$

$$Recall = \frac{TP}{TP+FN} = \frac{9}{9+2} = 0.82$$

v11-1

 11.8　模型评估实例

以下实例是关于预测 Facebook 签到位置的案例，通过这个实例可以对用经常签到的位置进行一些广告的投放。

　　数据介绍：对于给定的坐标集，根据用户的位置、准确性和时间戳来预测用户正在查看的业务。数据集为 https://www.kaggle.com/navoshta/grid-knn/data。

　　目标：预测出用户将要签到的地方。

　　实现这一个案例的流程如下，①获取数据。②数据处理。准备好特征值和目标值，根据坐标缩小数据范围，时间可以是更有意义的年月日、时分秒。将签到次数比较少的地方排除掉（过滤签到次数少的地点）。③数据集划分。④特征工程：标准化。⑤KNN 算法预估流程。⑥模型选择与调优。⑦模型评估。代码如下：

```python
import pandas as pd

#1. 获取数据
data = pd.read_csv("./FBlocation/train.csv")

#2. 基本的数据处理
#1) 缩小数据范围
data = data.query("x < 2.5 & x > 2 & y < 1.5 & y > 1.0")
data["day"] = date.day

#2)处理时间特征
time_value = pd.to_datetime(data["time"], unit="s")
date = pd.DatetimeIndex(time_value)
data["weekday"] = date.weekday
data["hour"] = date.hour

#3）过滤签到次数少的地点
place_count = data.groupby("place_id").count()["row_id"]
place_count[place_count > 3].head()
data_final = data[data["place_id"].isin(place_count[place_count > 3].index.values)]

#筛选特征值和目标值
x = data_final[["x", "y", "accuracy", "day", "weekday", "hour"]]
y = data_final["place_id"]

#3. 数据集划分
from sklearn.model_selection import train_test_split
x_train, x_test, y_train, y_test = train_test_split(x,y)

from sklearn.preprocessing import StandardScaler
from sklearn.neighbors import KNeighborsClassifier
from sklearn.model_selection import GridSearchCV

#4. 特征工程：标准化
transfer = StandardScaler()
x_train = transfer.fit_transform(x_train)
x_test = transfer.transform(x_test)

#5. KNN 算法预估器
estimator = KNeighborsClassifier()

#6. 模型选择与调优：加入网格搜索与交叉验证
#参数准备
param_dict = {"n_neighbors":[1,3,5,7,9,11]}
estimator = GridSearchCV(estimator, param_grid=param_dict, cv=3)
estimator.fit(x_train, y_train)
```

```
#7. 模型评估
#方法 1: 直接比对真实值和预测值
y_predict = estimator.predict(x_test)
print("y_predict:\n", y_predict)
print("直接比对真实值和预测值:\n", y_test == y_predict)


#方法 2:计算准确率
score = estimator.score(x_test, y_test)
print("准确率为:\n", score)



#最佳参数：best_params_
print("最佳参数：\n", estimator.best_params_)
#最佳结果：best_score_
print("最佳结果:\n", estimator.best_score_)
#最佳估计器：best_estimator_
print("最佳估计器：\n", estimator.best_estimator_)
#交叉验证结果：cv_results_
print("交叉验证结果:\n", estimator.cv_results_)
```

第 5 部分

推荐系统实战篇

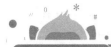

第 12 章　搭建一个简易版的生产环境推荐系统

主要内容

- 推荐系统的作用
- 依赖准备
- 构建矩阵
- 结果展示

现在互联网上的内容很多，我们可能每天都会接收不同消息。例如，电商网站、博客、各类新闻和文章等。但是，这些消息并不是所有的内容你都感兴趣，可能你只对技术博客感兴趣，或只对某些新闻感兴趣。为方便用户快速找到他们感兴趣的内容，我们需要一个精准的解决方案来简化用户的发现过程。

12.1　推荐系统的作用

简而言之，推荐系统就是一个发现用户喜好的系统。系统从数据中学习并向用户提供有效的建议。比如，你在电商网站上浏览过某个品牌的鞋子，当你在用一些社交软件、短视频软件时，会惊奇地发现，这些软件会给你推荐刚刚在电商网站上浏览过的鞋子。其实，这得益于推荐系统的过滤功能，如图 12-1 所示。

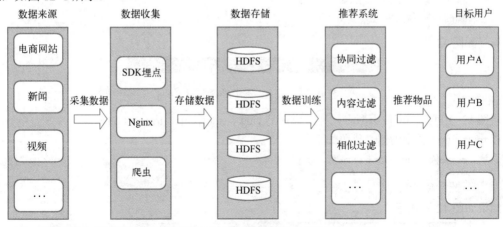

● 图 12-1　推荐系统的过滤功能

从图 12-1 中，我们可以简单地总结出，整个数据流程如下：①数据来源。负责提供数据，比如用户在电商、新闻、视频等软件上的用户行为，这些数据可作为推荐训练的数据来源。②数据采集。用户产生了数据，我们需要用各种方法来收集、获取这些数据，比如 SDK 埋点采集、Nginx 上报、爬虫等。③数据存储。获取这些数据后，需要对这些数据进行分类存储、清洗等操作，比如大数据里面用得最多的方法是 HDFS、构建数据仓库 Hive 表等。④推荐系统。使用推荐系统中的各种模型（比如协同过滤、内容过滤、相似过滤、用户矩阵等）来训练这些用户数据，得到训练结果。⑤目标用户。通过推荐系统，对用户数据进行训练后得出训练结果，再将这些结果推荐给目标用户。

12.2 依赖准备

我们使用 Python 来够构建推荐系统模型，需要如下的 Python 依赖包。

```
pip install numpy
pip install scipy
pip install pandas
pip install jupyter
pip install requests
```

这里为简化 Python 的依赖环境，推荐使用 Anaconda3。它集成了很多 Python 的依赖库，不用再额外去关注 Python 的环境准备。接着，我们加载数据源，代码如下。

```
import pandas as pd
import numpy as np

df = pd.read_csv('resource/events.csv')
df.shape
print(df.head())
```

结果如图 12-2 所示。

	timestamp	visitorid	event	itemid	transactionid
0	1433221332117	257597	view	355908	NaN
1	1433224214164	992329	view	248676	NaN
2	1433221999827	111016	view	318965	NaN
3	1433221955914	483717	view	253185	NaN
4	1433221337106	951259	view	367447	NaN

● 图 12-2　加载数据源结果图

使用如下代码，查看有哪些事件类型。

```
print(df.event.unique())
```

结果如图 12-3 所示。

```
['view' 'addtocart' 'transaction']
```

● 图 12-3　查看事件类型结果图

从图 12-3 可知，事件类型有三种，分别是 view、addtocart、transaction。
以 transaction 类型为例，代码如下所示。

```
trans = df[df['event'] == 'transaction']
trans.shape
print(trans.head())
```

结果如图 12-4 所示。

	timestamp	visitorid	event	itemid	transactionid
130	1433222276276	599528	transaction	356475	4000.0
304	1433193500981	121688	transaction	15335	11117.0
418	1433193915008	552148	transaction	81345	5444.0
814	1433176736375	102019	transaction	150318	13556.0
843	1433174518180	189384	transaction	310791	7244.0

● 图 12-4　查看 transaction 类型结果图

接着，我们来看看用户和物品的相关数据，代码如下。

```
visitors = trans['visitorid'].unique()
items = trans['itemid'].unique()
print(visitors.shape)
print(items.shape)
```

结果如图 12-5 所示。

```
(11719,)
(12025,)
```

● 图 12-5　用户和物品相关数据结果图

由图 12-5，我们可以获得 11719 个去重用户和 12025 个去重物品。构建一个简单而有效的推荐系统的经验法则是，在不损失精准度的情况下减少数据的样本。这意味着，只能为每个用户获取大约 50 个最新的事务样本，并且仍然可以得到期望中的结果。代码如下所示。

```
trans2 = trans.groupby(['visitorid']).head(50)
print(trans2.shape)
```

结果如图 12-6 所示。

```
(19939, 5)
```

● 图 12-6　为每个用户获取大约 50 个最新的事务样本

真实场景中，用户 ID 和物品 ID 是一个海量数字，通过如下代码获取用户 ID 和物品 ID。

```
trans2['visitors'] = trans2['visitorid'].apply(lambda x : np.argwhere(visitors == x)[0][0])
trans2['items'] = trans2['itemid'].apply(lambda x : np.argwhere(items == x)[0][0])

print(trans2)
```

结果如图 12-7 所示。

	timestamp	visitorid	event	itemid	transactionid	visitors	items
130	1433222276276	599528	transaction	356475	4000.0	0	0
304	1433193500981	121688	transaction	15335	11117.0	1	1
418	1433193915008	552148	transaction	81345	5444.0	2	2
814	1433176736375	102019	transaction	150318	13556.0	3	3
843	1433174518180	189384	transaction	310791	7244.0	4	4
...	...	...	...	...	...	...	...
2755082	1438388436295	1155978	transaction	430050	4316.0	11716	6280
2755285	1438380441389	218648	transaction	446271	10485.0	3646	12024
2755294	1438377176570	1050575	transaction	31640	8354.0	11717	3246
2755508	1438357730123	855941	transaction	235771	4385.0	11718	2419
2755607	1438358989163	1051054	transaction	312728	17579.0	11659	188

● 图 12-7　用户 ID 和物品 ID 结果图

12.3　构建矩阵

1. 构建用户-物品矩阵

从上面代码执行的结果来看，目前样本数据中有 11719 个去重用户和 12025 个去重物品，因此，我们接下来构建一个稀疏矩阵。需要用到如下 Python 依赖：

```
from scipy.sparse import csr_matrix
```

实现代码如下所示。

```
occurences = csr_matrix((visitors.shape[0], items.shape[0]), dtype='int8')
def set_occurences(visitor, item):
    occurences[visitor, item] += 1
trans2.apply(lambda row: set_occurences(row['visitors'], row['items']), axis=1)
print(occurences)
```

结果如下所示。

```
(0, 0)              1
(1, 1)              1
(1, 37)             1
(1, 72)             1
(1, 108)            1
(1, 130)            1
(1, 131)            1
(1, 132)            1
(1, 133)            1
(1, 162)            1
(1, 163)            1
(1, 164)            1
(2, 2)              1
(3, 3)              1
(3, 161)            1
(4, 4)              1
(4, 40)             1
(5, 5)              1
(5, 6)              1
(5, 18)             1
(5, 19)             1
(5, 54)             1
(5, 101)            1
(5, 111)            1
(5, 113)            1
  :       :
(11695, 383)        1
(11696, 12007)      1
(11696, 12021)      1
(11697, 12008)      1
(11698, 12011)      1
(11699, 1190)       1
(11700, 506)        1
(11701, 11936)      1
(11702, 10796)      1
(11703, 12013)      1
(11704, 12016)      1
(11705, 12017)      1
(11706, 674)        1
(11707, 3653) 1
(11708, 12018)      1
(11709, 12019)      1
(11710, 1330) 1
(11711, 4184) 1
(11712, 3595) 1
(11713, 12023)      1
(11714, 3693) 1
(11715, 5690) 1
(11716, 6280) 1
(11717, 3246) 1
(11718, 2419) 1
```

2. 构建物品-物品共生矩阵

构建一个物品-物品矩阵，其中每个元素表示一个用户购买这两个物品的次数，可以认为是一个共生矩阵。要构建一个共生矩阵，需要将共生矩阵的转置与自身进行点乘。

```
cooc = occurences.transpose().dot(occurences)
cooc.setdiag(0)
print(cooc)
```

结果如下所示。

```
(0, 0)              0
(164, 1)            1
(163, 1)            1
```

(162, 1)	1
(133, 1)	1
(132, 1)	1
(131, 1)	1
(130, 1)	1
(108, 1)	1
(72, 1)	1
(37, 1)	1
(1, 1)	0
(2, 2)	0
(161, 3)	1
(3, 3)	0
(40, 4)	1
(4, 4)	0
(8228, 5)	1
(8197, 5)	1
(8041, 5)	1
(8019, 5)	1
(8014, 5)	1
(8009, 5)	1
(8008, 5)	1
(7985, 5)	1
: :	
(11997, 12022)	1
(2891, 12022)	1
(12023, 12023)	0
(12024, 12024)	0
(11971, 12024)	1
(11880, 12024)	1
(10726, 12024)	1
(8694, 12024)	1
(4984, 12024)	1
(4770, 12024)	1
(4767, 12024)	1
(4765, 12024)	1
(4739, 12024)	1
(4720, 12024)	1
(4716, 12024)	1
(4715, 12024)	1
(4306, 12024)	1
(2630, 12024)	1
(2133, 12024)	1
(978, 12024)	1
(887, 12024)	1
(851, 12024)	1
(768, 12024)	1
(734, 12024)	1
(220, 12024)	1

这样一个稀疏矩阵就构建好了，并使用 setdiag 函数将对角线设置为 0（即忽略第 1 项的值）。接下来会用到 LLR 算法（Log-Likelihood Ratio）。LLR 算法的核心是分析事件的计数，特别是事件同时发生的计数。而我们需要的计数一般包括：①两个事件同时发生的次数（k11）。②一个事件发生而另外一个事件没有发生的次数（k12、k21）。③两个事件都没有发生的计数（k22）。本案例的实现代码如下所示。

```
def xLogX(x):
    return x * np.log(x) if x != 0 else 0.0
def entropy(x1, x2=0, x3=0, x4=0):
    return xLogX(x1 + x2 + x3 + x4) - xLogX(x1) - xLogX(x2) - xLogX(x3) - xLogX(x4)
def LLR(k11, k12, k21, k22):
    rowEntropy = entropy(k11 + k12, k21 + k22)
    columnEntropy = entropy(k11 + k21, k12 + k22)
    matrixEntropy = entropy(k11, k12, k21, k22)
    if rowEntropy + columnEntropy < matrixEntropy:
        return 0.0
    return 2.0 * (rowEntropy + columnEntropy - matrixEntropy)
```

```
def rootLLR(k11, k12, k21, k22):
    llr = LLR(k11, k12, k21, k22)
    sqrt = np.sqrt(llr)
    if k11 * 1.0 / (k11 + k12) < k21 * 1.0 / (k21 + k22):
        sqrt = -sqrt
    return sqrt
```

代码中的 k11、k12、k21、k22 代表的含义分别如下。①k11：两个事件都发生。②k12：事件 B 发生，而事件 A 不发生。③k21：事件 A 发生，而事件 B 不发生。④k22：事件 A 和 B 都不发生。实现计算公式的代码如下所示。

```
row_sum = np.sum(cooc, axis=0).A.flatten()
column_sum = np.sum(cooc, axis=1).A.flatten()
total = np.sum(row_sum, axis=0)
pp_score = csr_matrix((cooc.shape[0], cooc.shape[1]), dtype='double')
cx = cooc.tocoo()
for i,j,v in zip(cx.row, cx.col, cx.data):
    if v != 0:
        k11 = v
        k12 = row_sum[i] - k11
        k21 = column_sum[j] - k11
        k22 = total - k11 - k12 - k21
        pp_score[i,j] = rootLLR(k11, k12, k21, k22)
```

然后，我们对结果进行排序，让每一项的最高 LLR 分数位于每行的第一列，实现代码如下所示。

```
result = np.flip(np.sort(pp_score.A, axis=1), axis=1)
result_indices = np.flip(np.argsort(pp_score.A, axis=1), axis=1)
```

我们来查看其中一项结果，代码如下。

```
print(result[8456])
print(result_indices[8456])
```

查看某一项的结果如图 12-8 所示。

```
[15.33511076 14.60017668  3.62091635 ...  0.          0.
  0.          ]
[8682  380 8501 ... 8010 8009    0]
```

● 图 12-8　查看某一项的结果

实际情况中，我们会根据经验对 LLR 分数进行一些限制，因此不重要的指标将会被剔除。

```
minLLR = 5
indicators = result[:, :50]
indicators[indicators < minLLR] = 0.0
indicators_indices = result_indices[:, :50]
max_indicator_indices = (indicators==0).argmax(axis=1)
max = max_indicator_indices.max()
indicators = indicators[:, :max+1]
indicators_indices = indicators_indices[:, :max+1]
```

训练出结果后，我们可以将其放入到 ElasticSearch 中进行实时检索。使用到的 Python 依赖库如下。

```
import requests
import json
```

这里使用 ElasticSearch 的批量更新 API 来创建一个新的索引，实现代码如下。

```
actions = []
for i in range(indicators.shape[0]):
    length = indicators[i].nonzero()[0].shape[0]
    real_indicators = items[indicators_indices[i, :length]].astype("int").tolist()
    id = items[i]

    action = { "index" : { "_index" : "items2", "_id" : str(id) } }

    data = {
```

```
            "id": int(id),
            "indicators": real_indicators
        }

        actions.append(json.dumps(action))
        actions.append(json.dumps(data))

        if len(actions) == 200:
            actions_string = "\n".join(actions) + "\n"
            actions = []

            url = "http://127.0.0.1:9200/_bulk/"
            headers = {
                "Content-Type" : "application/x-ndjson"
            }
            requests.post(url, headers=headers, data=actions_string)
if len(actions) > 0:
    actions_string = "\n".join(actions) + "\n"
    actions = []
    url = "http://127.0.0.1:9200/_bulk/"
    headers = {
        "Content-Type" : "application/x-ndjson"
    }
    requests.post(url, headers=headers, data=actions_string)
```

在浏览器中访问地址 http://127.0.0.1:9200/items2/_count，结果如图 12-9 所示。

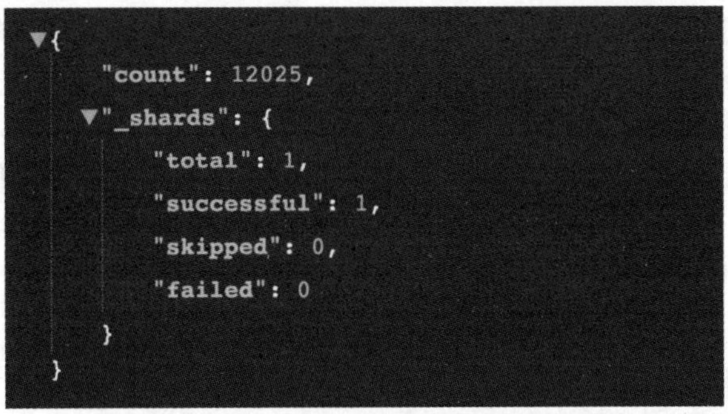

● 图 12-9 检索结果 1

接下来，我们可以尝试将访问地址切换为http://127.0.0.1:9200/items2/240708，结果如图 12-10 所示。

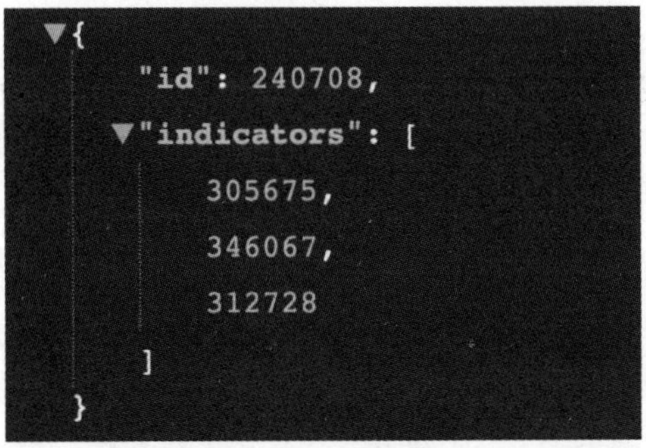

● 图 12-10 检索结果 2

217

第13章 新闻资讯推荐系统开发

主要内容
- 基于 Python 的数据爬取
- 基于协调过滤的用户推荐算法使用
- 基于协调过滤的用户推荐算法优化
- 推荐系统的用户行为产生模块设计

在当今社会，人们获取信息的渠道很多，可能是读书、听广播、看报纸、看电视，等等。现在我们每天都会看一些新闻，关注一些社会热点，而且也可以在微博上看一些比较热门的话题，但是有很多人更愿意看的是新闻和评论。针对这个需求，我们可以开发一个系统，该系统会显示各个领域每天发生的新闻事件，以及用户可能会喜欢的新闻资讯。

该系统主要包括几部分。①数据抓取：主要会爬取一些新闻网站，将最新的新闻存入数据库中；②推荐算法的研究：主要使用的是协同过滤算法，其中包括算法的优化以及算法之间的比较，最终选择最优的算法用于推荐系统的实现；③Django 框架的设计：主要使用 Python 语言实现前后端代码，使用的框架是 Django 框架。

13.1 基于 Python 的数据爬取

爬虫需要使用 cookie 模拟登录，模拟登录是爬取某些站点内容的关键，不登录网站的话，是不能获取数据的，模拟登录有几个关键。①清楚登录的 URL：一些网站的登录页面或地址栏大多数不是登录提交表单的 URL。②需要提交登录某一个网站的字段，比如 URL、user-agent 等字段，分析页面的源代码，然后采用抓包工具。③登录之后，网站有可能会跳转到其他页面，但是跳转的 URL 并不需要获取，因为我们所需数据的页面是明确的，但是对于第三方登录这种情况，我们对这个参数的获取就是必须要有的。在成功爬取数据后，将其存入 MySQL 数据库中，实现代码如下所示。

```python
import requests
import json
import re
import pymysql
import traceback
import config

# database 类
# noinspection PyBroadException
class DB:
    __db = None
    __cursor = None

    def __init__(self):
        self.__db = pymysql.connect(config.DB_HOST, config.DB_USER, config.DB_PWD, config.DB_DATABASE,use_
unicode=True, charset="utf8")
```

```
                self.__cursor = self.__db.cursor()

        def __del__(self):
            self.__db.close()

        def exec(self, sql):
            try:
                self.__cursor.execute(sql)
                self.__db.commit()
            except Exception:
                traceback.print_exc()
                self.__db.rollback()
            _data = self.__cursor.fetchall()
            return _data


class NewsSpider:
    def __init__(self):
        self.base_header = {
            'User-Agent': 'Mozilla/5.0 (Windows NT 10.0; Win64; x64) AppleWebKit/537.36 (KHTML, like Gecko) '
                          'Chrome/73.0.3683.103 Safari/537.36',
            'Host': 'easyforensics.com',
        }

        self.url_head = 'http://easyforensics.com'

        self.url_home = 'http://easyforensics.com/news_forensics/'

        self.new_api = 'http://easyforensics.com/news_forensics/news_more_data/'

        self.result = []

    def find_news(self):
        # 关键字列表
        _k = ['学术前沿', '应用前景', '产业动态', '法律法规', '技术发展', '其他']
        # 打开首页获取 cookie
        s = requests.Session()
        s.get(self.url_home, headers=self.base_header)
        cookie = s.cookies
        for item in cookie:
            if item.name == 'csrftoken':
                self.base_header['X-CSRFToken'] = item.value
                break
        for key in _k:
            data = {
                'keyword': key
            }
            response = s.post(self.new_api, data=data, headers=self.base_header, cookies=cookie, timeout=5)
            if response.status_code != 200:
                continue
            _json = json.loads(response.text)
            for item in _json['data']['news_more_data']:
                print(item['title'])
                tmp = {}
                tmp.update(title=item['title'])
                tmp.update(pic=item['pic_icon'])
                tmp.update(id=item['id'])
                tmp.update(url='http://easyforensics.com/news_forensics/news_detail/{}/'.format(item['id']))
                tmp.update(type=key)
                # 图片替换完整路径
                tmp.update(content=re.sub('<img src="', '<img src="{}'.format(self.url_head), item['content']))
                self.result.append(tmp)

    def save(self):
        with open('data.json', 'w', encoding='utf8') as f:
            json.dump(self.result, f, ensure_ascii=False, indent=4)
        # 插入数据库
```

```
            db = DB()
            for item in self.result:
                sql = "INSERT INTO news VALUES('{}', '{}', '{}', '{}', '{}', '{}', 0, 0)".format(item['id'], item['title'],
item['content'],
item['type'], item['pic'],
item['url'])
                    db.exec(sql)


if __name__ == '__main__':
    ns = NewsSpider()
    ns.find_news()
    ns.save()
```

 基于协同过滤的用户推荐算法

↗13.2.1　ItemCF 算法

基于物品的协同过滤（ItemCF）算法是目前互联网行业领域中使用最多的算法，比如 Amazon、Netfix、YouTube 这些公司使用的推荐算法，其基础都是该算法。

ItemCF 算法主要分为两步：

① 计算物品与物品之间的相似度。

② 生成推荐列表。根据用户的购买历史记录，若一个用户购买了一个商品，之后又购买了另一个商品，那么可以判定为这两个商品具有一定的相似度，因此在另一个用户购买其中一个商品之后，可以将另一个商品推荐给该用户。关于 ItemCF 算法的流程图，如图 13-1 所示。

关于该算法的实现代码如下。

```
#-*- coding:utf-8 -*-
import math
import pandas as pd
import xlwt


#物品相似度计算：
# （既看过 i 的，又看过 j 的人数) / ((看过 i 的总人数) * (看过 j 的总人数))

class ItemBasedCF:
    def __init__(self,train_file,test_file):
        self.train_file=train_file
        self.test_file=test_file
        self.readData()
    def readData(self):
        self.train=dict()
        for line in open(self.train_file):
            user,item,score, =line.strip().split("\t")
            #查找键值（user)
            self.train.setdefault(user,{})
            #二维数组(行是 user，列是 item，值为 score)
            self.train[user][item]=int(score)
        self.test=dict()
        for line in open(self.test_file):
            user,item,score, =line.strip().split("\t")
                self.test.setdefault(user,{})
                self.test[user][item]=int(score)

    def ItemSimilarity(self,train=None):
```

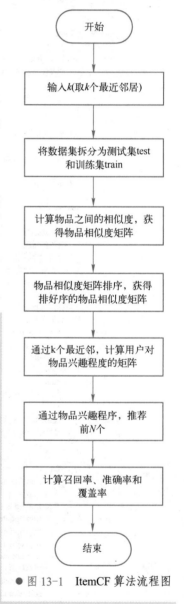

● 图 13-1　ItemCF 算法流程图

```python
        C=dict()
        N=dict()
        #以下是对于每一个用户的商品记录进行分析
        for user,items in self.train.items():
            for i in items.keys():
                #查找键值为i的商品，如果之前有这个商品，就给商品+1
                #N 的 key 是商品，value 是数字
                N.setdefault(i,0)
                N[i]+=1
                #C 为共现矩阵，i 商品和 j 商品同时被看过的次数
                #N 表示该商品出现的次数
                #C 格式：i+后面一个字典：i+j+number
                C.setdefault(i,{})
                for j in items.keys():
                    #如果 i 和 j 相同，表示的是同一个商品，所以继续
                    if i==j:continue
                    #从观看过 i 商品的用户中，如果查找到该用户也观看过某一个关联元素 j，则该用户对 i 和 j 都观看过，表
示这两个物品具有相似的地方，因此+1
                    C[i].setdefault(j,0)
                    C[i][j]+=1
            #print user
            #print items.keys()
            #print "\r\n"
        self.W=dict()
        for i,related_items in C.items():
            #遍历共现矩阵，是因为如果 i 和 j 不同时存在，那么该相关度就是 0，不需要计算
            #j:'1198': 2, '808': 1
            #print related_items
            #i:118,88
            #print i
            self.W.setdefault(i,{})
            for j,cij in related_items.items():
                self.W[i][j]=cij/(math.sqrt(N[i]*N[j]))
        return self.W
    def Recommend(self,user,train=None,k=8,nitem=10):
        rank=dict()
        #用户 479 对所有 App 的评分情况
        action_item = self.train[user]
        #print "action_item"
        #print action_item
        for item,score in action_item.items():
            #相关联商品，对应的关联度
            for j,wj in sorted(self.W[item].items(),key=lambda x:x[1],reverse=True)[0:k]:
                if j in action_item.keys():
                    continue
                rank.setdefault(j,0)
                ##程序优化
                rank[j] += score*wj
                #关联度相加
                #rank[j] += wj
        return sorted(rank.items(),key=lambda x:x[1],reverse=True)[0:nitem]


    def recallAndPrecision(self, train=None, test=None, k=8, nitem=10):
        train = train or self.train
        test = test or self.test
        hit = 0
        recall = 0
        precision = 0
        for user in train.keys():
            tu = test.get(user, {})
            rank = self.Recommend(user,train,k=k, nitem=nitem)
            #print "rank"
            #print rank
            rank = dict(rank)
            for item,_ in rank.items():
                if item in tu:
                    hit += 1
```

```
                    recall += len(tu)
                    precision += nitem
            #召回率 = 提取出的正确信息条数 /  样本中的信息条数
            #准确率 = 提取出的正确信息条数 /  提取出的信息条数
            return (hit / (recall * 1.0), hit / (precision * 1.0))
    def coverage(self, train=None, test=None, k=8, nitem=40):
            train = train or self.train
            test = test or self.test
            recommend_items = set()
            all_items = set()
            for user in test.keys():
                    for item in test[user].keys():
                            all_items.add(item)
                    #rank = self.Recommend(user,train,k=k, nitem=nitem)
                    for user in train.keys():
                            for item in self.Recommend(user,train,k=k,nitem=nitem):
                                    recommend_items.add(item)
            #所有推荐物品占总物品的比例和所有物品被推荐的概率
            return len(recommend_items) / (len(all_items)) * 1.0)
    def popularity(self, train=None, test=None, k=8, nitem=10):
            train = train or self.train
            test = test or self.test
            item_popularity = dict()
            for user, items in train.items():
                    for item in items.keys():
                            item_popularity.setdefault(item, 0)
                            #流行度表示每一个物品多被购买一次，就+1，表示该商品更受用户的欢迎，更流行一些
                            item_popularity[item] += 1
            ret = 0
            n = 0
            for user in train.keys():
                    rank = self.Recommend(user,train,k=k, nitem=nitem)
            rank = dict(rank)
                    for item, _ in rank.items():
                            #平均流行度对每个物品的流行度取对数，这是因为物品的流行度分布满足长尾分布，在取对数后，
流行度的平均值更加稳定
                            ret += math.log(1 + item_popularity[item])
                            n += 1
            return ret / (n * 1.0)


if __name__ == '__main__':
    cf=ItemBasedCF('train.txt', 'test.txt')
    #itemcf 算法
    cf.ItemSimilarity()
    #print("%3s%20s%20s%20s%20s" % ('K', "recall", 'precision', 'coverage', 'popularity'))
    print "itemcf 算法"
    print("%3s%20s%20s%20s" % ('K', "recall", 'precision', 'popularity'))
    #k 表示有多少个相似物品
    for k in [1,2,3,4,5,10,20,40,80,160,180,200,220,240,260,280,300]:
        #k=10
        #print "111111111"
        #k = 5
        recall, precision = cf.recallAndPrecision(k=k)
        #print "222222222"
        #coverage = cf.coverage(k=k)
        #print "333333333"
        popularity = cf.popularity(k=k)
        #print "444444444"
        #print("%3d%19.3f%%%19.3f%%%19.3f%%%20.3f" % (k, recall * 100, precision * 100, coverage * 100, popularity))
        print("%3d%19.3f%%%19.3f%%%20.3f" % (k, recall * 100, precision * 100, popularity))
#print cf.Recommend('479')
b = raw_input("请输入想要推荐的用户 id:")
a = cf.Recommend(b)
print "aaaaaaaaaaaaaaaaaaa"
print a
#解决冷启动问题
if a == 'NULL':
    f = open('/Users/lvqianqian/Downloads/machine learning/Recommendation system/bishe/train.txt')
    for l in f.readlines():
```

```
            line = l.strip().split("\t")
            print line[2]
            a = max(line[2])
#print type(a)
#print "*******************"
#file = open("result_itemcf.txt","w")
count = 0
for i in range(0,10):
    print a[i]
    file=open("/Users/lvqianqian/Downloads/machine learning/Recommendation system/bishe/result_itemcf.txt","a+")
    file.write(str(a[i])+"\n")
    file.close()
    #print "2222222222222222222"
    #file = open("result_itemcf.txt","w")
    #file.write(a[i])
    #file.close()
#print tuple(a)
b = tuple(a)
#print "--------------------"
#file = open("result_itemcf.txt","w")
#b = str(b)
#file.write(b)
#file.close()
workbook=xlwt.Workbook(encoding='utf-8')
booksheet=workbook.add_sheet('Sheet 1', cell_overwrite_ok=True)
for i,row in enumerate(b):
        for j,col in enumerate(row):
                booksheet.write(i,j,col)
workbook.save('result_itemcf.xls')
```

↗13.2.2　UserCF 算法

在推荐系统中，当一个用户 A 需要个性化推荐时，可以先找到和他有相似兴趣的其他用户，然后把那些用户喜欢的、而用户 A 没有听说过的物品推荐给 A。这种推荐算法就是基于用户的协同过滤（UserCF）算法。

基于用户的协同过滤算法分为 2 个步骤：

① 用户与用户之间兴趣相似的数据集合。

② 根据用户相似度将物品推荐给该用户。

根据用户的购买行为，计算用户的相似度，相似度高的用户可以判定为这 2 个用户相似，可以将其中一个用户购买的商品推荐给另一个用户。关于 UserCF 算法的流程图，如图 13-2 所示。

关于该算法的实现如下：

```
#-*- coding:utf-8 -*-
import math
import xlwt

class UserBasedCF:
    def __init__(self,train_file,test_file):
        self.train_file=train_file
        self.test_file=test_file
        self.readData()

    def readData(self):
        self.train=dict()
        for line in open(self.train_file):
            user,item,score,_=line.strip().split("\t")
            self.train.setdefault(user,{})
            self.train[user][item]=int(score)

        self.test=dict()
```

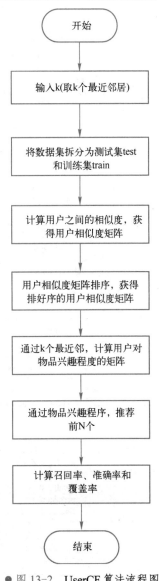

● 图 13-2　UserCF 算法流程图

```
            for line in open(self.test_file):
                user,item,score,_=line.strip().split("\t")
                        self.test.setdefault(user,{})
                        self.test[user][item]=int(score)

    def UserSimilarity(self,train=None):
        self.item_users=dict()

        for user,items in self.train.items():
            for i in items.keys():
                if i not in self.item_users:
                    self.item_users[i]=set()
                self.item_users[i].add(user)
            #物品作为 key，user 作为 value
            #表示看过该商品的所有用户
            #for k,v in item_users.items():
                #print k
                #print v

        C=dict()
        N=dict()

        for i,users in self.item_users.items():
            for u in users:
                N.setdefault(u,0)
                N[u]+=1

                C.setdefault(u,{})
                for v in users:
                    if u ==v:
                        continue
                    #如果两个用户在同一个商品中同时出现过，则表示两个用户具有相似关系，因此+1
                    C[u].setdefault(v,0)
                    C[u][v]+=1

        self.W=dict()
        for u,related_users in C.items():
            self.W.setdefault(u,{})
            for v,cuv in related_users.items():
                self.W[u][v]=cuv/math.sqrt(N[u]*N[v])
        return self.W

    def Recommend(self,user,train=None,k=8,nitem=10):
        rank=dict()
        action_item=self.train[user].keys()

        for v,wuv in sorted(self.W[user].items(),key=lambda x:x[1],reverse=True)[0:k]:
            for i,rvi in self.train[v].items():
                if i in action_item:
                    continue
                rank.setdefault(i,0)
                #该用户对另一个用户的相似程度*该用户对于该物品的偏好程度
                rank[i]+=wuv*rvi
        return sorted(rank.items(),key=lambda x:x[1],reverse=True)[0:nitem]


    def recallAndPrecision(self, train=None, test=None, k=8, nitem=10):
        train = train or self.train
        test = test or self.test
        hit = 0
        recall = 0
        precision = 0
        for user in train.keys():
            tu = test.get(user, {})
            rank = self.Recommend(user,train,k=k, nitem=nitem)
#print "rank"
#print rank
rank = dict(rank)
            for item,_ in rank.items():
```

```
                        if item in tu:
                                hit += 1
                recall += len(tu)
                precision += nitem
            return (hit / (recall * 1.0), hit / (precision * 1.0))
        def coverage(self, train=None, test=None, k=8, nitem=40):
            train = train or self.train
            test = test or self.test
            recommend_items = set()
            all_items = set()
            for user in test.keys():
                    for item in test[user].keys():
                        all_items.add(item)
                    #rank = self.Recommend(user,train,k=k, nitem=nitem)
                    for user in train.keys():
                        for item in self.Recommend(user,train,k=k,nitem=nitem):
                            recommend_items.add(item)
            return len(recommend_items) / (len(all_items) * 1.0)
        def popularity(self, train=None, test=None, k=8, nitem=10):
            train = train or self.train
            test = test or self.test
            item_popularity = dict()
            for user, items in train.items():
                    for item in items.keys():
                        item_popularity.setdefault(item, 0)
                        item_popularity[item] += 1
            ret = 0
            n = 0
            for user in train.keys():
                    rank = self.Recommend(user,train,k=k, nitem=nitem)
        rank = dict(rank)
                        for item, _ in rank.items():
                            ret += math.log(1 + item_popularity[item])
                            n += 1
            return ret / (n * 1.0)


if __name__=='__main__':
    cf=UserBasedCF('/Users/lvqianqian/Downloads/machine learning/Recommendation system/bishe/train.txt','/Users/lvqianqian/ Downloads/
machine learning/Recommendation system/bishe/test.txt')
    #usercf算法
    cf.UserSimilarity()
    print "usercf算法"
    #print("%3s%20s%20s%20s" % ('K', "recall", 'precision', 'popularity'))
        #for k in [1, 2, 3, 4, 5, 10, 20, 40, 80, 160, 180, 200, 220, 240, 250, 251, 252, 253, 254, 255, 256, 257, 258, 259, 260, 261, 262,
263, 264, 265, 266, 267, 268, 269, 270, 280, 300]:                #k=10
                    #print "111111111"
                    #k = 5
                    #recall, precision = cf.recallAndPrecision(k=k)
                    #print "222222222"
                    #coverage = cf.coverage(k=k)
                    #print "333333333"
                    #popularity = cf.popularity(k=k)
                    #print "444444444"
                    #print("%3d%19.3f%%%19.3f%%%19.3f%%%20.3f" % (k, recall * 100, precision * 100, coverage * 100,
popularity))
                    #print("%3d%19.3f%%%19.3f%%%20.3f" % (k, recall * 100, precision * 100, popularity))
    #print cf.Recommend('479')
    b = raw_input("请输入要推荐的用户 id:")
    a = cf.Recommend("479")
    print a
    #解决冷启动问题
    if a == 'NULL':
        f = open('/Users/lvqianqian/Downloads/machine learning/Recommendation system/bishe/train.txt')
        for l in f.readlines():
            line = l.strip().split("\t")
            print line[2]
            a = max(line[2])
        b = tuple(a)
    print "--------------------"
```

```
#file = open("result_usercf.txt","w")
#file.write(str(b))
#file.close()
for i in range(0,10):
    print a[i]
    print "***************"
    file = open("/Users/lvqianqian/Downloads/machine learning/Recommendation system/bishe/result_usercf.txt","a+")
    file.write(str(a[i])+"\n")
    file.close()
workbook=xlwt.Workbook(encoding='utf-8')
booksheet=workbook.add_sheet('Sheet 1', cell_overwrite_ok=True)
for i,row in enumerate(b):
        for j,col in enumerate(row):
                booksheet.write(i,j,col)
workbook.save('result_usercf.xls')
```

↗13.2.3 Apriori 算法

首先，找出所有的频繁项集，然后由该频繁项集产生强关联规则，这些强关联规则必须符合最小支持度和最小可信度的阈值要求。关于 Apriori 算法的流程图，如图 13-3 所示。

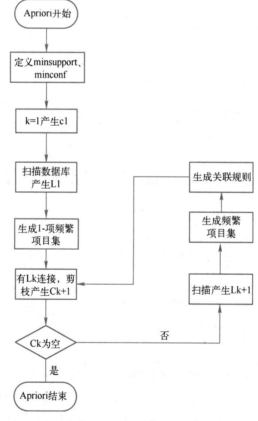

● 图 13-3 Apriori 算法流程图

Apriori 算法的实现代码如下所示。

```
#-*- coding:utf-8 -*-
from numpy import *

#生成原始数据，用于测试
def loadDataSet():
    return [[1,3,4],
        [2,3,5],
```

```
                    [1,2,3,6],
                    [2,5],
                    [2,3,5,6],
                    [2,3,6],
                    [3,6]]


def loadUseful():
    file=open("/Users/lvqianqian/Downloads/machine learning/Recommendation system/bishe/train.txt")
    middle = {}
    ret = []
    for line in file.readlines():
        uid,mid,_,_ = line.split('\t')
        if uid not in middle.keys():
            middle[uid]=[]
        middle[uid].append(int(mid))
    print middle.values()[:5]
    return middle.values()[:5]

#遍历数据集每项物品，建立 1-项频繁集
#输出为所有的 itemid
def createC1(dataSet):
    #记录每项物品的列表
    C1=[]
    #遍历每项记录
    for transaction in dataSet:
        #遍历每条记录中的物品
        for item in transaction:
            #判断如果该物品没在列表中
            if not [item] in C1:
                #将该物品加入到列表中
                C1.append([item])
    #对所有物品进行排序
    C1.sort()
    #将列表元素映射到 frozenset()中，返回列表
    #frozenset 数据类型，指被冻结的集合
    #集合一旦完全建立，就不能被修改
    return map(frozenset,C1)



#输入：数据集 D、候选集 Ck,最小支持度
#候选集 Ck 由上一层（第 k-1 层）的频繁项集 Lk-1 组合得到
#用最小支持度 minSupport 对候选集 Ck 过滤
#输出：本层（第 k 层）的频繁项集 Lk,每项的支持度

#例如，由频繁 1-项频繁集（L1）内部组合生成候选集（C2）
#去除不满足最小支持度的项，得到频繁 2-项集（L2）

def scanD(D,Ck,minSupport):
    #建立字典<key,value>
    #候选集 Ck 中的每项在所有物品记录中出现的次数
    #key-->候选集中的每项
    #value-->该物品在所有物品记录中出现的次数
    ssCnt={}
    #对比候选集中的每项与原物品记录，统计出现的次数
    #遍历每条物品记录
    for tid in D:
        #遍历候选集 Ck 中的每一项，用于对比
        for can in Ck:
            #如果候选集 Ck 中该项在该条物品记录出现
            #即当前项是当前物品记录的子集
            if can.issubset(tid):
                #如果候选集 Ck 中，该项第一次被统计到，次数记为 1
                if not ssCnt.has_key(can):
                    ssCnt[can]=1
                #否则次数在原有基础上+1
                else:
                    ssCnt[can]+=1
```

```
        #数据集中总的记录数，物品购买记录总数，用于计算支持度
        numItems=float(len(D))
        #记录经最小支持度过滤后的频繁项集
        retList=[]
        #记录候选集中满足条件的项的支持度的<key,value>结构
        #key-->候选集中满足条件的项
        #value-->该项支持度
        supportData={}
        #遍历候选集中的每项出现的次数
        for key in ssCnt:
            #计算每项的支持度
            support = ssCnt[key]/numItems
            #用最小支持度过滤
            if support >=minSupport:
                #保留满足条件物品组合
                #使用 retList.insert(0,key)
                #在列表的首部插入新的集合
                #只是为了让列表看起来有组织
                retList.insert(0,key)
                #记录该项的支持度
                #注意：候选集中所有项的支持度均被保存下来了
                #不仅仅是满足最小支持度的项，其他项也被保存
            supportData[key]=support
        #print retList
        #返回满足条件的物品项，以及每项的支持度
        return retList,supportData


#由上层频繁 k-1 项集生成候选 k 项集
#如果输入为{0}，{1}，{2}会生成{0, 1}，{0, 2}，{1, 2}
#输入：频繁 k-1 项集，新的候选集元素个数 k
#输出：候选集
def aprioriGen(Lk,k):
    #print "function aprioriGen"
    #print "Lk"
    #print Lk
    #print "k"
    #print k
    #保存新的候选集
    retList=[]
    #输入的频繁项集记录数，用于循环遍历
    lenLk=len(Lk)
    #比较频繁项集中的每项与其他项
    #若两项的前面 k-1 个元素都相同，那么就将两项合并
    #每项与其他项元素比较，通过使用两个 for 循环实现
    #print "lenLk"
    #print lenLk
    for i in range(lenLk):
        #遍历候选集中除前项外的其他项，与当前项比较
        for j in range(i+1,lenLk):
            #候选集当前项的 k-1 个元素
            #print list(Lk[i])
            #print k-2
            L1=list(Lk[i])[:k-2]
            #print L1
            #候选集其余项的 k-1 个元素，每次只有其余项中的一项
            #print "Lk[j]"
            #print list(Lk[j])
            #将元组转化为列表
            L2=list(Lk[j])[:k-2]
            #print "L2"
            #print L2

            #排序
            #print "&&&&sort&&&&"
            #print L1.sort()
            #print L2.sort()
            #相同，则两项合并
```

```python
            if L1==L2:
                #合并，生成 k+1 项集
                retList.append(Lk[i] | Lk[j])
        #返回最终 k+1 项集
        return retList


#输入：数据集、最小支持度
def apriori(dataSet,minSupport):
    #print "function apriori"
    #生成 1-项频繁集
    C1=createC1(dataSet)
    #将数据集映射至 D，去掉重复的数据记录
    D=map(set,dataSet)
    #过滤最小支持度，得到 1-项频繁集 L1 以及每项的支持度
    L1,supportData=scanD(D,C1,minSupport)
    #print "each element of L1"
    #for ll in L1:
        #print ll
        #print list(ll)
    #将 L1 放入列表 L 中，L 会包含 L1,L2,L3
    #L 存放所有的频繁项集
    #由 L1 产生 L2,L2 产生 L3
    L=[L1]
    #Python 中使用下标 0 表示第一个元素，k=2 表示从 1-项频繁集产生 2-项候选集
    #L0 为频繁 1-集
    k=2

    #根据 L1 寻找 L2、L3，通过 while 循环来完成
    #它创建包含更大项集的更大列表，直到下一个更大的项集为空
    #候选集物品组合长度超过原数据集最大的物品记录长度
    #如果原始数据集物品记录最大长度为 4，那么候选集最多为 4-项频繁集
    while(len(L[k-2])>0):
        #由 k-1 项频繁集产生 k 项候选集
        #（连接步）
        #print "-----"
        #print k
        #print k-2
        #print L[k-2]
        #print L
        Ck=aprioriGen(L[k-2],k)
        #print "CK"
        #print Ck
        #由 k 项候选集，经最小支持度筛选，生成 k 项频繁集
        #（剪枝步）
        Lk,supK = scanD(D,Ck,minSupport)
        #更新支持度字典，用于加入新的支持度
        #print "support K"
        #print supK
        supportData.update(supK)
        #将新的频繁 k 项集加入已有频繁项集的列表中
        L.append(Lk)
        #k+1，用于产生下一项集
        k+=1
    #1）扫描整个数据集，得到所有出现过的数据，作为候选频繁 1 项集。k=1，频繁 0 项集为空集

    #a) 扫描数据，计算候选频繁 k 项集的支持度

    #b) 去除候选频繁 k 项集中支持度低于阈值的数据集,得到频繁 k 项集。如果得到的频繁 k 项集为空，则直接返回频繁 k-1 项集的集合作为算法结果，算法结束。如果得到的频繁 k 项集只有一项，则直接返回频繁 k 项集的集合作为算法结果，算法结束

    #c) 基于频繁 k 项集，连接生成候选频繁 k+1 项集

    #令 k=k+1，转入步骤 2
    #前面找不到支持的项，构建出更高的频繁项集 Lk 时，算法停止
    #返回所有频繁项集及支持度列表
    return L,supportData
```

```
#输入：apriori 函数生成频繁相集列表 L
#支持度列表、最小置信度
#输出：包含可信度规则的列表
#作用：产生关联规则
def generateRules(L,supportData,minConf=0.7):
    #置信度规则列表，最后返回
    bigRuleList=[]
    #L0 为频繁 1-项频繁集
    #无法从 1-项频繁集中构建关联规则，所以从 2-项频繁集开始构建
    #遍历 L 中的每一个频繁项集
    for i in range(1,len(L)):
        #遍历频繁项集的每一项
        for freqSet in L[i]:
            #对每个频繁项集构建只包含单个元素集合的列表 H1
            #如{1，2，3，4}，H1 为[{1},{2},{3},{4}]
            #关联规则从单个项开始逐步增加
            #1，2，3--->4  1,2--->3,4  1--->2,3,4
            H1=[frozenset([item]) for item in freqSet]
            #print "H1"
            #print H1
            #print "iiiiiiiiiii"
            #print i
            #频繁项集中元素大于 3 个及以上
            #规则右部需要不断合并作为整体，利用最小置信度进行过滤
            if(i>1):
                #项集中元素超过 2 个时，做合并
                rulesFromConseq(freqSet,H1,supportData,bigRuleList,minConf)
            else:
                #频繁项集只有 2 个元素时，直接计算置信度进行过滤
                calcConf(freqSet,H1,supportData,bigRuleList,minConf)
                #返回最后满足最小置信的规则列表
    return bigRuleList



def calcConf(freqSet,H,supportData,brl,minConf=0.7):
    #满足最小可信度要求的规则列表后项
    prunedH=[]
    #遍历 H 中的所有项，用作关联规则的后项
    for conseq in H:
        #置信度计算，使用集合减操作
        conf = supportData[freqSet]/supportData[freqSet-conseq]
        #print "support"
        #print supportData
        #print "support fuaak"
        #print freqSet-conseq
        #print supportData[freqSet-conseq]
        #置信度大于最小置信度
        if conf>=minConf:
            #输出关联规则前件 freqSet-conseq
            #关联规则后件 conseq
            #print freqSet-conseq,'-->',conseq,'conf:',conf
            #保存满足条件的关联规则
            #保存关联规则前件，后件，以及置信度
            #brl.append((freqSet-conseq,conseq,conseq,conf))
            brl.append((freqSet-conseq,conseq,conf))
            #满足最小可信度要求的规则列表后项
            prunedH.append(conseq)
    #返回满足条件的后项
    return prunedH



#输入：频繁项集、关联规则右边的元素列表 H
#supportData 支持度列表
#brl 需要填充的规则列表，最后返回
```

```
#H 为关联规则右边的元素，如 1,2-->3,4
#频繁项集为{1，2，3，4}，H 为 3，4
#因此，先计算 H 大小 m（此处 m=2）

def rulesFromConseq(freqSet,H,supportData,brl,minConf=0.7):
    #规则右边的元素个数
    m=len(H[0])
    #print "HHHH"
    #print H
    #{1,2,3}产生规则 1-->2,3
    #规则右边的元素 H 最多比频繁项集 freqSet 元素少 1
    #超过该条件则无法产生关联规则

    #如果 H 元素较少，那么可以对 H 元素进行组合
    #产生规则右边新的元素列表 H
    #直到达到 H 元素最多
    #若{1，2，3，4}，m=2 时。可产生如下规则
    #1,2-->3,4
    #1,3-->2,4
    #1,4-->2,3
    #2,3-->1,4
    #2,4-->1,3
    #3,4-->1,2
    if (len(freqSet)>(m+1)):
        #使用 aprioriGen()函数对 H 中的元素进行无重复组合
        #用于产生更多的候选规则，结果存储在 Hmp1 中
        #Hmp1=[[1,2,3],[1,2,4],[1,3,4],[2,3,4]]
        Hmp1=aprioriGen(H,m+1)
        #利用最小置信度对这些候选规则进行过滤
        Hmp1=calcConf(freqSet,Hmp1,supportData,brl,minConf)
        #过滤后 Hmp1=[[1,2,3],[1,2,4]]
        #如果不止一条规则满足要求
        #继续使用 Hmp1 调用函数 rulesFromConseq()
        #判断是否可以进一步组合这些规则
        if (len(Hmp1)>1):
            rulesFromConseq(freqSet,Hmp1,supportData,brl,minConf)
if __name__=="__main__":
    #dataSet=loadDataSet()
    #print len(dataSet)
    dataSet=loadUseful()
    print len(dataSet)
    support = input("请输入支持度:")
    L,supportData=apriori(dataSet,support)
    #print "-----------------------------------------"
    #print dataSet
    #print "-----------------------------------------"
    #print supportData
    #print "*****************************************"
    #rules=generateRules(L,supportData,minConf=0.001)
    file=open("./result_apriori","w")
    for l in L:
        print l
        li=[]
        for ll in l:
            for k in ll:
                li.append(str(k))
            file.write("&&".join(li)+"\r\n")
            print ll
    file.close()
    #print "rules"
    #print "++++++++++++++++++++++++++++++++++++++++++"
    #print rules
    #print "++++++++++++++++++++++++++++++++++++++++++"

    #mushDatSet = [line.split() for line in open('mushroom.dat').readlines()]
    #L,supportData=apriori(mushDatSet,minSupport)

    #for item in L[3]:
        #if item.intersection('2'):
```

↗13.2.4　FpGrowth 算法

FP-Growth 算法是对 Apriori 算法的优化，两者的输出都是关联规则。FP-tree 的构建需要通过两次对数据库的扫描，而 Apriori 算法每次循环操作都需要对数据库扫描一次。FP-Growth 算法的流程图，如图 13-4 所示。

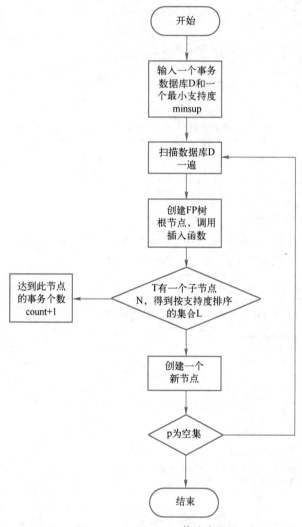

● 图 13-4　FP-Growth 算法流程图

FP-Growth 算法的实现如下所示。

```
#-*- coding:utf-8 -*-

class treeNode:
    def __init__(self,nameValue,numOccur,parentNode):
        #节点名称
        self.name=nameValue

        #节点次数
        self.count=numOccur

        #指向下一个相似节点的指针
```

```
                        self.nodeLink=None

                        #指向父节点的指针
                        self.parent=parentNode

                        #指向子节点的字典
                        #<key,value>
                        #key 子节点的元素名称，value 指向子节点的指针
                        self.children={}

                #增加节点的次数值
                def inc(self,numOccur):
                        self.count+=numOccur

                #输出节点和子节点的 FP 树结构
                #输出时为了显示层次结构，自己输出 1 个空格
                #子节点输出 2 个空格，依此类推
                def disp(self,ind=1):
                        for child in self.children.values():
                                child.disp(ind + 1)

        def loadSimpleDat():
                simpDat=[['r','z','h','j','p'],
                        ['z','y','x','w','v','u','t','s'],
                        ['z'],
                        ['r','x','n','o','s'],
                        ['y','r','x','z','q','t','p'],
                        ['y','z','x','e','q','s','t','m']]
                return simpDat

        def loadApp():
                file=open("/Users/lvqianqian/Downloads/machine learning/Recommendation system/bishe/train.txt")
                middle = {}
                ret = []
                for line in file.readlines():
                        uid,mid,_,_ = line.split('\t')
                        if uid not in middle.keys():
                                middle[uid]=[]
                        middle[uid].append(int(mid))
                #print middle.values()[:10]
                return middle.values()[:10]

        def createInitSet(dataSet):
                retDict={}
                for trans in dataSet:
                        retDict[frozenset(trans)]=1
                return retDict

        #构建 FP-tree 树
        #输入：数据集、最小支持度
        #输出：FP 树、头指针表
        def createTree(dataSet,minSup=1):
                #头指针表
                headerTable={}
                #遍历数据集 2 次
                #第一次遍历，创建头指针表
                for trans in dataSet:
                        #遍历记录中的所有 items
                        for item in trans:
                                #将每项存入头指针表中，初始为 0，依次增加该项在数据集出现的次数
                                headerTable[item]=headerTable.get(item,0)+1
                #遍历头指针表，移除不满足最小支持度的项
                for k in headerTable.keys():
                        #与最小支持度比较
```

```
            if headerTable[k]<minSup:
                #不满足删除该项
                del(headerTable[k])
        #对所有项去重后为频繁项集
        freqItemSet=set(headerTable.keys())

        #若 1-项频繁集为空，则返回空
        #即所有项都不是频繁项，不需要下一步处理
        if len(freqItemSet) == 0:return None,None

        #在头指针表中，每项增加一个数据项
        #存放指向相似元素项指针
        #保存计数值及指向每种类型第一个元素项的指针
        for k in headerTable:
            #原基础上增加，存放指向相似元素项指针 None
            headerTable[k]=[headerTable[k],None]

        #设置树根节点，命名为 Null Set，出现次数为 1
        retTree=treeNode('Null Set',1,None)

        #第 2 次遍历数据集，构建 FP 树
        #tranSet 和 count 表示一条的物品组合和其出现的次数
        for tranSet,count in dataSet.items():
            #对每项物品，记录其出现的次数，用于排序
            #key:每项物品
            #value:出现总次数
            localD={}
            #遍历物品项中每件物品
            for item in tranSet:
                #若该物品在 1-项频繁集中
                if item in freqItemSet:
                    #记录物品项的次数
                    localD[item]=headerTable[item][0]

            #有数据时进行排序
            if len(localD)>0:
                #排序 如薯片：7，鸡蛋：7，面包：7，牛奶：6，啤酒：4
                #对于每一条购买记录，按照上述顺序重新排序
                #即按频率大小进行排序
                orderedItems=[v[0] for v in sorted(localD.items(),key=lambda p:p[1],reverse=True)]
                #利用排好序的记录，更新 FP 树
                updateTree(orderedItems,retTree,headerTable,count)
        #返回 FP 树结构，头指针表
        return retTree,headerTable


#输入：排好序的物品项 items、构建的 FP 树 inTree
#头指针表 headerTable、该条记录的计数值，一般为 1
def updateTree(items,inTree,headerTable,count):
    #若物品项的第 1 个物品在 FP 树结构中存在
    if items[0] in inTree.children:
        #该元素项的计数值+1
        inTree.children[items[0]].inc(count)
    else:
        #没有这个元素项时，创建一个新节点 treeNode
        #作为子节点添加到树中
        inTree.children[items[0]]=treeNode(items[0],count,inTree)
        #头指针表更新指向新节点
        if headerTable[items[0]][1]==None:
            #头指针还没有指向任何元素时，指向该新节点
            headerTable[items[0]][1]=inTree.children[items[0]]
        else:
            #头指针表已有指向元素，即该元素已有相似元素
            #前一个相似元素项节点的指针指向新节点，调用以下函数指性
            updateHeader(headerTable[items[0]][1],inTree.children[items[0]])
```

```
        #对剩下的元素项迭代调用 updateTree 函数
        #不断调用自身，每次调用时会去掉列表中的第一个元素
        #通过 items[1::]实现
        if len(items)>1:
            #记录中还有元素项，递归调用
            updateTree(items[1::],inTree.children[items[0]],headerTable,count)




    #从头指针的 nodeToTest 开始
    #一直沿着 nodelink 直到达链表末尾
    #然后将链表末尾指向新节点 targetNode
    #确保节点链接指向树中该元素项的每一个实例
    def updateHeader(nodeToTest,targetNode):
        #不断循环，直到找到链表的末尾
        while(nodeToTest.nodeLink!=None):
            nodeToTest=nodeToTest.nodeLink
        #链表尾节点指向新节点
        nodeToTest.nodeLink=targetNode

    #作用：为给定元素项生成一个条件模式基（前缀路径）
    #通过访问树中所有包含给定元素项的节点来完成
    #输入：basePet 得到要挖掘的元素项
    #treeNode 为当前 FP 树中对应的第一个节点，来自于头指针表
    #通过 headerTable[basePat][1]获取
    def findPrefixPath(basePat,treeNode):
        treeNode.disp()
        condPats={}
        while treeNode!=None:
            prefixPath=[]
            ascendTree(treeNode,prefixPath)
            if len(prefixPath)>1:
                condPats[frozenset(prefixPath[1:])]=treeNode.count
            treeNode=treeNode.nodeLink
        return condPats


    def ascendTree(leafNode,prefixPath):
        if leafNode.parent!=None:
            prefixPath.append(leafNode.name)
            ascendTree(leafNode.parent,prefixPath)



    def mineTree(inTree, headerTable, minSup, preFix, freqItemList):
        bigL = [v[0] for v in sorted(headerTable.items(), key=lambda p: p[1])]
        for basePat in bigL:
            newFreqSet = preFix.copy()
            newFreqSet.add(basePat)
            freqItemList.append(newFreqSet)
            condPattBases = findPrefixPath(basePat, headerTable[basePat][1])
            myCondTree, myHead = createTree(condPattBases, minSup)

            if myHead != None:
                #用于测试
            #print 'conditional tree for:', newFreqSet
            myCondTree.disp()
                mineTree(myCondTree, myHead, minSup, newFreqSet, freqItemList)



#输入数据集、最小支持度
#输出：频繁项集
def fpGrowth(dataSet,minSup=3):
    #初始化数据集
    initSet=createInitSet(dataSet)
```

```
#创建 FP 树
myFPtree,myHeaderTab=createTree(initSet,minSup)
#保存频繁项集列表
freqItems=[]
#递归构建条件 FP 树
mineTree(myFPtree,myHeaderTab,minSup,set([]),freqItems)
#返回频繁项集
return freqItems


if __name__=="__main__":
    #simpDat=loadSimpDat()
    #initSet=createInitSet(simpDat)

    simpDat=loadApp()
        initSet=createInitSet(simpDat)

    myFPtree,myHeaderTab=createTree(initSet,3)
    #myFPtree.disp()

    freqItems=[]
    mineTree(myFPtree,myHeaderTab,3,set([]),freqItems)
    #print freqItems
    file=open("./result_fpGrowth","w")
    for l in freqItems:
        print l
        li=[]
        for ll in l:
            li.append(str(ll))
        file.write("&&".join(li)+"\r\n")
        print ll

    #dataSet=loadSimpDat()
    #freqItems=fpGrowth(dataSet)
    #print freqItems
```

13.3 基于协同过滤的用户推荐算法优化

v13-1

关于 ItemCF 算法的优化：ItemCF-IUF。ItemCF 算法中，两个物品具有相似度是因为它们同时出现在了很多用户的兴趣列表中，形成了一个共生矩阵。当一个用户对大量的物品产生行为时，会产生一个非常大的稠密矩阵。计算这样的矩阵将会很困难，而且当一个用户的历史记录为 10000 条时，其中有 1 条记录是同时购买了两件物品，而另一个用户，他只有 2 条历史记录，其中 1 条也同时购买了这两件物品，显然后者的数据用来分析两件物品的相似度会更有价值。为了解决这样的问题，一方面需要给活跃度高的用户的数据一定的惩罚，另一方面可以直接抛弃产生大量行为的用户，不将他们列入矩阵计算。关于优化算法的实现代码如下所示。

```
def ItemSimilarity_IUF(self,train=None):
    # calculate co-rated users between items
    C = dict()
    N = dict()
    for user,items in self.train.items():
        for ii in items.keys():
            N.setdefault(ii,0)
                N[ii] += 1
                C.setdefault(ii,{})
                for jj in items.keys():
                    if ii == jj:
```

```
                                        continue
                                    ## the simple cosine item similarity
                                    C[ii].setdefault(jj,0)
                                    C[ii][jj] += 1
                                    ## the modified cosine item similarity
                                    #活跃的用户对不活跃用户的兴趣贡献较小
                                    C[ii][jj] += 1 / math.log(1.0+len(user))
        # calculate final similarity matrix W
        self.W = dict()
        for ii, related_items in C.items():
            self.W.setdefault(ii,{})
            for jj, Cij in related_items.items():
                self.W[ii][jj] = Cij / math.sqrt(N[ii]*N[jj])
        return self.W
```

关于 UserCF 算法的优化：UserCF-IIF。在使用 UserCF-IIF 算法时，需要取不同的 *k* 值进行多次的循环试验，计算准确度、流行度以及召回率等，从中取结果最好的 *k* 值，被用来进行推荐。关于该优化算法的实现如下所示。

```
def UserSimilarity_IIF(self,train=None):
    # input trainSet is a dict, for example:
    # train = {'A':{'a':rAa, 'b':rAb, 'd':rAd}, 'B':{...}, ...}
    # build the inverse table for item_users
    self.item_users_table = dict()
    for user, items in self.train.items():
        for item in items.keys():
            if item not in self.item_users_table:
                self.item_users_table[item] = set()
            self.item_users_table[item].add(user)
    # calculate co-rated items between users
    # item_users_table = {'a':set('A','B'), 'b':set('A','C'), ...}
    C = dict() # this is the member of W
    N = dict()
    for item, users in self.item_users_table.items():
        for uu in users:
            N.setdefault(uu,0)
            N[uu] += 1
            C.setdefault(uu,{})
            for vv in users:
                if uu == vv:
                    continue
                ## simple cosine user similarity
                C[uu].setdefault(vv,0)
                C[uu][vv] += 1
                ## modified cosine user similarity
                C[uu][vv] += 1 / math.log(1.0+len(item))
    # calculate final similarity matrix W
    self.W = dict()
    for uu, related_user in C.items():
        self.W.setdefault(uu,{})
        for vv, Cuv in related_user.items():
            self.W[uu][vv] = Cuv / math.sqrt(N[uu]*N[vv])
    return self.W
```

限于篇幅，无法展示完整的代码实现，读者如想获取本系统的代码，可以发送邮件到邮箱 1697312000@qq.com 中，我们会将整个系统的代码回复给您。

 13.4　推荐系统的用户行为产生模块设计

该系统主要实现了包括推荐阅读、学术前沿、应用前景、产业动态、热门文章、法律法规、技术发展等模块，网站的各模块如图 13-5 和图 13-6 所示。

● 图 13-5　网站模块设计展示 1

● 图 13-6　网站模块设计展示 2

第14章 电影推荐系统开发

主要内容
- MovieLens 数据集
- 设计文本卷积神经网络算法
- 构建神经网络
- 构建计算图
- 训练网络

随着 5G 网络的发展，视频网站也逐渐增多，视频推荐也就因此应运而生。视频推荐系统根据当前热门视频及用户的个性化数据，为用户提供个性化的视频推荐，从而增加用户黏度，提高网站流量，所以视频推荐系统是各大视频网站极为重视的功能之一。对于在线电影提供商来说，在线影片推荐系统的推荐效率会直接影响公司的经济效益，同时对公司的发展产生重要的影响。本章节将会设计一个电影推荐系统，该系统主要是为用户推荐出他感兴趣的电影，从而提高用户对观看视频的体验。

本项目主要使用文本卷积神经网络算法，并且使用 MovieLens 数据集完成电影推荐的任务。

 ## 14.1　MovieLens 数据集

MovieLens 数据集包含用户数据、电影数据、评分数据。用户数据 users.dat 主要包括两个字段：性别和年龄。电影数据 movies.dat 数据集主要包括两个字段：流派字段和标题字段。流派字段指的是部分电影不仅只有一个分类，所以将该字段转为数字列表。标题字段指的是创建英文标题的数字字典，并生成数字列表，同时去掉标题中的年份。最后是评分数据 ratings.dat 文件。处理后的数据如图 14-1 所示。

	UserID	MovieID	ratings	Gender	Age	JobID	Title	Genres
0	1	1193	5	0	0	10	[3596, 3731, 1517, 2824, 308, 4219, 916, 916, ...	[14, 18, 18, 18, 18, 18, 18, 18, 18, 18, 1...
1	2	1193	5	1	5	16	[3596, 3731, 1517, 2824, 308, 4219, 916, 916, ...	[14, 18, 18, 18, 18, 18, 18, 18, 18, 18, 1...
2	12	1193	4	1	4	12	[3596, 3731, 1517, 2824, 308, 4219, 916, 916, ...	[14, 18, 18, 18, 18, 18, 18, 18, 18, 18, 1...
3	15	1193	4	1	6	7	[3596, 3731, 1517, 2824, 308, 4219, 916, 916, ...	[14, 18, 18, 18, 18, 18, 18, 18, 18, 18, 1...
4	17	1193	5	1	3	1	[3596, 3731, 1517, 2824, 308, 4219, 916, 916, ...	[14, 18, 18, 18, 18, 18, 18, 18, 18, 18, 1...

● 图 14-1　数据集准备

可以看到部分字段是类型变量，如 UserID、MovieID 这样非常稀疏的变量，如果使用独热（one-hot）编码，那么数据的维度会急剧膨胀，算法的效率也会大打折扣。

 ## 14.2　TensorFlow 构建神经网络

针对处理后的数据的不同字段进行模型的搭建。为了解决数据稀疏问题，one-hot 的矩阵相乘可以简化为查表操作，这大大降低了运算量。这里并不是将每一个词都用一个向量来代替，而是替换为用于查找嵌入矩阵中向量的索引，在网络的训练过程中，嵌入向量也会更新，我们也就可以探索高维空间中词语之间的相似性。

接下来对数据集字段 UserID、Gender、Age、JobID 分别构建嵌入矩阵和嵌入层，如下所示。

```
def create_user_embedding(self, uid, user_gender, user_age, user_job):
    with tf.name_scope("user_embedding"):
        uid_embed_matrix=tf.Variable(tf.random_uniform([self.uid_max, self.embed_dim], -1, 1),name="uid_embed_matrix") # (6041,32)
        uid_embed_layer=tf.nn.embedding_lookup(uid_embed_matrix,uid, name="uid_embed_layer") # (?,1,32)

        gender_embed_matrix=tf.Variable(tf.random_uniform([self.gender_max, self.embed_dim // 2], -1, 1),name="gender_embed_matrix") # (2,16)
        gender_embed_layer=tf.nn.embedding_lookup(gender_embed_matrix, user_gender, name="gender_embed_layer") # (?,1,16)

        age_embed_matrix=tf.Variable(tf.random_uniform([self.age_max, self.embed_dim // 2], -1, 1),name="age_embed_matrix") # (7,16)
        age_embed_layer=tf.nn.embedding_lookup(age_embed_matrix,user_age, name="age_embed_layer")# (?,1,16)

        job_embed_matrix=tf.Variable(tf.random_uniform([self.job_max, self.embed_dim // 2], -1, 1),name="job_embed_matrix") # (21,16)
        job_embed_layer=tf.nn.embedding_lookup(job_embed_matrix,user_job, name="job_embed_layer")# (?,1,16)
    return uid_embed_layer,gender_embed_layer, age_embed_layer, job_embed_layer
```

类似地，我们在相应代码中分别创建了电影数据的 MovieID、Genres（电影的类型）、Title 的嵌入矩阵，其中需要特别注意的是：①Title 嵌入层的 shape 是（？，15，32），"?" 代表了一个 epoch 的数量，32 代表了自定义选择的潜在因子数量，15 则代表了该字段的每一个 unique 值都需要一个长度为 15 的向量来表示。②Genres 嵌入层的 shape 是（？，1，32），由于一个电影的 Genres 可能属于多个类别，所以该字段需要做特殊的处理，即把第 1 维度上的向量进行加和，这样做其实削减了特征的表现，是为了防止推荐电影的类型过于单一。

综上，经过嵌入层，我们得到以下模型：

针对 User 数据，如图 14-2 所示。

针对 Movie 数据，如图 14-3 所示。

模型名称	shape
uid_embed_matrix	(6041, 32)
gender_embed_matrix	(2, 16)
age_embed_matrix	(7, 16)
job_embed_matrix	(21, 16)
uid_embed_layer	(?, 1, 32)
gender_embed_layer	(?, 1, 16)
age_embed_layer	(?, 1, 16)
job_embed_layer	(?, 1, 16)

● 图 14-2 User 数据

模型名称	shape
movie_id_embed_matrix	(3953, 32)
movie_categories_embed_matrix	(19, 32)
movie_title_embed_matrix	(5215, 32)
movie_id_embed_layer	(?, 1, 32)
movie_categories_embed_layer	(?, 1, 32)
movie_title_embed_layer	(?, 15, 32)

● 图 14-3 Movie 数据

文本卷积层仅涉及电影数据的 Title 字段，其实 Genres 字段也是可以进行文本卷积设计的，但是上文解释过，考虑到推荐数据字段的影响，对 Genres 仅设计了常规的网络。

卷积过程涉及以下几个参数，如图 14-4 所示。

name&value	解释
window_size=[2, 3, 4, 5]	不同卷积的滑动窗口是可变的
filter_num=8	卷积核（滤波器）的数量
filter_weight =(windows_size, 32, 1, filter_num)	卷积核的权重，四个参数分别为高度、宽度、输入通道数、输出通道数
filter_bias=8	卷积核的偏置=卷积核的输出通道数=卷积核的数量

● 图 14-4　卷积过程参数

我们将 Title 字段嵌入层的输出 movie_title_embed_layer(shape=(?，15，32))作为卷积层的输入，所以我们先把 movie_title_embed_layer 扩展一个维度，shape 变为（?，15，32，1），四个参数分别为 batch、height、width、channels，使用不同尺寸的卷积核，分别做卷积和最大池化，相关参数的变化不再赘述。

```
pool_layer_lst = []
for window_size in self.window_sizes:
    with tf.name_scope("movie_txt_conv_maxpool_{}".format(window_size)):
        # 卷积核权重
        filter_weights=tf.Variable(tf.truncated_normal([window_size, self.embed_dim, 1, self.filter_num], stddev=0.1),name="filter_weights")

        # 卷积核偏执
        filter_bias=tf.Variable(tf.constant(0.1,shape=[self.filter_num]), name="filter_bias")

        # 卷积层    第一个参数为：输入    第二个参数为：卷积核权重    第三个参数为：步长
        conv_layer = tf.nn.conv2d(movie_title_embed_layer_expand, filter_weights, [1, 1, 1, 1], padding="VALID",name="conv_layer")

        # 激活层    参数的 shape 保持不变
        relu_layer=tf.nn.relu(tf.nn.bias_add(conv_layer,filter_bias), name="relu_layer")

        # 池化层    第一个参数为：输入    第二个参数为：池化窗口大小    第三个参数为：步长
        maxpool_layer=tf.nn.max_pool(relu_layer,[1,self.sentences_size-window_size + 1, 1, 1],[1, 1, 1, 1],padding="VALID",name="maxpool_layer")

        pool_layer_lst.append(maxpool_layer)
```

可得到不同 window_size 下的参数，如图 14-5 所示。

window_size	filter_weights	filter_bias	conv_layer	relu_layer	maxpool_layer
2	(2, 32, 1, 8)	8	(?, 14, 1, 8)	(?, 14, 1, 8)	(?, 1, 1, 8)
3	(3, 32, 1, 8)	8	(?, 13, 1, 8)	(?, 14, 1, 8)	(?, 1, 1, 8)
4	(4, 32, 1, 8)	8	(?, 12, 1, 8)	(?, 14, 1, 8)	(?, 1, 1, 8)
5	(5, 32, 1, 8)	8	(?, 11, 1, 8)	(?, 14, 1, 8)	(?, 1, 1, 8)

● 图 14-5　输出结果

我们考虑 window_size=2 的情况，首先得到嵌入层输出，并对其增加一个维度，得到 movie_title_embed_layer_expand(shape=(?，15，32，1))，其作为卷积层的输入。卷积核的参数 filter_weights 为(2，32，1，8)，表示卷积核的高度为 2，宽度为 32，输入通道为 1，输出通道为 32。其中输出通道与上一层的输入通道相同。卷积层在各个维度上的步长都为 1，且 padding 的方式为 VALID，则可得到卷基层的 shape 为（?，14，1，8）。卷积之后使用 relu 函数进行激活，并且加上偏置，shape 保持不变。最大池化的窗口为（1，14，1，1），且在每个维度上的步长都为 1，即可得到池化后的 shape 为（?，1，1，8）。依此类推，当 window_size 为其他值时，也能得到池化层输出 shape 为（?，1，1，8）。得到四个卷积、池化的输出之后，我们使用如下代码将池化层的输出变形为（?，1，1，32），再变形为三维（?，1，32）。

```
pool_layer = tf.concat(pool_layer_lst, 3, name="pool_layer") # (?, 1, 1, 32)
max_num = len(self.window_sizes) * self.filter_num   # 32
pool_layer_flat=tf.reshape(pool_layer, [-1, 1, max_num], name="pool_layer_flat")  # (?, 1, 32)
```

最后为了使之正则化，以防止过拟合，经过 dropout 层处理，输出 shape 为（?，1，32）。对 User 数据的嵌入层进行全连接，最终得到输出特征的 shape 为（?，200）。

```
def create_user_feature_layer(self, uid_embed_layer, gender_embed_layer, age_embed_layer, job_embed_layer):
    with tf.name_scope("user_fc"):
        # 第一层全连接  改变最后一维
        uid_fc_layer=tf.layers.dense(uid_embed_layer,self.embed_dim, name="uid_fc_layer", activation=tf.nn.relu)
        gender_fc_layer=tf.layers.dense(gender_embed_layer,self.embed_dim, name="gender_fc_layer",activation=tf.nn.relu)
        age_fc_layer=tf.layers.dense(age_embed_layer,self.embed_dim, name="age_fc_layer", activation=tf.nn.relu)
        job_fc_layer=tf.layers.dense(job_embed_layer,self.embed_dim, name="job_fc_layer", activation=tf.nn.relu)
    # (?, 1, 32)

        # 第二层全连接
        user_combine_layer=tf.concat([uid_fc_layer,gender_fc_layer, age_fc_layer, job_fc_layer], 2)# (?, 1, 128)
        user_combine_layer = tf.contrib.layers.fully_connected(user_combine_layer, 200, tf.tanh)  # (?, 1, 200)
        user_combine_layer_flat = tf.reshape(user_combine_layer, [-1, 200]) # (?, 200)
    return user_combine_layer, user_combine_layer_flat
```

同理，对 Movie 数据进行两层全连接，最终得到输出特征的 shape 为（?，200）。

```
def create_user_feature_layer(self, uid_embed_layer, gender_embed_layer, age_embed_layer, job_embed_layer):
    with tf.name_scope("user_fc"):
        # 第一层全连接  改变最后一维
        uid_fc_layer=tf.layers.dense(uid_embed_layer,self.embed_dim, name="uid_fc_layer", activation=tf.nn.relu)
        gender_fc_layer=tf.layers.dense(gender_embed_layer,self.embed_dim, name="gender_fc_layer",activation=tf.nn.relu)
        age_fc_layer=tf.layers.dense(age_embed_layer,self.embed_dim, name="age_fc_layer", activation=tf.nn.relu)
        job_fc_layer=tf.layers.dense(job_embed_layer,self.embed_dim, name="job_fc_layer", activation=tf.nn.relu)
    # (?, 1, 32)

        # 第二层全连接
        user_combine_layer=tf.concat([uid_fc_layer,gender_fc_layer, age_fc_layer, job_fc_layer], 2)# (?, 1, 128)
        user_combine_layer = tf.contrib.layers.fully_connected(user_combine_layer, 200, tf.tanh)  # (?, 1, 200)
        user_combine_layer_flat = tf.reshape(user_combine_layer, [-1, 200]) # (?, 200)
    return user_combine_layer, user_combine_layer_flat
```

 14.3 **构建计算图并训练**

本项目中，构建计算图并训练的问题回归为简单地将用户特征和电影特征进行矩阵乘法得到一个预测评分，损失为均方误差。

```
inference = tf.reduce_sum(user_combine_layer_flat * movie_combine_layer_flat, axis=1)
inference = tf.expand_dims(inference, axis=1)
cost = tf.losses.mean_squared_error(targets, inference)
loss = tf.reduce_mean(cost)
global_step = tf.Variable(0, name="global_step", trainable=False)
optimizer = tf.train.AdamOptimizer(lr)   # 传入学习率
```

```
gradients = optimizer.compute_gradients(loss)    # cost
train_op = optimizer.apply_gradients(gradients, global_step=global_step)
```

保存的模型包括：处理后的训练数据、训练完成后的网络、用户特征矩阵和电影特征矩阵。损失值图像如图 14-6 和图 14-7 所示。

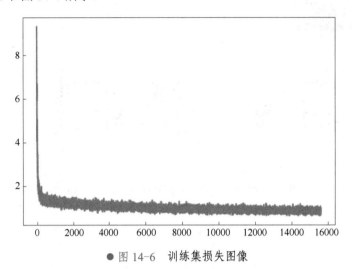

● 图 14-6　训练集损失图像

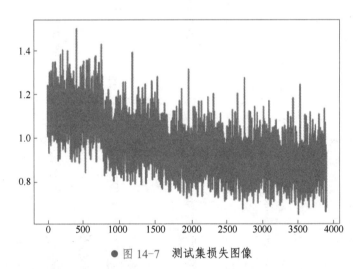

● 图 14-7　测试集损失图像

经过简单的调参，batch_size 对损失值的影响较大，但是 batch_size 过大，损失值会有比较大的抖动情况。随着学习率逐渐减小，损失会先减小后增大，所以最终确定参数还是原来的固定参数效果较好。

14.4　Django 框架展示

由于给定的数据集中并没有用户的其他信息，所以仅展示了"推荐相似的电影"和"推荐看过的用户还喜欢看的电影"两个模块，没有展示"给用户推荐喜欢的电影"这个模块，并且数据集也没有电影的中文名称、图片等数据，所以本小节在代码中加了一段豆瓣的爬虫代码来获取电影的中文名称、图片等数据。

关于系统的整体运行结果如图 14-8 所示。

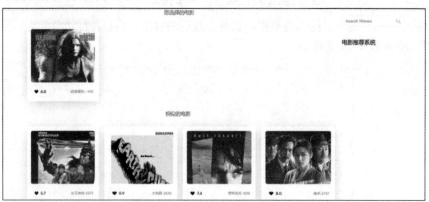

● 图 14-8　推荐系统结果

最后，若读者想要获取本系统的代码，可以发送信息到邮箱 1697312000@qq.com 中，我们会将整个系统的代码回复给您。

第 15 章　基于 hbase+spark 的广告精准投放及推荐系统开发

主要内容
- 模拟广告投放模块（分布式矩阵的应用）
- 标签投放模块
- 矩阵处理
- 使用 kafka produce 和 consumer 对接 spark streaming
- RDD 处理操作
- 使用 hbase 提取保存标签

随着互联网的兴起，营销广告也从传统时代逐步进化到了互联网时代，广告搜索与展示模式从内容与创意层面到技术层面进行了深度更迭。在大数据的应用场景下，广告主、服务平台与潜在用户在提升效率与商业效益方面，对广告的精准投放有了更迫切的需求。精准投放是为了提高广告效果而出现的，要在这个基础上有所提高，可以选择更精确的人群标签，使受众更精准。

本项目主要目的就是实现广告的精准投放，主要使用到了 spark streaming、redis、kafka、hbase 等相关组件。首先需要模拟广告投放模块来建立标签库，然后通过使用 kafka 实时地将数据以数据流的方式传到 spark 中，再使用 spark streaming 进行 RDD 的数据处理操作，最后将结果存入 hbase 中。可以通过查询 hbase 中的数据来提取处理之后的需要的标签，最后根据标签进行精准投放。

 模拟广告投放模块

首先建立标签库，可以采用数据库的形式，以方便从中直接读取数据，然后从数据库中读取用户-标签表的数据，将每一行数据转换为向量形式，用于生成矩阵，并且采用分布式形式，再将广告的标签转化为矩阵，将其与用户标签矩阵相乘，得到广告和用户的相似度矩阵，实际应用时，在相乘前还应该先进行优化。接下来需要获取用户 RDD，获取 TopN 用户，这些用户就是该广告要投放的用户，具体代码如下所示。

```
package tags

import org.apache.hadoop.hbase.HBaseConfiguration
import org.apache.hadoop.hbase.client.{Result, Scan}
import org.apache.hadoop.hbase.mapreduce.TableInputFormat
import org.apache.hadoop.hbase.protobuf.ProtobufUtil
import org.apache.hadoop.hbase.util.{Base64, Bytes}
import org.apache.spark.mllib.linalg.distributed.RowMatrix
import org.apache.spark.mllib.linalg.{Matrices, Matrix, Vector, Vectors}
import org.apache.spark.rdd.RDD
import org.apache.spark.{SparkConf, SparkContext}
```

```scala
object HbaseMatrix extends App{
  val sparkConf = new SparkConf().setMaster("local")
    .setAppName("My App")
    .set("spark.serializer", "org.apache.spark.serializer.KryoSerializer")
  val sc = new SparkContext(sparkConf)

  var conf = HBaseConfiguration.create()
  conf.set("hbase.master", "hadoop006:16010" )
  conf.addResource( "main/resources/hbase-site.xml" )
  conf.set(TableInputFormat.INPUT_TABLE, "user_tags")


  //标签库，可以改成数据库，方便从中直接读取
  val tags = Array( "tag16", "tag18", "tag9", "tag15", "tag19", "tag6", "tag13", "tag7", "tag23", "tag11", "tag24", "tag27", "tag4",
"tag8", "tag12", "tag3" )
  var scan = new Scan();
  scan.addFamily(Bytes.toBytes("cf"))
  var proto = ProtobufUtil.toScan(scan);
  var ScanToString = Base64.encodeBytes(proto.toByteArray());
  conf.set(TableInputFormat.SCAN, ScanToString);
  //从数据库中读取（用户-标签）表的数据
  val usersRDD = sc.newAPIHadoopRDD( conf, classOf[TableInputFormat],
    classOf[org.apache.hadoop.hbase.io.ImmutableBytesWritable],
    classOf[org.apache.hadoop.hbase.client.Result])

  //用户-标签
  val user_tags = usersRDD.map( x => x._2 )
    .map( result => ( result.getRow, result.getValue( Bytes.toBytes("cf"),Bytes.toBytes("total")) ))
    .map( row => ( new String(row._1), new String ( row._2 ) ) )
    .map( row =>( row._1.toString.split( '+' )(0),row._1.toString.split( '+' )(1) + ":" + row._2 ) )
    .groupByKey
    .map( row => ( row._1, row._2.toList ))
    .sortBy( row => row._1)


  //每一行转化为 Local dense vector   用于生成矩阵
  val rows: RDD[Vector] = user_tags
    .map( row => tag_vector( row._2 ) )
  //生成分布式 RowMatrix 矩阵
  val mat: RowMatrix = new RowMatrix( rows )
  //某个广告的标签，其中顺序跟 tags 的顺序是一样的
  val ad_tags = Array(0.0,0.0,0.0,0.0,0.0,0.0,8.0,9.0,0.0,0.0,0.0,0.0,0.0,0.0,0.0,0.0)
  //转化为矩阵用于和用户标签矩阵进行相乘
  val dm: Matrix = Matrices.dense( tags.size, 1, ad_tags )
  //相乘得到广告和用户的相似度矩阵
  val ad_recommoned = mat.multiply( dm ).rows.map( x => ( x(0) ))
  //获取用户 rdd
  val user = user_tags.map( x => x._1 )
  //获取 topN 用户，这些用户就是该广告要投放的目标
  ad_recommoned.zip( user ).sortBy( x => x._1 ).top( 3 ).foreach( println )

  def tag_vector( list: List[String] ): Vector ={
    var row_tag = new Array[ Double ]( tags.size )
    for( l <- list ){
      val tag_map = l.split( ":" )
      val tag_i = tags.indexOf( tag_map( 0 ) )
      row_tag(tag_i) = tag_map( 1 ).toDouble
    }
    Vectors.dense( row_tag )
  }

}
```

矩阵处理

对于矩阵的处理部分，主要使用了 scala 开发语言，并且使用其自带的 flatMap、groupByKey 等方法处理矩阵数据，获取到相应的数据之后，存入向量中。

代码中定义了三个函数 transposeRowMatrix、rowToTransposedTriplet、buildRow。其中 rowToTransposedTriplet 函数是将行数据转化为数组形式，按照索引进行压缩操作并赋值给 indexedRow 变量，然后对该变量使用 map 操作，获取 key、value 生成对应的 map 变量。buildRow 函数首先获取压缩后的数组大小，然后进行遍历操作，最后生成向量形式。transposeRowMatrix 函数将 rowToTransposedTriplet 函数生成的 map 形式的数据按照 key 进行分组，然后按照每一条数据的 value 的第二个变量 key 进行排序，再使用 map 操作和 buildRow 函数生成的数据按照索引执行压缩操作，并赋值给 transposedRowsRDD 变量，代码如下所示。

```
package matrix

import org.apache.spark.mllib.linalg.{Vector, Vectors}
import org.apache.spark.mllib.linalg.distributed.RowMatrix

object TRowMatrix {
    def transposeRowMatrix(m: RowMatrix): RowMatrix = {
        val transposedRowsRDD = m.rows.zipWithIndex.map{case (row, rowIndex) => rowToTransposedTriplet(row, rowIndex)}
            .flatMap(x => x)
            .groupByKey
            .sortByKey().map(._2)
            .map(buildRow)
        new RowMatrix(transposedRowsRDD)
    }

    private def rowToTransposedTriplet(row: Vector, rowIndex: Long): Array[(Long, (Long, Double))] = {
        val indexedRow = row.toArray.zipWithIndex
        indexedRow.map{case (value, colIndex) => (colIndex.toLong, (rowIndex, value))}
    }

    private   def buildRow(rowWithIndexes: Iterable[(Long, Double)]): Vector = {
        val resArr = new Array[Double](rowWithIndexes.size)
        rowWithIndexes.foreach{case (index, value) =>
            resArr(index.toInt) = value
        }
        Vectors.dense(resArr)
    }
}
```

 使用 kafka produce 和 consumer 对接 spark streaming

kafka producer 及 consumer 模块，主要用于数据传递。对于 producer 端，首先需要连接 zookeeper 客户端，然后指定序列化类，并且指定 broker ip 以及 port，进行数据的读取。对于 consumer 端，指定 zookeeper 客户端以及设置 broker id，这里必须使用其他的组名称，如果生产者和消费者都在同一组，则不能访问同一组内的 topic 数据。producer 端的相关代码如下所示。

```
package kafka;
import kafka.javaapi.producer.Producer;
import kafka.producer.KeyedMessage;
import kafka.producer.ProducerConfig;
import kafka.serializer.StringEncoder;

import java.io.IOException;
import java.util.Properties;
```

```java
import java.util.concurrent.TimeUnit;

public class KafkaProducer extends Thread {
    private String topic;

    public KafkaProducer(String topic){
        super();
        this.topic = topic;
    }


    @Override
    public void run() {
        Producer producer = createProducer();
        while(true){
            byte[] buffer=new byte[512];
            try {
                //用户输入
                System.in.read(buffer);
                String str=new String(buffer);
                String str_format = str.replaceAll("[\\t\\n\\r]", "");
                producer.send(new KeyedMessage<Integer, String>(topic, str_format ));
            } catch (IOException e) {
                e.printStackTrace();
            }

            try {
                TimeUnit.SECONDS.sleep(1);
            } catch (InterruptedException e) {
                e.printStackTrace();
            }
        }
    }

    private Producer createProducer() {
        Properties properties = new Properties();
        properties.put("zookeeper.connect", "192.168.1.221:2181,192.168.1.222:2181,192.168.1.223:2181");//声明 zk
        properties.put("serializer.class", StringEncoder.class.getName());
        properties.put("metadata.broker.list", "192.168.1.223:9093,192.168.1.223:9094");// 声明 kafka broker
        return new Producer<Integer, String>(new ProducerConfig(properties));
    }


    public static void main(String[] args) {
        new KafkaProducer("my-replicated-topic").start();// 使用 kafka 集群中创建好的主题  test

    }
}
```

consumer 端的相关代码如下所示。

```java
package kafka;
import kafka.consumer.Consumer;
import kafka.consumer.ConsumerConfig;
import kafka.consumer.ConsumerIterator;
import kafka.consumer.KafkaStream;
import kafka.javaapi.consumer.ConsumerConnector;

import java.util.HashMap;
import java.util.List;
import java.util.Map;
import java.util.Properties;


public class KafkaConsumer extends Thread {
    private String topic;

    public KafkaConsumer(String topic){
        super();
```

```
            this.topic = topic;
        }


        @Override
        public void run() {
            ConsumerConnector consumer = createConsumer();
            Map<String, Integer> topicCountMap = new HashMap<String, Integer>();
            topicCountMap.put(topic, 1); // 一次从主题中获取一个数据
            Map<String, List<KafkaStream<byte[], byte[]>>>  messageStreams = consumer.createMessageStreams(topicCountMap);
            KafkaStream<byte[], byte[]> stream = messageStreams.get(topic).get(0);// 获取每次接收到的这个数据
            ConsumerIterator<byte[], byte[]> iterator =    stream.iterator();
            while(iterator.hasNext()){
                String message = new String(iterator.next().message());
                System.out.println("接收到: " + message);
            }
        }

        private ConsumerConnector createConsumer() {
            Properties properties = new Properties();
            properties.put("zookeeper.connect", "192.168.1.223:2181,192.168.1.221:2181,192.168.1.222:2181");//声明 zk
            properties.put("group.id", "group001");// 必须使用其他的组名称，  如果生产者和消费者都在同一组，则不能访问
同一组内的 topic 数据
            return Consumer.createJavaConsumerConnector(new
                                                    ConsumerConfig(properties));
        }

        public static void main(String[] args) {
            new KafkaConsumer("my-replicated-topic").start();// 使用 kafka 集群中创建好的主题  test

        }
    }
```

15.4　使用 hbase 提取保存标签

　　主要使用 CURD 操作 hbase 来完成增、删、改、查的功能，并可用于后续的标签提取和保存，相关代码如下所示。

```
package hbase;

import java.io.IOException;

import org.apache.hadoop.conf.Configuration;
import org.apache.hadoop.hbase.HBaseConfiguration;
import org.apache.hadoop.hbase.TableName;
import org.apache.hadoop.hbase.client.Connection;
import org.apache.hadoop.hbase.client.ConnectionFactory;
import org.apache.hadoop.hbase.client.Get;
import org.apache.hadoop.hbase.client.Table;
import org.apache.hadoop.hbase.client.Put;
import org.apache.hadoop.hbase.client.Result;
import org.apache.hadoop.hbase.client.ResultScanner;
import org.apache.hadoop.hbase.client.Scan;
import org.apache.hadoop.hbase.util.Bytes;


public class Hbase_CURD {
    public static void main(String[] args) throws IOException {
        // You need a configuration object to tell the client where to connect.
        // When you create a HBaseConfiguration, it reads in whatever you've set
        // into your hbase-site.xml and in hbase-default.xml, as long as these can
        // be found on the CLASSPATH
        Configuration config = HBaseConfiguration.create();
        config.set("hbase.master", "hadoop006:16010" );
```

```
config.addResource( "main/resources/hbase-site.xml" );
// Next you need a Connection to the cluster. Create one. When done with it,
//
// Connections are heavyweight.  Create one once and keep it around. From a Connection
// you get a Table instance to access Tables, an Admin instance to administer the cluster,
// and RegionLocator to find where regions are out on the cluster. As opposed to Connections,
// Table, Admin and RegionLocator instances are lightweight; create as you need them and then
// close when done.
//
Connection connection = ConnectionFactory.createConnection(config);
try {

    // The below instantiates a Table object that connects you to the "test" table
    // (TableName.valueOf turns String into a TableName instance).
    // When done with it, close it (Should start a try/finally after this creation so it gets
    Table table = connection.getTable(TableName.valueOf("test"));
    try {

        // To add to a row, use Put.   A Put constructor takes the name of the row
        // you want to insert into as a byte array.   In HBase, the Bytes class has
        // utility for converting all kinds of java types to byte arrays.   In the
        // below, we are converting the String "myLittleRow" into a byte array to
        // use as a row key for our update. Once you have a Put instance, you can
        // adorn it by setting the names of columns you want to update on the row,
        // the timestamp to use in your update, etc. If no timestamp, the server
        // applies current time to the edits.
        Put p = new Put(Bytes.toBytes("myLittleRow"));

        // To set the value you'd like to update in the row 'myLittleRow', specify
        // the column family, column qualifier, and value of the table cell you'd
        // like to update.   The column family must already exist in your table
        // schema.   The qualifier can be anything.   All must be specified as byte
        // arrays as hbase is all about byte arrays.   Lets pretend the table
        // 'test' was created with a family 'cf'.
        p.add(Bytes.toBytes("cf"), Bytes.toBytes("someQualifier"),
                Bytes.toBytes("Some Value"));

        // Once you've adorned your Put instance with all the updates you want to
        // make, to commit it do the following (The HTable#put method takes the
        // Put instance you've been building and pushes the changes you made into
        // hbase)
        table.put(p);

        // the hbase return into the form you find most palatable.
        Get g = new Get(Bytes.toBytes("myLittleRow"));
        Result r = table.get(g);
        byte [] value = r.getValue(Bytes.toBytes("cf"),
                Bytes.toBytes("someQualifier"));

        // If we convert the value bytes, we should get back 'Some Value', the
        // value we inserted at this location.
        String valueStr = Bytes.toString(value);
        System.out.println("GET: " + valueStr);

        // of the table.   To set up a Scanner, do like you did above making a Put
        // and a Get, create a Scan.   Adorn it with column names, etc.
        Scan s = new Scan();
        s.addColumn(Bytes.toBytes("cf"), Bytes.toBytes("someQualifier"));
        ResultScanner scanner = table.getScanner(s);
        try {
            // Scanners return Result instances.
            // Now, for the actual iteration. One way is to use a while loop like so:
            for (Result rr = scanner.next(); rr != null; rr = scanner.next()) {
                // print out the row we found and the columns we were looking for
                System.out.println("Found row: " + rr);
            }

            // The other approach is to use a foreach loop. Scanners are iterable!
            // for (Result rr : scanner) {
```

```
            //      System.out.println("Found row: " + rr);
            // }
        } finally {
            // Make sure you close your scanners when you are done!
            // Thats why we have it inside a try/finally clause
            scanner.close();
        }

        // Close your table and cluster connection.
    } finally {
        if (table != null) table.close();
    }
} finally {
    connection.close();
}
    }
}
```

　　最后，由于篇幅所限，若读者想获取本系统的代码，可以发送信息到邮箱 1697312000@qq.com 中，我们会将整个系统的代码回复给您。

第 16 章　基于推荐功能的搜索引擎开发

主要内容

- Mongodb 以及 redis 存储数据模块
- 阅读评分模块
- 基于相似度算法的推荐模块
- Web 框架设计

本项目使用了 Mongodb 数据库和 redis 数据库,来实现一个小说搜索引擎。Mongodb 储存了用户使用过程中产生的基本信息,比如注册信息、搜索小说的记录信息、收藏小说数据等。对于某些必要的缓存,则利用 redis 进行缓存处理,如小说缓存、session 缓存。对于不同网站的小说,页面规则都不尽相同,如果能够在代码解析后再统一展示出来结果,这样既方便又美观。

目前采用的是直接在搜索引擎上进行结果检索,尽量使用较少的规则来完成解析,该系统目前解析了超过 200 个网站,有一些地方需要用到爬虫,比如说排行榜,一些书籍信息等。

 16.1　数据爬取模块

首先编写爬虫部分触发代码,即调用爬虫函数的方法,相关代码如下所示。

```python
# !/usr/bin/env python
import os
import schedule
import sys
import time

os.environ['MODE'] = 'PRO'
sys.path.append('../../')

from owllook.spiders import QidianRankingSpider, ZHRankingSpider


def start_spider():
    QidianRankingSpider.start()
    ZHRankingSpider.start()


# python novels_schedule.py
schedule.every(60).minutes.do(start_spider)

while True:
    schedule.run_pending()
    time.sleep(1)
```

该文件调用了 QidianRankingSpider 和 ZHRankingSpider 爬虫代码,跟第 13 章中讲解的爬虫代码类似,所以不再做详细讲解。运行前需要先进行一些模拟浏览器的配置参数,然后解析页面代码,最后将爬取到的数据存入数据库中,QidianRankingSpider 的实现如下所示。

```python
#!/usr/bin/env python

import asyncio
import os
import time

from ruia import Spider, Item, TextField, AttrField
from ruia_ua import middleware as ua_middleware

# os.environ['MODE'] = 'PRO'

from owllook.database.mongodb import MotorBase
from owllook.spiders.middlewares import owl_middleware

try:
    import uvloop

    asyncio.set_event_loop_policy(uvloop.EventLoopPolicy())
except ImportError:
    pass

loop = asyncio.get_event_loop()
asyncio.set_event_loop(loop)


class QidianNovelsItem(Item):
    target_item = TextField(css_select='ul.all-img-list>li')
    novel_url = AttrField(css_select='div.book-img-box>a', attr='href')
    novel_name = TextField(css_select='div.book-mid-info>h4')
    novel_author = TextField(css_select='div.book-mid-info>p.author>a.name')
    novel_author_home_url = AttrField(css_select='div.book-mid-info>p.author>a.name', attr='href')
    novel_type = TextField(css_select='div.book-mid-info > p.author > a:nth-child(4)')
    novel_cover = AttrField(css_select='div.book-img-box img', attr='src')
    novel_abstract = TextField(css_select='div.book-mid-info p.intro')

    # novel_latest_chapter = TextField(css_select='div.bookupdate a')

    async def clean_novel_url(self, novel_url):
        return 'https:' + novel_url

    async def clean_novel_author(self, novel_author):
        if isinstance(novel_author, list):
            novel_author = novel_author[0].text
        return novel_author

    async def clean_novel_author_home_url(self, novel_author_home_url):
        if isinstance(novel_author_home_url, list):
            novel_author_home_url = novel_author_home_url[0].get('href').strip()
        return 'https:' + novel_author_home_url

    async def clean_novel_cover(self, novel_cover):
        return 'https:' + novel_cover


class QidianNovelsSpider(Spider):
    # start_urls = ['https://www.qidian.com/all?page=1']

    request_config = {
        'RETRIES': 15,
        'DELAY': 0,
        'TIMEOUT': 3
    }
    concurrency = 20
    motor_db = MotorBase(loop=loop).get_db()

    async def parse(self, res):
        items_data = await QidianNovelsItem.get_items(html=res.html)
```

```python
        tasks = []
        for item in items_data:
            res_dic = {
                'novel_url': item.novel_url,
                'novel_name': item.novel_name,
                'novel_author': item.novel_author,
                'novel_author_home_url': item.novel_author_home_url,
                'novel_type': item.novel_type,
                'novel_cover': item.novel_cover,
                'novel_abstract': item.novel_abstract,
                'spider': 'qidian',
                'updated_at': time.strftime("%Y-%m-%d %X", time.localtime()),
            }
            tasks.append(asyncio.ensure_future(self.save(res_dic)))

        good_nums = 0
        if tasks:
            done_list, pending_list = await asyncio.wait(tasks)
            for task in done_list:
                if task.result():
                    good_nums += 1
        print(f"共{len(tasks)}本小说，抓取成功{good_nums}本")

    async def save(self, res_dic):
        # 存进数据库
        try:
            await self.motor_db.all_novels.update_one(
                {'novel_url':res_dic['novel_url'],'novel_name': res_dic['novel_name']},
                {'$set': res_dic},
                upsert=True)
            print(res_dic['novel_name'] + ' - 抓取成功')
            return True
        except Exception as e:
            self.logger.exception(e)
            return False


if __name__ == '__main__':
    # 51793
    for page in range(248, 519):
        print(f"正在爬取第{page}页")
        start_page = page * 100
        end_page = start_page + 100
        if end_page > 51793:
            end_page = 51793
        QidianNovelsSpider.start_urls = ['https://www.qidian.com/all?page={i}'.format(i=i) for i in
                                         range(start_page, end_page)]
        QidianNovelsSpider.start(loop=loop,middleware=[ua_middleware, owl_middleware], close_event_loop=False)
```

ZHRankingSpider 的实现如下所示。

```python
#!/usr/bin/env python

import asyncio
import os
import time

from ruia import Spider, Item, TextField, AttrField, Request
from ruia_ua import middleware as ua_middleware

# os.environ['MODE'] = 'PRO'
from owllook.database.mongodb import MotorBase
from owllook.spiders.middlewares import owl_middleware

try:
    import uvloop
```

```
            asyncio.set_event_loop_policy(uvloop.EventLoopPolicy())
except ImportError:
    pass


loop = asyncio.get_event_loop()
asyncio.set_event_loop(loop)


class ZHNovelsItem(Item):
        target_item = TextField(css_select='div.store_collist div.bookbox')
        novel_url = AttrField(css_select='div.bookinfo div.bookname a', attr='href')
        novel_name = TextField(css_select='div.bookinfo div.bookname a')
        novel_author = TextField(css_select='div.bookilnk a:nth-child(1)')
        novel_author_home_url = AttrField(css_select='div.bookilnk a:nth-child(1)', attr='href')
        novel_type = TextField(css_select='div.bookilnk a:nth-child(2)')
        novel_cover = AttrField(css_select='div.bookimg img', attr='src')
        novel_abstract = TextField(css_select='div.bookintro')
        novel_latest_chapter = TextField(css_select='div.bookupdate a')

        # def tal_novel_url(self, novel_url):
        # return 'http:' + novel_url

        async def clean_novel_author(self, novel_author):
            if novel_author:
                if isinstance(novel_author, list):
                    novel_author = novel_author[0].text
                return novel_author
            else:
                return ''

            # def tal_novel_author_home_url(self, novel_author_home_url):
            #       if isinstance(novel_author_home_url, list):
            #       return 'http:' + novel_author_home_url


class ZHNovelsSpider(Spider):
        start_urls = ['http://book.zongheng.com/store/c0/c0/b9/u0/p1/v9/s9/t0/ALL.html']

        request_config = {
            'RETRIES': 8,
            'DELAY': 0,
            'TIMEOUT': 3
        }
        concurrency = 60
        motor_db = MotorBase(loop=loop).get_db()

        async def parse(self, res):
            items_data = await ZHNovelsItem.get_items(html=res.html)
            tasks = []
            for item in items_data:
                if item.novel_url:
                    res_dic = {
                        'novel_url': item.novel_url,
                        'novel_name': item.novel_name,
                        'novel_author': item.novel_author,
                        'novel_author_home_url': item.novel_author_home_url,
                        'novel_type': item.novel_type,
                        'novel_cover': item.novel_cover,
                        'novel_abstract': item.novel_abstract,
                        'novel_latest_chapter': item.novel_latest_chapter,
                        'spider': 'zongheng',
                        'updated_at': time.strftime("%Y-%m-%d %X", time.localtime()),
                    }
                    tasks.append(asyncio.ensure_future(self.save(res_dic)))
                    # if self.all_novels_col.find_one(
                    #            {"novel_name": item.novel_name, 'novel_author': item.novel_author}) is None:
                    #     self.all_novels_col.insert_one(res_dic)
                    #     # async_callback(self.save, res_dic=res_dic)
                    #     print(item.novel_name + ' - 抓取成功')
```

```
                    good_nums = 0
                    if tasks:
                        done_list, pending_list = await asyncio.wait(tasks)
                        for task in done_list:
                            if task.result():
                                good_nums += 1
                    print(f"共{len(tasks)}本小说，抓取成功{good_nums}本")

            async def save(self, res_dic):
                # 存进数据库
                res_dic = res_dic
                try:
                    await self.motor_db.all_novels.update_one({
                        'novel_url':res_dic['novel_url'],'novel_name': res_dic['novel_name']},
                        {'$set': res_dic},
                        upsert=True)
                    print(res_dic['novel_name'] + ' - 抓取成功')
                    return True
                except Exception as e:
                    self.logger.exception(e)
                    return False

    if __name__ == '__main__':
        for page in range(0, 10):
            print(f"正在爬取第{page}页")
            start_page = page * 100
            end_page = start_page + 100
            if end_page > 999:
                end_page = 999
            ZHNovelsSpider.start_urls = ['http://book.zongheng.com/store/c0/c0/b9/u0/p{i}/v9/s9/t0/ALL.html'.format(i=i) for i in
range(start_page, end_page)]
            ZHNovelsSpider.start(loop=loop,middleware=[ua_middleware, owl_middleware], close_event_loop=False)
```

16.2 Mongodb 以及 redis 存储数据模块

爬取到数据之后，将爬取到的数据存入 Mongodb 或者 redis 数据库，用于以后的推荐模块以及展示分析模块等的使用，关于 Mongodb 模块，相关代码如下所示。

```
#!/usr/bin/env python
import asyncio

from pymongo import MongoClient
from motor.motor_asyncio import AsyncIOMotorClient

from owllook.config import CONFIG
from owllook.utils.tools import singleton


@singleton
class MotorBase:
    """
    更改 mongodb 连接方式  单例模式下支持多库操作
    About motor's doc: https://github.com/mongodb/motor
    """
    _db = {}
    _collection = {}
    MONGODB = CONFIG.MONGODB

    def __init__(self, loop=None):
        self.motor_uri = ''
        self.loop = loop or asyncio.get_event_loop()

    def client(self, db):
        # motor
        self.motor_uri = 'mongodb://{account}{host}:{port}/{database}'.format(
```

```
                account='{username}:{password}@'.format(
                    username=self.MONGODB['MONGO_USERNAME'],
                    password=self.MONGODB['MONGO_PASSWORD']) if self.MONGODB['MONGO_USERNAME'] else '',
                host=self.MONGODB['MONGO_HOST'] if self.MONGODB['MONGO_HOST'] else 'localhost',
                port=self.MONGODB['MONGO_PORT'] if self.MONGODB['MONGO_PORT'] else 27017,
                database=db)
            return AsyncIOMotorClient(self.motor_uri, io_loop=self.loop)

    def get_db(self, db=MONGODB['DATABASE']):
        """
        Get a db instance
        :param db: database name
        :return: the motor db instance
        """
        if db not in self._db:
            self._db[db] = self.client(db)[db]

        return self._db[db]

    def get_collection(self, db_name, collection):
        """
        Get a collection instance
        :param db_name: database name
        :param collection: collection name
        :return: the motor collection instance
        """
        collection_key = db_name + collection
        if collection_key not in self._collection:
            self._collection[collection_key] = self.get_db(db_name)[collection]

        return self._collection[collection_key]


class MotorBaseOld:
    """
    use motor to connect mongodb
    2017-09-21 deleted
    """
    _db = None
    MONGODB = CONFIG.MONGODB

    def client(self, db):
        # motor
        self.motor_uri = 'mongodb://{account}{host}:{port}/{database}'.format(
            account='{username}:{password}@'.format(
                username=self.MONGODB['MONGO_USERNAME'],
                password=self.MONGODB['MONGO_PASSWORD']) if self.MONGODB['MONGO_USERNAME'] else '',
            host=self.MONGODB['MONGO_HOST'] if self.MONGODB['MONGO_HOST'] else 'localhost',
            port=self.MONGODB['MONGO_PORT'] if self.MONGODB['MONGO_PORT'] else 27017,
            database=db)
        return AsyncIOMotorClient(self.motor_uri)

    @property
    def db(self):
        if self._db is None:
            self._db = self.client(self.MONGODB['DATABASE'])[self.MONGODB['DATABASE']]

        return self._db


@singleton
class PyMongoDb:
    _db = None
    MONGODB = {
        'MONGO_HOST': '127.0.0.1',
        'MONGO_PORT': '',
        'MONGO_USERNAME': '',
        'MONGO_PASSWORD': '',
        'DATABASE': 'owllook'
```

```python
        }

    def client(self):
        # motor
        self.mongo_uri = 'mongodb://{account}{host}:{port}/'.format(
            account='{username}:{password}@'.format(
                username=self.MONGODB['MONGO_USERNAME'],
                password=self.MONGODB['MONGO_PASSWORD']) if self.MONGODB['MONGO_USERNAME'] else '',
            host=self.MONGODB['MONGO_HOST'] if self.MONGODB['MONGO_HOST'] else 'localhost',
            port=self.MONGODB['MONGO_PORT'] if self.MONGODB['MONGO_PORT'] else 27017)
        return MongoClient(self.mongo_uri)

    @property
    def db(self):
        if self._db is None:
            self._db = self.client()[self.MONGODB['DATABASE']]

        return self._db


if __name__ == '__main__':
    def async_callback(func, **kwargs):
        """
        Call the asynchronous function
        :param func: a async function
        :param kwargs: params
        :return: result
        """
        loop = asyncio.get_event_loop()
        task = asyncio.ensure_future(func(**kwargs))
        loop.run_until_complete(task)
        return task.result()


    motor_base = MotorBase()
    motor_db = motor_base.get_db()


    async def insert(data):
        print(data)
        await motor_db.test.save(data)


    async_callback(insert, data={'hi': 'owllook'})
```

关于 redis 模块，相关代码如下所示。

```python
#!/usr/bin/env python
import asyncio_redis

from owllook.config import CONFIG

class RedisSession:
    """
    A simple wrapper class that allows you to share a connection
    pool across your application.
    """
    _pool = None

    async def get_redis_pool(self):
        if not self._pool:
            REDIS_DICT = CONFIG.REDIS_DICT
            self._pool = await asyncio_redis.Pool.create(
                host=str(REDIS_DICT.get('REDIS_ENDPOINT',"localhost")), port=int(REDIS_DICT.get('REDIS_PORT', 6379)),
                poolsize=int(REDIS_DICT.get('POOLSIZE',10)), password=REDIS_DICT.get('REDIS_PASSWORD', None),
                db=REDIS_DICT.get('SESSION_DB', None)
            )
        return self._pool
```

16.3　基于相似度算法的推荐模块

　　数据存储成功之后，用户通过阅读对其进行打分，形成历史行为记录，将这些记录存储起来，最后用于推荐模块的使用，推荐部分主要使用余弦相似度来计算用户的相似度，对该相似度进行倒排，选出最为相似的几个用户，然后给用户推荐和该用户相似的用户所感兴趣的小说，通过这种方式来实现最后的推荐功能，具体代码如下所示。

```python
import numpy as np

from functools import reduce
from math import sqrt


class CosineSimilarity(object):
    """
    计算余弦相似度
    """

    def __init__(self, initQuery, userData):
        self.title = initQuery
        self.data = userData

    def create_vector(self):
        """
        创建兴趣向量
        :return: wordVector = {} 目标用户以及各个兴趣对应的向量
        """
        wordVector = {}
        for web, value in self.data.items():
            wordVector[web] = []
            titleVector, valueVector = [], []
            allWord = set(self.title + value)
            for eachWord in allWord:
                titleNum = self.title.count(eachWord)
                valueNum = value.count(eachWord)
                titleVector.append(titleNum)
                valueVector.append(valueNum)
            wordVector[web].append(titleVector)
            wordVector[web].append(valueVector)
        return wordVector

    def calculate(self, wordVector):
        """
        计算余弦相似度
        :param wordVector: wordVector = {} 目标用户以及各个兴趣对应的向量
        :return: 返回各个用户相似度值
        """
        resultDic = {}
        for web, value in wordVector.items():
            valueArr = np.array(value)
            # 余弦相似度
            squares = []
            numerator = reduce(lambda x, y: x + y, valueArr[0] * valueArr[1])
            square_title, square_data = 0.0, 0.0
            for num in range(len(valueArr[0])):
                square_title += pow(valueArr[0][num], 2)
                square_data += pow(valueArr[1][num], 2)
            squares.append(sqrt(square_title))
            squares.append(sqrt(square_data))
            mul_of_squares = reduce(lambda x, y: x * y, squares)
            value = float(('%.5f' % (numerator / mul_of_squares)))
            if value > 0:
                resultDic[web] = value
```

```
resultDic = [{v[0]: v[1]} for v in sorted(resultDic.items(), key=lambda d: d[1], reverse=True)]
return resultDic
```

16.4 Web 框架设计

系统的功能成功实现之后，需要使用 Django 框架来部署整个系统，关于系统最后的运行结果如图 16-1 和图 16-2 所示。

● 图 16-1　book 界面展示

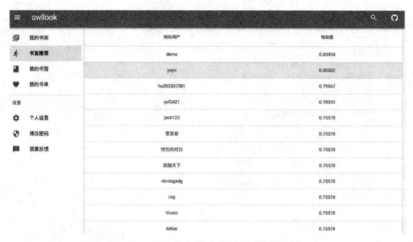

● 图 16-2　推荐部分相似度计算结果展示

第 17 章 基于卷积神经网络提取特征构建推荐系统

主要内容

- 熟悉 Pytorch 工具
- 卷积神经网络模型构建与调参
- PMF 模型构建
- 使用 CNN 提取文本特征
- 融合 PMF 进行推荐

用户对项目评分数据的稀疏性是影响推荐系统性能的主要因素之一。为了解决稀疏性问题，人们提出了几种推荐技术，这些推荐技术通过额外考虑辅助信息以提高评级预测的准确性。特别是，当评级数据稀疏时，基于文档建模的方法通过额外利用文本数据（如评论、摘要或概要）提高了准确性。然而，由于词袋模型固有的局限性，使其很难有效地利用文档中的上下文信息，从而导致对文档理解的肤浅。将卷积神经网络（CNN）与概率矩阵分解（PMF）相结合，提出了一种新的上下文感知推荐模型，即卷积矩阵分解（ConvMF）。因此，ConvMF 可以捕捉文档的上下文信息，从而进一步提高评级预测的准确性。本章就使用结合算法开发一个推荐系统。

17.1 卷积神经网络模型构建及提取文本特征

人工神经网络（Artificial Neural Network，ANN），简称神经网络（NN），是基于生物学中神经网络的基本原理，在理解和抽象了人脑结构和外界刺激响应机制后，以网络拓扑知识为理论基础，模拟人脑的神经系统对复杂信息的处理机制的一种数学模型。该模型以并行分布的处理能力、高容错性、智能化和自学习等能力为特征，将信息的加工和存储结合在一起，以其独特的知识表示方式和智能化的自适应学习能力，引起了各学科领域的关注。它实际上是一个由大量简单元件相互连接而成的复杂网络，具有高度的非线性，能够进行复杂的逻辑操作和非线性关系实现的系统。

神经网络是一种运算模型，它由大量的节点（或称神经元）相互连接构成。每个节点代表一种特定的输出函数，称为激活函数（activation function）。每 2 个节点间的连接都代表一个通过该连接信号的加权值，称之为权重（weight），神经网络就是通过这种方式来模拟人类的记忆。网络的输出则取决于网络的结构、网络的连接方式、权重和激活函数。而网络自身通常都是对自然界某种算法或者函数的逼近，也可能是对一种逻辑策略的表达。神经网络的构筑理念是受到生物的神经网络运作启发而产生的。人工神经网络则是把对生物神经网络的认识与数学统计模型相结合，并借助数学统计工具来实现的技术。另一方面，在人工智能学的人工感知领域，我们通过统计学的方法，使神经网络能够具备类似于人的决定能力和简单的判断能力，这种方法是对传统逻辑学演算的进一步延伸。

在人工神经网络中，神经元处理单元可表示不同的对象，例如，特征、字母、概念，或者一些有意义的抽象模式。网络中处理单元的类型分为三类：输入单元、输出单元和隐单元。输入单元接受外部世界的信号与数据；输出单元实现系统处理结果的输出；隐单元是处在输入和输出单元之间，不能由系统外部观察的单元。神经元间的连接权值反映了单元间的连接强度，信息的表示和处理体现在网络处理单元的连接关系中。人工神经网络是一种非程序化、适应性强、具有大脑风格的信息处理，其本质是通过网络的变换和动力学行为得到一种并行分布式的信息处理功能，并能在不同程度和层次上模仿人脑的神经系统进行信息处理。

对于某些特定的图像处理，用传统的神经网络并不合适。我们知道，图像是由一个个像素点构成，每个像素点有三个通道，分别代表 R、G、B 3 种颜色，那么，如果一个图像的尺寸是（28，28，1），即代表此图像是一个长、宽均为 28，channel 为 1 的图像（channel 也叫 depth，此处 1 代表灰色图像）。如果使用全连接的网络结构，即网络中的神经元与相邻层上的每个神经元均连接，那就意味着我们的网络有 28×28=784 个神经元，隐藏层采用了 15 个神经元，那么简单计算一下，我们需要的参数个数（w 和 b）就有：784×15×10+15+10=117625 个。这些参数太多了，导致计算量巨大，所以从计算资源和调参的角度来看，都不建议用传统的神经网络，如图 17-1 为三层神经网络识别手写数字的架构图。

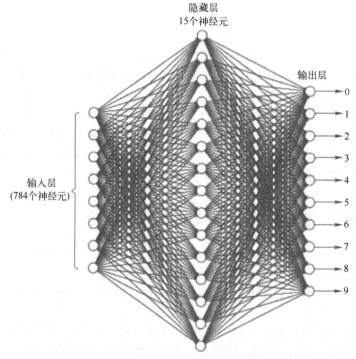

● 图 17-1　三层神经网络识别手写数字

我们用传统的三层神经网络需要大量的参数，原因在于每个神经元都和相邻层的神经元相互连接，但是这种连接方式是必要的吗？全连接层的方式对于图像数据来说似乎显得不那么友好，因为图像本身具有"二维空间特征"，通俗点说就是局部特性。譬如我们看一张猫的图片，可能看到猫的眼睛或者嘴巴就知道这是猫，而不需要每个部分都看完了才知道。所以如果我们可以用某种方式对一张图片的某个典型特征进行识别，那么这张图片的类别也就知道了。这个时候就产生了卷积的概念。举个例子，现在有一个 4×4 的图像，我们设计两个卷积核，看看运用卷积核后图片会变成什么样，如图 17-2 所示。

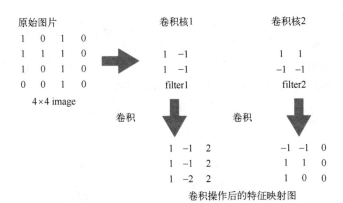

● 图 17-2　4×4 的图像与两个 2×2 的卷积核操作结果

由图 17-2 可以看到，原始图片是一张灰度图片，每个位置表示的是像素值，0 表示白色，1 表示黑色，（0，1）区间的数值表示灰色。对于这个 4×4 的图像，我们采用两个 2×2 的卷积核来计算。设定步长为 1，即每次以 2×2 的固定窗口往右滑动一个单位。以第一个卷积核 filter1 为例，计算过程如下：

```
feature_map1(1,1) = 1*1 + 0*(-1) + 1*1 + 1*(-1) = 1
feature_map1(1,2) = 0*1 + 1*(-1) + 1*1 + 1*(-1) = -1
feature_map1(3,3) = 1*1 + 0*(-1) + 1*1 + 0*(-1) = 2
```

可以看到这就是最简单的内积公式。feature_map1(1,1)表示在通过第一个卷积核计算完后得到的 feature_map 的第一行第一列的值，随着卷积核窗口的不断滑动，我们可以计算出一个 3×3 的 feature_map1；同理，可以计算出，通过第 2 个卷积核进行卷积运算后的 feature_map2，那么这一层卷积操作就完成了。feature_map 尺寸计算公式：[(原图片尺寸-卷积核尺寸)/步长]+1。这一层我们设定了两个 2×2 的卷积核，在 paddlepaddle 里是这样定义的。

```
conv_pool_1 = paddle.networks.simple_img_conv_pool(
              input=img,
              filter_size=3,
              num_filters=2,
              num_channel=1,
              pool_stride=1,
              act=paddle.activation.Relu())
```

之后调用了 networks 里的 simple_img_conv_pool 函数，激活函数是 Relu（修正线性单元）。并得出两个输出，conv_out 是卷积输出值，pool_out 是池化输出值，最后只返回池化输出的值，由此卷积过程就完成了。但是存在一个问题，虽然我们知道了卷积核是如何计算的，但是为什么使用卷积核计算后分类效果要优于普通的神经网络呢？我们仔细来看一下上面计算的结果。通过第一个卷积核计算后的 feature_map 是一个三维数据，在第三列的绝对值最大，说明原始图片上对应的地方有一条垂直方向的特征，即像素数值变化较大；而通过第二个卷积核计算后，第三列的数值为 0，第二行的数的值绝对值最大，说明原始图片上对应的地方有一条水平方向的特征。此时，我们设计的两个卷积核分别能够提取出原始图片的特定的特征。因此我们就可以把卷积核理解为特征提取器。这样就清楚了，为什么只需要把图片数据输入进去，设计好卷积核的尺寸、数量和滑动的步长，就可以自动提取出图片的某些特征，从而达到分类的效果。这里需要注意以下几点：①此处的卷积运算是两个卷积核大小的矩阵的内积运算，不是矩阵乘法。即相同位置的数字相乘再相加求和。②卷积核的公式有很多，这只是最简单的一种。我们所说的卷积核在数字信号处理领域里也叫滤波器，滤波器的种类很多，如均值滤波器、高斯滤波器、拉普拉斯滤波器，等等。不过，不管是什么滤波器，都只是一种数学运算。③每一层的卷积核大小和个数可以自己定义，不过一般情况下，会在越靠近输入层的卷积层设定少量的卷积核，越往后，卷积层设定的卷积核数目就越多。

通过上一层 2×2 的卷积核操作后，我们将原始图像由 4×4 的尺寸变为了 3×3 的新图片。池化层的主要功能是通过降采样的方式，在不影响图像质量的情况下，压缩图片，减少参数。简单来说，假设现在设定池化层采用 MaxPooling，大小为 2×2，步长为 1，取每个窗口最大的数值，那么图片的尺寸就会由 3×3 变为 2×2。从上例来看，会有如下变换，如图 17-3 所示。

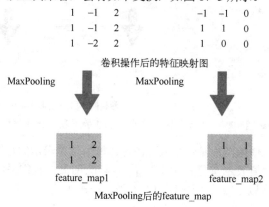

● 图 17-3　Max Pooling 结果

目前，我们的图片通过卷积层由 4×4 变为 3×3，再通过池化层变化 2×2，如果再添加层，那么图片岂不是会越变越小？这个时候就会引出"Zero Padding"（补零），它可以帮助我们保证每次经过卷积或池化输出后图片的大小不变。在上述例子中，如果我们加入 Zero Padding，再采用 3×3 的卷积核，那么变换后的图片尺寸与原图片尺寸相同，如图 17-4 所示。

通常情况下，我们希望做完卷积操作后保持图片大小不变，所以我们一般会选择尺寸为 3×3 的卷积核和值为 1 的 zero padding，或者 5×5 的卷积核与值为 2 的 zero padding。这样通过计算后，可以保留图片的原始尺寸。那么加入 zero padding 后的 feature_map 尺寸=(width+2*padding_size-filter_size)/stride + 1。这里的 width 也可换成 height，此处是默认正方形的卷积核，width = height，如果两者不相等，可以分开计算，并分别补零。最后，如果想要叠加层数，一般也是叠加"Conv-MaxPooing"，通过不断设计卷积核的尺寸和数量，提取更多的特征，最后识别不同类别的物体。做完 Max Pooling 后，我们就会把这些数据"拍平"，放到 Flatten 层，然后把 Flatten 层的输出放到全连接层（full connected layer）里，并采用 Softmax 对其进行分类。图 17-5 表示 Flatten 过程。

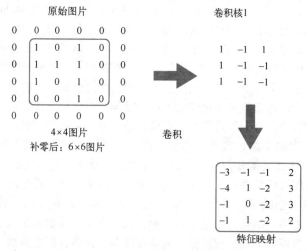

● 图 17-4　补零结果

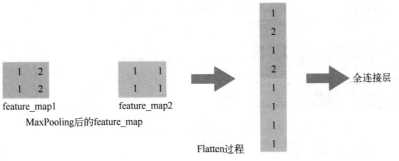

feature_map1　　　feature_map2

MaxPooling后的feature_map

Flatten过程

全连接层

● 图 17-5　Flatten 过程

这里使用卷积神经网络实现一个推荐系统，关于卷积神经网络的实现步骤如下所示。

```python
# coding:utf-8

# 导入 Pytorch 相关模块
import torch
import torch.nn as nn
import torch.nn.functional as F
import numpy as np
import torch.optim as optim
from torch.autograd import Variable


class CNN(nn.Module):
    batch_size = 128
    # More than this epoch cause easily over-fitting on our data sets
    nb_epoch = 5

    def __init__(self, output_dimesion, vocab_size, dropout_rate, emb_dim, max_len, n_filters, if_cuda, init_W=None):
        # n_filter 为卷积核个数
        super(CNN, self).__init__()

        self.max_len = max_len
        self.emb_dim = emb_dim
        self.if_cuda = if_cuda
        vanila_dimension = 2*n_filters    # 倒数第二层的节点数
        projection_dimension = output_dimesion   # 输出层的节点数
        self.qual_conv_set = {}

        '''Embedding Layer'''
        # if init_W is None:
        #     # 最后一个索引为填充的标记文本
        #     # 先尝试使用随机生成的词向量值
        self.embedding = nn.Embedding(vocab_size + 1, emb_dim)

        self.conv1 = nn.Sequential(
            # 卷积层的激活函数
            # 将 embedding dimension 看作通道数
            nn.Conv1d(emb_dim, n_filters, kernel_size=3),
            nn.ReLU(),
            nn.MaxPool1d(kernel_size=max_len - 3 + 1)
        )
        self.conv2 = nn.Sequential(
            nn.Conv1d(emb_dim, n_filters, kernel_size=4),
            nn.ReLU(),
            nn.MaxPool1d(kernel_size=max_len - 4 + 1)
        )
        self.conv3 = nn.Sequential(
            nn.Conv1d(emb_dim, n_filters, kernel_size=5),
            nn.ReLU(),
            nn.MaxPool1d(kernel_size=max_len - 5 + 1)
        )

        '''Dropout Layer'''
```

```
        self.layer = nn.Linear(n_filters*3, vanila_dimension)
        self.dropout = nn.Dropout(dropout_rate)

        '''Projection Layer & Output Layer'''
        self.output_layer = nn.Linear(vanila_dimension, projection_dimension)

    def forward(self, inputs):
        size = len(inputs)
        embeds = self.embedding(inputs)

        # 进入卷积层前需要将 Tensor 第二个维度变成 emb_dim，作为卷积的通道数
        embeds = embeds.view([len(embeds), self.emb_dim, -1])
        # concatenate the tensors
        x = self.conv1(embeds)
        y = self.conv2(embeds)
        z = self.conv3(embeds)
        flatten = torch.cat((x.view(size, -1), y.view(size, -1), z.view(size, -1)), 1)

        out = F.tanh(self.layer(flatten))
        out = self.dropout(out)
        out = F.tanh(self.output_layer(out))

        return out

    def train(self, X_train, V):

        # learning rate 暂时定为 0.001
        optimizer = torch.optim.Adam(self.parameters(), lr=0.001)

        for epoch in range(1, self.nb_epoch + 1):
            n_batch = len(X_train) // self.batch_size

            # 这里会漏掉一些训练集，暂时这样写
            for i in range(n_batch+1):
                begin_idx, end_idx = i * self.batch_size, (i + 1) * self.batch_size

                if i<n_batch:
                    feature = X_train[begin_idx:end_idx][...]
                    target = V[begin_idx:end_idx][...]
                else:
                    feature = X_train[begin_idx:][...]
                    target = V[begin_idx:][...]

                feature = Variable(torch.from_numpy(feature.astype('int64')).long())
                target = Variable(torch.from_numpy(target))
                if self.if_cuda:
                    feature, target = feature.cuda(), target.cuda()

                optimizer.zero_grad()
                logit = self(feature)

                loss = F.mse_loss(logit, target)
                loss.backward()
                optimizer.step()

    def get_projection_layer(self, X_train):
        inputs = Variable(torch.from_numpy(X_train.astype('int64')).long())
        if self.if_cuda:
            inputs = inputs.cuda()
        outputs = self(inputs)
        return outputs.cpu().data.numpy()
```

 ## 17.2 PMF 模型构建并且融合 PMF 进行推荐

关于 PMF 矩阵分解模型在第 10 章已经做了详细的讲解，这里不再赘述。PMF 在该推荐系统中

的实现步骤如下所示。

```python
# coding:utf-8

import os
import time

from util import eval_RMSE
import math
import numpy as np
from text_analysis.cnn_model import CNN
from torch.autograd import Variable
import torch


def ConvMF(res_dir, train_user, train_item, valid_user, test_user,
           R, CNN_X, vocab_size, if_cuda, init_W=None, give_item_weight=True,
           max_iter=50, lambda_u=1, lambda_v=100, dimension=50,
           dropout_rate=0.2, emb_dim=200, max_len=300, num_kernel_per_ws=100):
    # explicit setting
    a = 1
    b = 0

    num_user = R.shape[0]
    num_item = R.shape[1]
    PREV_LOSS = 1e-50
    if not os.path.exists(res_dir):
        os.makedirs(res_dir)
    f1 = open(res_dir + '/state.log', 'w')
    # state.log record

    Train_R_I = train_user[1]    # 6040
    Train_R_J = train_item[1]    # 3544
    Test_R = test_user[1]
    Valid_R = valid_user[1]

    if give_item_weight is True:
        item_weight = np.array([math.sqrt(len(i))
                                for i in Train_R_J], dtype=float)
        item_weight *= (float(num_item) / item_weight.sum())
    else:
        item_weight = np.ones(num_item, dtype=float)

    pre_val_eval = 1e10
    best_tr_eval, best_val_eval, best_te_eval = 1e10, 1e10, 1e10

    # dimension: 用户和物品的隐特征维数
    # emb_dim: 词向量的维数
    # if_cuda: 是否用 GPU 训练 CNN
    cnn_module = CNN(dimension, vocab_size, dropout_rate,
                     emb_dim, max_len, num_kernel_per_ws, if_cuda, init_W)

    # 返回卷积神经网络（CNN）的输出
    # size of V is (num_item, dimension)
    if if_cuda:
        cnn_module = cnn_module.cuda()
    theta = cnn_module.get_projection_layer(CNN_X)
    U = np.random.uniform(size=(num_user, dimension))
    V = theta

    endure_count = 5
    count = 0
    # max_iter is 50
    for iteration in range(max_iter):
        loss = 0
        tic = time.time()
        print("%d iteration\t(patience: %d)" % (iteration, count))

        VV = b * (V.T.dot(V)) + lambda_u * np.eye(dimension)
```

```python
sub_loss = np.zeros(num_user)

for i in range(num_user):
    idx_item = train_user[0][i]
    V_i = V[idx_item]
    R_i = Train_R_I[i]
    A = VV + (a - b) * (V_i.T.dot(V_i))
    B = (a * V_i * np.tile(R_i, (dimension, 1)).T).sum(0)

    U[i] = np.linalg.solve(A, B)

    sub_loss[i] = -0.5 * lambda_u * np.dot(U[i], U[i])

loss = loss + np.sum(sub_loss)

sub_loss = np.zeros(num_item)
UU = b * (U.T.dot(U))
for j in range(num_item):
    idx_user = train_item[0][j]
    U_j = U[idx_user]
    R_j = Train_R_J[j]

    tmp_A = UU + (a - b) * (U_j.T.dot(U_j))
    A = tmp_A + lambda_v * item_weight[j] * np.eye(dimension)
    B = (a * U_j * np.tile(R_j, (dimension, 1)).T
            ).sum(0) + lambda_v * item_weight[j] * theta[j]
    V[j] = np.linalg.solve(A, B)

    sub_loss[j] = -0.5 * np.square(R_j * a).sum()
    sub_loss[j] = sub_loss[j] + a * np.sum((U_j.dot(V[j])) * R_j)
    sub_loss[j] = sub_loss[j] - 0.5 * np.dot(V[j].dot(tmp_A), V[j])

loss = loss + np.sum(sub_loss)

# 用 V 训练 CNN 模型，更新 V
cnn_module.train(CNN_X, V)
theta = cnn_module.get_projection_layer(CNN_X)

# 这部分添加计算 CNN 模型的损失
# cnn_loss = history.history['loss'][-1]

# loss -= 0.5 * lambda_v * cnn_loss * num_item

tr_eval = eval_RMSE(Train_R_I, U, V, train_user[0])
val_eval = eval_RMSE(Valid_R, U, V, valid_user[0])
te_eval = eval_RMSE(Test_R, U, V, test_user[0])

# 计算一次迭代的时间
toc = time.time()
elapsed = toc - tic

# 计算 Loss 下降率
converge = abs((loss - PREV_LOSS) / PREV_LOSS)

# 存储效果最好的模型参数
if val_eval < pre_val_eval:
    torch.save(cnn_module, res_dir+'CNN_model.pt')
    best_tr_eval, best_val_eval, best_te_eval = tr_eval, val_eval, te_eval
    np.savetxt(res_dir + '/U.dat', U)
    np.savetxt(res_dir + '/V.dat', V)
    np.savetxt(res_dir + '/theta.dat', theta)
else:
    count += 1

pre_val_eval = val_eval

print("Elpased: %.4fs Converge: %.6f Train: %.5f Valid: %.5f Test: %.5f" % (
    elapsed, converge, tr_eval, val_eval, te_eval))
f1.write("Elpased: %.4fs Converge: %.6f Train: %.5f Valid: %.5f Test: %.5f\n" % (
```

```
                elapsed, converge, tr_eval, val_eval, te_eval))

        # 超过 5 次则退出迭代训练
        if count == endure_count:
            print("\n\nBest Model: Train: %.5f Valid: %.5f Test: %.5f" % (
                best_tr_eval, best_val_eval, best_te_eval))
            f1.write("\n\nBest Model: Train: %.5f Valid: %.5f Test: %.5f\n" % (
                best_tr_eval, best_val_eval, best_te_eval))
            break

        PREV_LOSS = loss

f1.close()
```